DONALD TRUMP & BILL ZANKER

NICHT KLECKERN, KLOTZEN

DER WEGWEISER ZUM ERFOLG –
AUS DER FEDER EINES MILLIARDÄRS

Bibliografische Information der Deutschen Bibliothek
Die Deutsche Bibliothek verzeichnet diese Publikation in der Deutschen Nationalbibliografie; detaillierte bibliografische Daten sind im Internet über <http://dnb.ddb.de> abrufbar.

Die Originalausgabe erschien unter dem Titel:
Think Big and Kick Ass in Business and Life.
 ISBN 978-0-06-154783-6

This translation published under license. Published by arrangement with HarperCollins Publishers, LCC.

Übersetzung: Egbert Neumüller
Gestaltung und Satz: Johanna Wack, Werbefritz! GmbH, Kulmbach
Druck: CPI – Ebner & Spiegel, Ulm

ISBN 978-3-938350-73-7

Für Fragen rund um unsere Bücher:
buecher@boersenmedien.de

Weitere Informationen unter:
www.boersenbuchverlag.de

BÖRSEN MEDIEN
AKTIENGESELLSCHAFT

Postfach 1449 • 95305 Kulmbach
Tel. 09221-9051-0 • Fax 09221-9051-4444

WIDMUNG VON DONALD J. TRUMP

Meinen Eltern Fred und Mary Trump,
meinem Bruder Fred Trump Jr.,
meinen Schwestern Judge Maryanne Trump Barry
und Elizabeth Trump Grau,
meinem Bruder Robert Trump,
meinen Kindern Donald Jr., Ivanka, Eric, Tiffany und Barron
und meiner wunderbaren Frau Melania.

WIDMUNG VON BILL ZANKER

Dieses Buch ist meiner liebevollen Frau Debbie
und meinen Kindern Ediva, Dylan und Vera gewidmet,
die mich immer dabei unterstützt haben,
meine Träume in den Himmel wachsen zu lassen,
und allen Mitarbeitern von The Learning Annex,
die jeden Tag „nicht kleckern", sondern „klotzen"

6 Vorwort

8 Einführung: Aus klein mach groß

20 Haben Sie alles Nötige?

44 Leidenschaft, Leidenschaft, Leidenschaft!

78 Urinstinkte

102 Glück schaffen

132 Der Angstfaktor

168 Rache

188 Der große Schwung

210 Immer am Ball bleiben

232 Ich liebe dich. Und jetzt unterschreib das!

246 Nicht kleckern, klotzen

Inhalts-verzeichnis

ANHANG

Häufig gestellte Fragen – Das Beste aus Donalds Frage- und-Antwort-Stunden auf den Wealth Expos 280

Zeugnisse – Wahre Geschichten, zusammengestellt aus Emails und Briefen von Studenten, die Donalds „Nicht kleckern, klotzen"-Strategien praktizieren 298

Pflichtlektüre 318

Danksagungen von Donald J. Trump 322

Danksagungen von Bill Zanker 324

Vorwort
von Donald J. Trump

Gewisse Menschen, die ich in den Jahren meiner Laufbahn kennen gelernt habe, haben einen unauslöschlichen Eindruck hinterlassen. Bill Zanker ist einer dieser Menschen. Als ich ihn zum ersten Mal traf, war mir klar, dass er nicht nur sehr intelligent und dynamisch war, sondern ein Dynamo in allen Bedeutungen des Wortes. Seine Ideen und seine Begeisterung machten mir Spaß.

Kreativität ist ein wichtiges Element des Erfolges, egal in welchem Geschäft man tätig ist. Bill besitzt diese Kreativität und er weiß sie in Taten umzusetzen. Wer einmal mit Bill zu tun hatte, vergisst ihn nie. Er ist ein begnadeter Promoter und seine positive Lebensauffassung hat tausende von Menschen äußerst produktiv beeinflusst. Er ist ein Lehrer, der sein Fach vollständig kennt und beherrscht.

Außerdem liebt er seinen Beruf, was für mich eine Grundvoraussetzung ist, wenn von Erfolg die Rede ist. Seine Leidenschaft für seine Arbeit hält unvermindert an und The Learning Annex gedeiht ganz bemerkenswert.

„Nicht kleckern, klotzen" ist ein Credo, das ich seit meiner Jugend einhalte, und es hat sich als effektiver Weg zum Erfolg erwiesen. Bill verwendet diese Haltung auch, und die Resultate sind offensichtlich. Die gemeinsame Arbeit an diesem Buch war für uns beide ein „klotzen"-Erlebnis – und wir hoffen, dass Ihnen das Ergebnis nicht nur gut gefällt, sondern dass Sie dabei auch etwas lernen. Hoffentlich erleben wir, dass Sie alle Ihre größten Träume verwirklichen – wenn Sie hart arbeiten, schaffen Sie das auch!

Einführung

Aus klein mach groß

The Learning Annex war ein kleines Unternehmen, bis ich Donald Trump kennen lernte. Jetzt ist es ein großes Unternehmen, weil ich Donald Trumps „Nicht kleckern, klotzen"-Methode beherrsche. Vor ungefähr 28 Jahren, als ich an der New School in New York City Film studierte, musste ich mir Geld für den Lebensunterhalt beschaffen. Also nahm ich im Jahre 1979 im Alter von 26 Jahren die 5.000 Dollar, die ich zur Bar Mitzwa bekommen hatte, und gründete damit The Learning Annex. Zuerst war es als informelle Schule gedacht, in der experimentelle Filmemacher ihr Wissen mit angehenden Filmemachern teilen sollten. Aber meine damalige Freundin, die Töpfern unterrichtete, überredete mich dazu, den Lehrplan zu erweitern und aus dem Unternehmen eine Schule zu machen, in der man eine andere Art des Lernens lernt – die Möglichkeit, eine schnelle Ausbildung in Dingen zu bekommen, die man anderswo nicht lernen konnte. The Learning Annex war geboren.

In der Anfangszeit stellte ich mich in einem Clownskostüm an die Straßen Manhattans und verteilte Veranstaltungsprogramme. Ich sagte den Menschen, sie sollten unter der Telefonnummer anrufen, die im Programm stand. Sie sollten sagen, der Clown habe gemeint, sie sollten sich anmelden – dann würde sie der Kurs fünf Dollar weniger kosten. Dann rannte ich ins Büro und nahm die Anrufe entgegen. Zu meiner Begeisterung riefen zahlreiche Menschen an, die sagten, ein netter Clown habe ihnen etwas von einem Preisnachlass erzählt. Ich trug die Teilnehmer ein und schickte ihnen Anmeldebestätigungen. Wenn niemand anrief, suchte ich neue Lehrer. Ich betrieb mein Ein-Mann-Unternehmen von meinem 325-Dollar-Studio-Appartement an der Upper West Side in Manhattan aus.

Meine Filmkarriere kam nicht aus den Startlöchern, aber The Learning Annex schon, und mir gefiel das sehr gut. Mir wurde klar, dass ich der geborene Organisator war und dass ich meine Leidenschaft gefunden hatte.

Ich wandelte das Konzept des fortgesetzten Unterrichts in Richtung „Edutainment" ab. Heutzutage muss alles schnell gehen. Für Bildung hat niemand Zeit. MTV und das Internet haben eine Generation von Menschen geschaffen, die alles flott und unterhaltsam haben wollen. Ich beschloss, bekannte Persönlichkeiten und Prominente als Lehrer für die Kurse zu gewinnen. Ich wollte, dass die Lehrer große Persönlichkeiten waren und dass man zu ihnen aufblicken konnte.

Als wir berühmte Namen in unser Programm aufnahmen, schossen die Teilnehmerzahlen in die Höhe, und immer mehr Koryphäen sagten zu, wenn ich sie fragte, ob sie bei mir unterrichten würden. Sarah Jessica Parker, Harrison Ford, Richard Simmons, Henry Kissinger, P. Diddy, Suze Orman, Barbara Bush, Larry King, Desmond Tutu, Renee Zellweger, Deepak Chopra und Rudi Giuliani beehrten das Podium von The Learning Annex, und hundert andere dazu.

Und wie angelte ich mir diese Stars? Da ich nicht viel Geld hatte, lockte ich die Prominenten mit etwas anderem: Schuldgefühle. Ich sagte etwa: „Sie haben es geschafft. Warum geben Sie der Gesellschaft nicht etwas zurück?" Ich erinnere mich noch an den Filmzar Harvey Weinstein. Er war eine äußerst harte Nuss. Ich quengelte und quengelte und quengelte an ihn hin: „Sie könnten den Studenten von Learning Annex doch aus Wohltätigkeit eine Stunde Ihrer Zeit schenken." Schließlich tat er es auch, und es war einfach erstaunlich, wie er faszinierende Erkenntnisse darüber vermittelte, wie man in Hollywood einen Fuß in die Tür bekommt. Er sprach dann doch mehrere Stunden lang. Genauso war es mit dem Plattenproduzenten Clive Davis; er hörte sich nicht nur Demos von Studenten an, sondern nahm einige Studenten direkt in dem Kurs unter Vertrag. Geld spielte für die meisten dieser hellen Köpfe sowieso keine Rolle.

Außer für Donald Trump. Er sprach nicht einmal am Telefon mit mir. Eines Tages rief ich in Trumps Büro an und wurde zu seiner persönlichen Sekretärin Norma durchgestellt. Ich wusste, dass ich mit meiner üblichen Masche Trumps Aufmerksamkeit nicht wecken konnte. Er wollte ja gar nicht erst mit mir sprechen. Deshalb musste ich seine Aufmerksamkeit auf andere Art bekommen. Ich beschloss, sein Interesse an Geld anzusprechen, was sonst überhaupt nicht meine Art ist. Aber ich wollte ihn unbedingt haben, und deshalb beschloss ich, es so zu machen. Ich bot ihm die für mich ungeheure Summe von 10.000 Dollar an. Seine Sekretärin sagte: „Das ist alles?" Sie tat mein Angebot ab wie eine Flasche billigen Chianti. Dann sagte sie noch knapp: „Ich glaube kaum", und legte auf.

Ich nahm meinen ganzen Mut zusammen, und rief Norma unbeirrt ein paar Tage später wieder an. Ich sagte: „Ich biete Herrn Trump 25.000 Dollar." Norma sagte: „Nein, er ist nicht interessiert." Ich war wie vor den Kopf geschlagen. Danach wurde mir klar, dass ich eigentlich auf Sicherheit gespielt hatte. In der Woche darauf ging ich ein enormes Risiko ein; ich bot ihm 100.000 Dollar an. So viel Geld hatte ich einem Redner noch nie angeboten, aber auf Norma hatte das keinerlei Wirkung und sie sagte ohne zu zögern: „Nichts zu machen. Donald macht das trotzdem nicht."

Ich lehnte mich zurück und überlegte wirklich angestrengt, was ich jetzt tun sollte. Sollte ich den Gedanken, Donald Trump zu bekommen, einfach aufgeben, oder sollte ich es weiter versuchen? Ich wusste nicht, was ich machen sollte. Dann erinnerte ich mich an etwas, was der Erfolgsguru Tony Robbins mir beigebracht hatte: „Wenn du etwas Großes schaffen willst, musst du über deine Grenzen hinausgehen. Du musst dich aufraffen und dich in einen hypergeistigen Zustand versetzen. Und das musst du alleine machen. Das kann dir niemand abnehmen." Ich beschloss, dass ich groß sein wollte. Donald Trump war der ultimative Mr. Big. Wir haben alle unsere Helden, und meiner war Donald Trump. Wenn ich in der gleichen Liga wie er spielen wollte, musste ich mich auf eine neue Ebene hochschieben. Ich drückte die Brust raus, atmete tief ein und sammelte alle Energie, die ich aufbringen konnte. Dann rief ich Norma in Donald Trumps Büro an und bot eine Million Dollar dafür, dass Trump einen einstündigen Vortrag bei The Learning Annex hielt. Zu dieser Zeit lag der höchste Jahresumsatz von The Learning Annex bei 5,5 Millionen Dollar. Überlegen Sie sich das einmal; ich bot ihm eine Million Dollar, obwohl ich im Jahr nur 5,5 Millionen einnahm. Und ich hatte selten einen Kurs, an dem mehr als ein paar hundert Studenten teilnahmen. Wie ich das Geld wieder hereinholen sollte, wusste ich in diesem Augenblick nicht. Aber ich wusste, dass ich das tun musste. Ich wusste es einfach. Also hörte ich auf meinen Bauch und rief an. Und Norma sagte: „Das ist sehr interessant. Ich werde mit Donald darüber sprechen."

Ich legte auf, ging aufs Klo und erbrach mich. Wirklich! Mein Verstand raste und mein Herz pochte. Was hatte ich getan? Wenn das nicht funktionierte, konnte ich alles verlieren! In einer Minute hatte ich eine ganz neue Ebene betreten und fühlte mich dabei sehr unwohl. Aber ich war auch total begeistert! Was ich getan hatte, war einfach Irrsinn, aber ich fühlte mich großartig.

Nach nicht einmal einer Stunde rief mich Donald selbst zurück. Als ich den Hörer nahm, konnte ich es kaum glauben, dass ich mit Donald Trump sprach. Ich dachte, vielleicht will mich ein Freund veräppeln. Aber es war Donald. Er sagte: „Bill, The Learning Annex gefällt mir, und Sie haben mir ein sehr schönes Angebot gemacht. Darf ich fragen, wie viele Menschen Sie für diese Veranstaltung zusammenbekommen?" Bis dahin waren bei den meisten Vorträgen 500 bis 700 Menschen gewesen, und die größte Veranstaltung hatte jemand mit übernatürlichen Kräften gehalten. Mehr als ein paar hundert Menschen hatten wir noch nie gehabt. Also sagte ich ihm: „Ich bekomme 1.000 Menschen zusammen." Für mich waren 1.000 Menschen enorm viel. Trump entgegnete: „Ich mache es nur, wenn Sie mir versprechen, dass 10.000 Menschen kommen."

10.000 Menschen! Dass ich 10.000 Menschen versammeln könnte, hatte ich mir in den wildesten Träumen nicht vorgestellt. Aber ich sagte frech: „Gut. Ich kriege 10.000 Menschen. Kein Problem." Trump sagte: „Sehr gut. Mein Anwalt schickt Ihnen die Unterlagen." Das war alles. Das Geschäft war abgeschlossen. Durch mein „Ja" hatte ich mich dazu verpflichtet, im großen Stil vorzugehen, größer als je zuvor. Dieser Augenblick veränderte mein Leben. Donald Trump hob mich auf eine ganz neue Ebene empor. Ich tat Dinge, die ich noch nie zuvor getan hatte. Ich dachte jetzt in viel größeren Maßstäben. Ich musste 10.000 Menschen zusammenbringen, die Donald Trump sehen wollten. Und wissen Sie was? Jeder wollte von Donald etwas lernen, und die Buchungen begannen hereinzuströmen.

So ist The Learning Annex Wealth Expo entstanden. Ich bekam am Ende mehr als die 10.000 Menschen zusammen, die ich Trump versprochen hatte. Mehr als 31.500 Menschen besuchten im Jahre 2004 unsere erste Learning Annex World Expo.

Das war ein riesiges Publikum. Und das hatte zur Folge, dass ich Donald Trump das Honorar problemlos bezahlen konnte. Trump hatte die ganze Zeit gewusst, dass ich das schaffen konnte. Ich bin ihm dankbar, dass er mich vor die Herausforderung gestellt hat, meine Denkweise zu ändern. Diese Erfahrung hat mir zweifelsfrei bewiesen, dass große Dinge zu einem kommen, wenn man groß denkt. Seit ich Donald Trump kennen gelernt habe, ist mein Unternehmen jedes Jahr um 400 Prozent gewachsen; ein Kleinunternehmen mit 5,5 Millionen Jahresumsatz hat sich auf ein großes Unternehmen mit 102 Millionen Umsatz hochgezoomt. The Learning Annex wurde von der Zeitschrift *Inc.* zwei Jahre hintereinander unter die am schnellsten wachsenden Unternehmen gewählt. Und das alles nur, weil ich die Prinzipien „Nicht kleckern, klotzen" gelernt habe, von denen Sie in diesem Buch lesen werden.

Die Zusammenarbeit mit Donald Trump hat meine Art zu denken völlig verändert. Ich hatte den Ausdruck „Nicht kleckern, klotzen" schon gehört, aber nie wirklich verstanden. Für Donald Trump ist genau diese Aussage eine Lebensauffassung. Ich habe von ihm gelernt, dass man seine Unsicherheiten ablegen muss, wenn man wirklich „klotzen" will. Ich habe gelernt, dass man nie aufgeben darf, wenn man erfolgreich sein will. Jeder Fehlschlag ist ein Schritt auf dem Weg zum Erfolg. Donald Trumps Einstellung ist die eines Machers, der keine Gefangenen macht.

Stehen Sie zu Ihrer Persönlichkeit. Verlangen Sie, was Sie vom Leben wollen. Lassen Sie Ihr Leben nicht von anderen Menschen führen. Lassen Sie sich nicht von Menschen herumschubsen. Wenn Ihnen jemand in die Quere kommt, geben Sie nicht nach und nehmen es hin; schlagen Sie zurück – aber richtig! – und werden Sie quitt. Machen Sie sich Ihre eigenen Regeln und kümmern Sie sich nicht darum, was andere denken.

Das ist Donald Trump. Durch seine Einstellung und sein Vorbild hat mich Donald Trump gelehrt, wie man wahrhaft „klotzt". Und jetzt lebe ich mein Leben mit größerer Energie, größeren Zielen und einem viel größeren Einkommen.
Meine neue Haltung gab meinem Selbstbewusstsein einen enormen Schub. Ich habe kein Problem damit, große Pläne zu machen und Spitzen-Prominente anzusprechen, sei es Warren Buffett, Rupert Murdoch oder gar Präsident Clinton. Nichts macht mir mehr Angst. Die Freundschaft mit Donald Trump hat mein Berufsleben und mein Privatleben verwandelt. Ich bin jetzt ein viel besserer Mensch und glaube an mich selbst. Ich bin zum Multimillionär geworden. Ich bin mir selbst mehr wert, und das wirkt sich auch auf mein Privatleben aus. Ich bin meiner Frau ein besserer Ehemann und meinen Kindern ein besserer Vater. Meine Frau liebt meine neue Einstellung und meine Kinder respektieren mein neues Ich. Ihr Leben hat sich auch verwandelt. Seit mein Sohn 50.000-köpfige Menschenmengen gesehen hat, interessiert er sich mehr für das Geschäft. Meine Töchter Ediva und Vera haben viel mehr Lebensfreude, seit sie Donald Trump gehört haben. Meine Frau Debbie bewundert mich für die Risiken, die ich eingehe, und unterstützt mich bei meinen geschäftlichen Wagnissen. Wenn man ein kleines Unternehmen betreibt, ist die Unterstützung des Ehepartners sehr wichtig. Allein schon das Wissen, dass meine Frau hinter mir steht, hilft mir, wenn ich Angst bekomme. Der Betrieb eines Kleinunternehmens hat so seine Risiken; das ist ein Kampf, und es ist wichtig, dass der Ehepartner und die Kinder in diesem Kampf auf der gleichen Seite stehen.
Vor der ersten Wealth Expo, die im Jahre 2004 in New York City stattfand, habe ich sieben Tage rund um die Uhr gearbeitet. Am Tag der Expo ging ich um vier Uhr morgens an einen 24-Stunden-Kiosk in der Nähe des Jacob K. Javits Convention

Center, weil ich für ein Mitglied des Teams einen Geburtstagskuchen kaufen wollte. Er ließ für die Expo seinen Geburtstag sausen, also war das das Mindeste, was ich tun konnte. Da rief mich Harry Javer, der Leiter der Expo, an. Er sagte: „Beweg sofort deinen Hintern hierher. Wir haben ein großes Problem. Die Menschenschlangen blockieren die Eingänge. Das Javits Center dreht durch. Die haben so etwas noch nie erlebt, und das um vier Uhr früh!"

Als wir im Jahre 2004 die erste Mega-Expo machten, hatten wir keine Ahnung, worauf wir uns einließen. Wenn wir jemandem gesagt hätten, dass wir bei der ersten Veranstaltung 30.000 Menschen anlocken wollten, hätte man uns für verrückt erklärt. Tatsächlich sagten die meisten „Experten", wir würden nicht einmal 5.000 Menschen bekommen. Da wir keine Erfahrung mit Großveranstaltungen hatten, wussten wir es auch nicht besser. An diesem ersten Morgen standen die Menschen acht Häuserblocks weit vor dem Javits Center an. Wir hatten für die Werbung ungeheuer viel Geld ausgegeben. Jeder wollte Donald sehen und seine Geheimnisse erfahren. Der Werbeaufwand zahlte sich aus: Die Massen strömten. Ein Unternehmertraum wurde wahr. Ich hatte einen großen Einsatz gewagt und gewonnen. Ich wurde zum großen Anhänger von Donalds „Nicht kleckern, klotzen"-Strategien.

Nach der ersten Expo machte The Learning Annex noch mehr Wealth Expos mit Donald Trump, und die liefen erstaunlich gut. In San Francisco kamen über 70.000 Menschen und in Los Angeles kamen zwei Wochen später 62.500 Menschen. Das war eine außerordentliche Erfolgsserie. Alles lief großartig. Also rief ich Trump an und sagte, ich wollte ihn für das nächste Jahr für bis zu 20 Veranstaltungen unter Vertrag nehmen. „Großartig. Aber die ganzen Menschen kommen ja nur wegen mir. Ich möchte mehr Geld." Ich sagte: „Nein, Herr Trump, ich habe hart gearbeitet und die ganze Werbung gemacht. Deshalb hat das geklappt." Er sagte: „Unsinn. Das war wegen mir. Ich will jetzt anderthalb Millionen." Und wissen Sie was? Ich stimmte zu, weil er es verdient hatte. Er veränderte mein Leben und das Leben meiner Studenten.

Das ist ein Beispiel für die Trump-Haltung. Trump kennt seinen Wert und er bringt Menschen dazu, ihn dafür zu bezahlen. Aber dabei geht es nicht nur um Geld. Bei Trump geht es nie nur um Geld. Er ist bei allem, was er tut, mit Leidenschaft bei der Sache. Er liebt es, mit Menschen zu tun zu haben, ihnen zu helfen und ihnen Wissen zu vermitteln. Wenn man die Werbung, die Organisation und alles berücksichtigt, was The Learning Annex im In- und Ausland tut, um den Markennamen Trump zu fördern, bekommt Donald eigentlich viel mehr als anderthalb Millionen Dollar pro Rede – aber er spendet einen großen Teil des Geldes für gute Zwecke.

Donald Trump ist knallhart. Donald Trump ist anspruchsvoll. Und Donald Trump ist Spitzenverdiener. Aber überraschenderweise kann man mit fast niemandem so problemlos zusammenarbeiten wie mit ihm. Und ich arbeite mit vielen berühmten Menschen zusammen. Er ist immer professionell und immer gut vorbereitet. Und er schießt insofern immer über das Ziel hinaus, als er meinen Studenten und mir mehr gibt als erwartet und mehr, als verlangt wird. Und er ist einer der loyalsten Menschen der Welt. Loyalität ist für Donald Trump wichtig und das ist im Geschäftsleben eine wunderbare Sache.

Donald Trump will seine erfolgreiche Einstellung mit mehr Menschen teilen. Er weiß, wie man etwas zurückgibt. Er lehrt auf die Art, wie die Menschen seit Jahrhunderten lehren, nämlich mithilfe von Geschichten. In seinem Buch geht es darum, was wirklich wichtig ist: Die Einstellung von jemandem, der nicht „kleckert", sondern „klotzt" – und zwar in Form von

Anekdoten, die aus dem Leben gegriffen sind. Nehmen Sie sich beim Lesen einen Moment Zeit und denken Sie über die Geschichten nach. Ich garantiere Ihnen, dass es Ihnen geht wie hunderten meiner Studenten, die mir geschrieben haben: Wenn Sie in Ihrem Leben in eine bestimmte Situation geraten, erinnern Sie sich an eine Trump-Story und daran, wie er mit der Situation umgegangen ist. Dann gehen Sie mit Ihrer Situation anders um. Darin liegt die Bedeutung dieses Buches. Lesen Sie es. Genießen Sie es. Dann wird dieses Buch Ihre Einstellung und Ihr Leben verändern, ohne dass Sie es merken. Das garantiere ich Ihnen.

Lesen Sie immer ein Kapitel, dann lassen Sie die Trump-Haltung auf sich wirken und Ihnen eine Lektion beibringen. Passen Sie Trumps dreiste „Nicht kleckern, klotzen"-Haltung an Ihr Leben an. Lassen Sie sich von der Trump-Einstellung dazu anregen, die Grenzen zu durchbrechen, die Sie sich selbst gesteckt haben.

Man hat im Leben immer zwei Möglichkeiten: Man kann „kleckern" oder man kann „klotzen". Wie Donald sagt: „If you're thinking already, you might as well think big. It is your choice". – „Unabhängig von den persönlichen Umständen kann einen niemand davon abhalten, zu klotzen." Und wenn man erst einmal auf den Geschmack gekommen ist, zu klotzen, und wenn man die „Nicht kleckern, klotzen"-Methode gelernt hat, will man gar nicht mehr damit aufhören und man bekommt reichen Lohn. Das ist Donalds Geheimnis: „Nicht kleckern, klotzen". Praktizieren Sie es, dann wird es Ihnen gut gehen, privat und im Beruf.

Ich liebe und achte Donald Trump. Er hat mein Leben in beruflicher, privater und finanzieller Hinsicht verändert. Ich habe ihm viel zu verdanken und ich bin froh, dass ich seine Lehren mit Ihnen teilen kann. Ich garantiere Ihnen, dass dies in Ihrem Leben genauso wie in meinem und in dem meiner Studenten eine Wandlung bewirkt.

Danke, Donald, dass du mir das Geheimnis beigebracht hast: „Nicht kleckern, klotzen“.

– *Bill Zanker, Präsident und Gründer von The Learning Annex*

Kapitel 1

Haben Sie alles Nötige?

Die Menschen fragen mich immer: „Wie sind Sie denn so reich geworden?" Die Art, wie ich die Dinge angehe, hat mir einen finanziellen Erfolg ermöglicht, der weit über meine Erwartungen hinausgeht. Ich hatte viel Spaß und ich habe viel Geld verdient. Ich habe viele Stars kennen gelernt, Milliardenunternehmer und Spitzensportler. Es ist zwar in wenigen Worten schwer zu erklären, aber ich habe festgestellt, dass all diese erfolgreichen Menschen Charakterzüge aufweisen, die sie von der Masse abheben: Einstellungen, Handlungen, Hartnäckigkeit und Leidenschaft sowie eine ganze Reihe anderer Eigenschaften trennen die Sieger von den Verlierern.

Um erfolgreich zu sein, muss man sich von 98 Prozent der restlichen Welt absetzen. Ja, Sie können zu den zwei Prozent an der Spitze gehören, und dabei geht es nicht nur darum, dass man schlau ist, hart arbeitet und klug investiert. Es gibt vielmehr eine Formel, ein Erfolgsrezept, nach dem die obersten zwei Prozent leben und das auch Sie befolgen können, damit Sie erfolgreich werden.

Als Erstes müssen Sie ehrlich zu sich selbst sein. Reich kann man nur werden, wenn man realistisch und schonungslos offen ist. Sie müssen aus der idealisierten Fantasiewelt herauskommen, von der Sie in den Zeitschriften lesen und die Sie im Fernsehen sehen. Das ist aber nicht so leicht wie es bei anderen aussieht. Das ist hart und dabei kommen Menschen zu Schaden. Wenn Sie gewinnen wollen, müssen Sie also hart wie Kruppstahl sein und bereit sein zu klotzen anstatt zu kleckern. Die meisten Menschen sind dafür nicht geschaffen. Sie müssen gewaltigen Druck aushalten. Sie müssen im großen Stil denken und kreativ sein, damit Sie große Probleme lösen können, vor denen sich die meisten Menschen vor Angst in die Hose machen. Es wird Menschen geben, die Ihnen etwas stehlen und Sie nur so zum Spaß vernichten wollen. Sie müssen ihnen dann entgegentreten, zurückschlagen und klotzen. Niemand wird Sie bei der Hand nehmen und Sie führen. Sie sind auf sich selbst gestellt. Wenn Sie gebeugt werden, dürfen Sie nicht brechen.

Alle Größen in allen Sportarten, in der Finanz- und Unternehmenswelt, in der Kunst und in der Politik haben etwas Besonderes an sich. Das haben viele Menschen, aber ehrlich gesagt haben es die meisten Menschen nicht. Haben Sie alles, was man braucht, um „zu klotzen", anstatt „zu kleckern"? So gut wie alle Selfmade-Millionäre und -Milliardäre hatten oder haben die Fähigkeit dazu, zum Beispiel Bill Gates, Oprah Winfrey und Walt Disney. Das ist schwer zu erklären, und deshalb habe ich einen Erfolgsfragebogen zusammengestellt, mit dem Sie erkennen können, ob Sie alles Nötige haben. Wenn Sie es haben, werden Sie viel Geld verdienen.

Beantworten Sie die Fragen und sehen Sie, ob Sie dem Profil entsprechen:

1. **Wie viel Geld wollen Sie in fünf Jahren haben?**
   a. $100.000 bis $249.000.
   b. $250.000 bis $499.000.
   c. $500.000 bis $4.999.999.
   d. $5 Millionen oder mehr.

2. **Was ist Ihr finanzieller Traum?**
   a. Im Lotto gewinnen.
   b. Einen guten Job mit Sozialleistungen, Altersversorgung und drei Wochen Urlaub finden.
   c. Ein eigenes Haus.
   d. Ein unbegrenztes passives Einkommen aus einem Unternehmen und/oder aus Immobilienbesitz oder anderen Anlagen.

3. **Welche Aussage beschreibt Ihre finanzielle Situation am besten?**
   a. Ich bin mit meiner Finanzlage sehr zufrieden.
   b. Ich bin mit meiner Finanzlage ziemlich zufrieden.
   c. Ich bin unzufrieden und hoffnungslos.
   d. Meine finanzielle Situation ist vollkommen unbefriedigend. Ich will viel mehr haben.

4. **Wie viel Zeit verbringen Sie täglich mit dem Aufbau Ihres Vermögens?**
   a. Weniger als eine halbe Stunde.
   b. Eine halbe Stunde bis eine Stunde.
   c. Ein bis zwei Stunden.
   d. Zwei Stunden oder mehr.

5. **Wie viel Geld geben Sie für berufliche und finanzielle Weiterbildung und Schulung aus?**
   a. Weniger als $100 im Jahr.
   b. $100 bis $499 im Jahr.
   c. $500 bis $1.199 im Jahr.
   d. Mehr als $1.200 im Jahr.

6. **Was tun Sie, wenn Sie vor einem schwierigen Problem stehen?**

a. Ignorieren und hoffen, dass es verschwindet.
b. Mich bei meinen Freunden und meiner Familie beklagen.
c. Jemand anderem zuschieben, der sich darum kümmern soll.
d. Überlegen bis ich eine kreative Lösung gefunden habe.

7. **Wie ist Ihre Einstellung zur Arbeit?**

a. Das ist eine Tretmühle. Ich hasse meinen Job.
b. Ich habe nichts gegen Arbeit, aber ich würde gern etwas anderes machen.
c. Arbeit ist okay. Ich muss ja arbeiten, um Geld zu verdienen.
d. Ich liebe meine Arbeit. Sie ist aufregend und macht Spaß.

8. **Was würden Sie tun, wenn Sie Ihre Arbeit oder sonstige Einkommensquelle verlieren würden?**

a. Geld sparen, indem ich zu Freunden oder Verwandten ziehe, und Arbeitslosengeld kassieren.
b. Umschulen oder fortbilden.
c. Eine neue Arbeit suchen.
d. Ein eigenes Unternehmen gründen.

9. **Welche Aussage beschreibt Ihre Energie und Ihre Konzentrationsfähigkeit am besten?**

a. Meine Energie reicht kaum, um den Tag herumzubringen.

b. Ich arbeite eine Weile voll, dann geht mir die Puste aus und den Rest des Tages trödle ich.
c. Ich kann acht Stunden voll durcharbeiten.
d. Ich bin ein Energiebündel und werde nie müde, wenn ich etwas tue, was mir Spaß macht.

10. Was beschreibt Ihre Reaktion am besten, wenn Ihnen jemand sagt, Sie könnten etwas Bestimmtes nicht?

a. Ich gebe auf und bemitleide mich selbst.
b. Ich verliere die Beherrschung und bekomme einen Wutanfall.
c. Ich versuche es noch einmal.
d. Ich raffe meine Energie zusammen und gebe nicht auf, bevor ich habe, was ich will.

11. Sie müssen eine wichtige Entscheidung treffen und wissen nicht, was Sie machen sollen. Welche Aussage beschreibt Ihren Entscheidungsfindungsprozess am besten?

a. Ich sehe viel fern.
b. Ich rede mit meinen Freunden, um zu erfahren, was sie an meiner Stelle tun würden.
c. Ich analysiere die Situation logisch und tue das, was am sinnvollsten erscheint.
d. Nachdem ich b und c gemacht habe, verlasse ich mich auf meinen Instinkt.

12. Wie ist Ihre Einstellung gegenüber anderen Menschen?

a. Ich glaube, dass die Menschen grundsätzlich gut sind und mich nie belügen, betrügen oder bestehlen würden.

b. Ich umgebe mich mit Menschen, die zu mir aufblicken, auch wenn das nicht die am besten qualifizierten sind.
c. Ich stelle die besten Leute ein und vertraue darauf, dass sie ihre Arbeit gut machen.
d. Ich stelle die besten Menschen ein und gehe professionell mit ihnen um, aber ich beobachte sie mit Adleraugen.

13. Wie reagieren Sie, wenn jemand bewusst Ihnen oder Ihrem Ruf schadet?

a. Ich bin sehr deprimiert und frage mich, warum er oder sie mich nicht mag.
b. Ich lasse es dabei bewenden. Wozu einen Aufstand machen?
c. Ich gehe hin und frage, warum er oder sie das getan hat.
d. Ich schlage zurück, indem ich das Gleiche tue, aber zehnmal so schlimm.

14. Sie haben eine Erfolgssträhne und alles läuft nach Wunsch. Was tun Sie?

a. Mir Zeit nehmen und Urlaub machen.
b. Den Status Quo aufrecht erhalten.
c. Es nebenher mit einem anderen Unternehmen oder einer anderen Karriere probieren.
d. Dran bleiben und mich auf mein Hauptunternehmen beziehungsweise meine Karriere konzentrieren und neue Höhen erklimmen.

15. **Welche Einstellung haben Sie zu dem Unternehmen Ehe?**

a. Mein Partner und ich lieben einander und wir würden uns nie scheiden lassen.
b. Ich glaube, mein Partner liebt mich, und auch eine Trennung würde in Freundschaft enden.
c. Eine Scheidung wäre denkbar. Ich will jetzt nicht darüber nachdenken.
d. Ich liebe meinen Partner und ich will nicht, dass es endet, aber ich habe vor der Ehe einen Vertrag gemacht, der meine Finanzen im Falle eines Falles schützt.

So, und jetzt zählen Sie Ihre Punkte zusammen. Zählen Sie, wie viele Fragen Sie mit a, wie viele mit b, mit c und mit d beantwortet haben. Geben Sie sich für jedes a 1 Punkt, für jedes b 2 Punkte, für jedes c 3 Punkte und für jedes d 4 Punkte. Lesen Sie dann in der Tabelle nach, wie Sie damit abschneiden.

15-25 Punkte	Schwach. Sie müssen Ihre Einstellung massiv ändern.
26-35 Punkte	Durchschnittlich. Sie brauchen einen Schub und müssen Ihre Einstellung einen Gang höher schalten.
36-45 Punkte	Gut. Sie haben Potenzial, das Sie aber noch verbessern müssen.
46-60 Punkte	Hervorragend. Sie sind für die Oberliga gerüstet. Lassen Sie‘s krachen!

ERLÄUTERUNGEN ZU DEN FRAGEN

1. Wie viel Geld wollen Sie in fünf Jahren haben?

Falls Sie den niedrigsten Betrag gewählt haben, warum denn? Sie haben die Wahl, in den nächsten fünf Jahren ein Vermögen von 100.000 Dollar bis fünf Millionen zu erwerben. Das liegt ganz bei Ihnen. Niemand sagt Ihnen, wofür Sie sich entscheiden sollen. Warum sollte sich also irgendjemand für 100.000 Dollar entscheiden? Aber im richtigen Leben tun viele Menschen genau das. Sie finden sich mit 100.000 Dollar ab, obwohl sie genauso gut fünf Millionen haben könnten. Wenn man sich für weniger Geld entscheidet, verrät das mangelnden Ehrgeiz und mangelndes Selbstvertrauen. Fangen Sie nicht damit an, dass Sie sich mit etwas abfinden. Streben Sie immer nach der Spitze. Alle großen Sportler und alle großen Milliardäre haben es auf Gold abgesehen und nicht auf Bronze. Wenn ich diese Frage beantworten müsste, würde ich die fünf Millionen durchstreichen und 50 Milliarden hinschreiben! Das ist die Einstellung, die man für große Dinge braucht.

2. Was ist Ihr finanzieller Traum?

Was man sich erträumt, das tut man auch. Wenn Sie nicht einmal davon träumen können, große Dinge zu schaffen, werden Sie nie im Leben etwas Großes schaffen. Während meiner ersten zwei Wochen in Manhattan träumte ich davon, was ich mit einem riesigen unbebauten Grundstück an der New Yorker West Side tun würde, das der bankrotten Pennsylvania and New York Central Transportation Company gehörte. Nach 18 Monaten konzentrierter harter Arbeit sicherte ich mir ein Vorkaufsrecht auf das Grundstück im Wert von 62 Millionen Dollar – ohne Anzahlung! Ich plante dort das Javits Center. Das ist die Macht großer Träume. Welche großen

Träume begeistern Sie und geben Ihnen ein tolles Gefühl? Kümmern Sie sich nicht darum, ob Sie das schaffen können. Das ist egal. Träumen kostet nichts. Genießen Sie Ihre großen Träume!

3. Welche Aussage beschreibt Ihre finanzielle Situation am besten?

Diese Frage zeigt, wie hungrig Sie sind. Hungrige Menschen arbeiten mehr und sind besser motiviert, im Leben große Schritte nach vorn zu machen. Wenn Sie mit Ihrer derzeitigen Finanzlage zufrieden sind, was soll Sie denn dann motivieren, die ganzen Dinge zu tun, die man tun muss, um reich und erfolgreich zu werden? Sie müssen sich immer höhere Ziele stecken. Sie müssen immer mehr wollen, sonst rutschen Sie sehr schnell wieder zurück.

4. Wie viel Zeit verbringen Sie täglich mit dem Aufbau Ihres Vermögens?

Wohlstand entsteht aus großen Zielen und dem täglichen dauerhaften Hinarbeiten auf diese Ziele. Viele Menschen fangen mit großen Zielen an. Aber wenn sie auf Probleme stoßen oder wenn sie sich von anderen Dingen ablenken lassen, die täglich um ihre Aufmerksamkeit wetteifern, geht ihnen die Konzentration auf ihre Ziele verloren. Um Ihre Ziele am Leben zu erhalten, müssen Sie jeden Tag mindestens zwei Stunden lang etwas dafür tun. Niemand sollte sich mehr um Ihr Geld und Ihren Erfolg kümmern als Sie.

5. Wie viel Geld geben Sie für berufliche und finanzielle Weiterbildung und Schulung aus?

Finanzen und Geschäfte sind gefährliche Gewässer, in denen böse Haie herumschwimmen und unschuldige Neulinge auffressen wollen. In diesem Spiel ist Wissen der Schlüssel zur Macht. Geben Sie so viel Geld aus wie nötig, damit Sie wissen, was Sie tun, sonst sind Sie bald erledigt. Finanzieller Analphabetismus ist in diesem Land ein großes Problem. Die Menschen geraten in schlimme Situationen, nur weil sie ihre Hausaufgaben nicht gemacht haben.

6. Was tun Sie, wenn Sie vor einem schwierigen Problem stehen?

Reiche Menschen sind reich, weil sie schwierige Probleme lösen. Sie müssen lernen, an Problemen zu wachsen. Die Vorstandsvorsitzenden großer Unternehmen bekommen riesige Gehälter, weil sie Probleme lösen, die sonst niemand lösen kann. Manche machen das gut und manche machen das fürchterlich und sind daher überbezahlt. Ich stelle mich täglich Problemen. Das gehört zu den Dingen, die ich am besten kann. Wenn Sie zu den besten zwei Prozent gehören wollen, müssen Sie sehr gut im Finden kreativer Lösungen für Probleme werden, die unlösbar scheinen.

7. Wie ist Ihre Einstellung zur Arbeit?

Es gibt kein schlimmeres Gefühl als in einem Job gefangen zu sein, der einem keinen Spaß macht. Sie müssen lieben, was Sie tun. Wenn man erfolgreich sein will, ist es von höchster Wichtigkeit, dass man seine Arbeit liebt. Wenn man erfolgreich sein will, muss man viele Überstunden machen und enorme Herausforderungen bewältigen. Wenn Sie das, was Sie tun, nicht lieben, kommen Sie damit niemals durch. Wenn Sie Ihre Arbeit lieben, werden die Schwierigkeiten durch die Freude aufgewogen. Ich liebe es, Verträge abzuschließen und große Gebäude zu bauen. Die Freude, die ich täglich empfinde, lässt mich weitermachen, wenn es hart wird.

8. Was würden Sie tun, wenn Sie Ihre Arbeit oder sonstige Einkommensquelle verlieren würden?

Das ist die ultimative Testfrage. Wenn die Katastrophe zuschlagen würde – würden Sie dann aufgeben und heim zu Mama gehen? Oder würden Sie sich aufrappeln und etwas auf die Beine stellen? Die größten Macher erleben häufig die schwersten Rückschläge. Wenn Sie hoch hinaus wollen, müssen Sie daher den Mumm haben, mit den unvermeidlichen Unebenheiten zurechtzukommen. Wenn Sie daneben hauen, wird Ihnen niemand helfen – weder Ihre Freunde noch der Staat. Sie müssen auf sich selbst aufpassen, und der Schlüssel zum Überleben von Rückschlägen ist die innere Einstellung. Sehen Sie sich einmal den Schuhkenner Steve Madden an: Er hatte gewisse rechtliche Probleme, aber er hatte auch eine unbeugsame erfolgreiche Einstellung, und daher schaffte er ein sensationelles Comeback. Sie müssen wissen, dass Sie alles haben, was Sie brauchen, um sich von allem wieder zu erholen. Ein anderes großartiges Beispiel ist Martha Stewart, die ebenfalls ein tolles und mutiges Comeback hingelegt hat – nur wenige Menschen würden schaffen, was sie geschafft hat!

9. Welche Aussage beschreibt Ihre Energie und Ihre Konzentrationsfähigkeit am besten?

Sie haben in Wirklichkeit mehr Energie, als Sie glauben. Die meisten Menschen arbeiten nur mit etwa 50 Prozent ihrer Kapazität. Sie können viel mehr schaffen. Die meisten Menschen können nur in Krisen und in Notfällen voll aufdrehen. Ich lade mich damit auf, dass ich meine Arbeit liebe. Es gibt für mich nichts Wichtigeres als das aufregende Gefühl, alle Vorsicht in den Wind zu schlagen und etwas zu tun, was noch nie gemacht wurde. Ich liebe den Nervenkitzel, den ich spüre, wenn ich mich kopfüber in eine Herausforderung stürze und dann meine sämtlichen Fähigkeiten einsetze, um daraus einen Erfolg zu machen. Die Leidenschaft ist es, die Menschen wie Markt Burnett, Jim Cramer und Arnold Schwarzenegger auf ihren Gebieten zu den Besten macht. Alle erfolgreichen Menschen sind energiegeladen und sind mit Leidenschaft bei der Sache. Finden Sie eine Leidenschaft, die Ihnen Energie verleiht!

10. Was beschreibt Ihre Reaktion am besten, wenn Ihnen jemand sagt, Sie könnten etwas Bestimmtes nicht?

Wenn Sie erfolgreich werden wollen, müssen Sie sich daran gewöhnen, häufig das Wort „nein" zu hören und es zu ignorieren. Als Sie ein Kind waren, hat Ihre Mutter nein gesagt, Ihr Vater hat nein gesagt, Ihr Lehrer hat nein gesagt und Ihr Trainer hat nein gesagt – und wenn Sie ein braver Junge oder ein braves Mädchen waren, haben Sie auf das Wort „nein" gehört und mit dem aufgehört, was Sie gerade machten. Aus diesem Grund sind 98 Prozent der Erwachsenen darauf konditioniert, aufzuhören, wenn sie das Wort „nein" hören. Wer kneift, bringt es zu nichts. Wenn Sie auf „Neins" hören, werden Sie nicht erfolgreich.

Wenn Sie zu den obersten zwei Prozent gehören wollen, müssen Sie der Wirklichkeit ins Auge blicken. Sie haben es in der Geschäftswelt weder mit Ihrer Mutter, Ihrem Vater noch mit Ihrem Lehrer zu tun. Die Menschen passen nicht auf Sie auf. Sie wollen nicht das Beste für Sie. Sie passen auf sich selbst auf. Die meisten Menschen sagen nein, weil sie ihre eigenen Ziele verfolgen. Lassen Sie sich von einem willkürlichen „Nein" nicht aufhalten. Finden Sie einen Weg, das „Nein" in ein „Ja" zu verwandeln, oder finden Sie einen Weg, das „Nein" zu umgehen. Lassen Sie sich von niemandem aufhalten!

11. Sie müssen eine wichtige Entscheidung treffen und wissen nicht, was Sie machen sollen. Welche Aussage beschreibt Ihren Entscheidungsfindungsprozess am besten?

Wenn man gut ist und wenn man schlau ist und wenn man sich in seinem Geschäft auskennt, dann glaube ich wirklich, dass man gelegentlich auf seinen Bauch hören und gegen den Strom schwimmen muss. Ein paar meiner besten Deals kamen dadurch zustande, dass ich gegen die Meinung aller gehandelt habe. Der Fernsehproduzent Mark Burnett, der früher in Venice Beach T-Shirts verkauft hat, ist in Hollywood auf den Gipfel der Macht aufgestiegen, weil er seinem Instinkt gefolgt ist, welche Art von Reality TV bei der Masse ankommen würde. Wir haben alle Instinkte. Man muss nur wissen, wie man sie einsetzt. Sie mögen hervorragende akademische Zeugnisse haben, aber wenn Sie nicht Ihre Instinkte nutzen, könnte es Ihnen schwer fallen, den Gipfel zu erklimmen und oben zu bleiben.

12. Wie ist Ihre Einstellung gegenüber anderen Menschen?

Die Welt ist böse und brutal. Wir halten uns für zivilisiert. Doch in Wahrheit ist die Welt grausam und die Menschen sind skrupellos. Sie zeigen Ihnen ein freundliches Gesicht, aber dahinter möchten sie Sie umbringen. Sie müssen wissen, wie Sie sich verteidigen können. Die Menschen werden nur so zum Zeitvertreib hinterlistig und gemein zu Ihnen sein. Der Löwe tötet nur aus Hunger, aber der Mensch tötet zum Vergnügen. Sogar Ihre Freunde haben es auf Sie abgesehen: Sie wollen Ihre Arbeit, sie wollen Ihr Haus, sie wollen Ihr Geld, sie wollen Ihre Frau und sie wollen sogar Ihren Hund. Und das sind nur die Freunde; Ihre Feinde sind noch schlimmer! Mein Motto lautet: „Stell nur die besten Leute ein und traue ihnen nicht."

13 Wie reagieren Sie, wenn jemand bewusst Ihnen oder Ihrem Ruf schadet?

Wenn Ihnen jemand in die Quere kommt, lautet mein Rat: „Zahlen Sie es heim!" Das ist nicht der übliche Rat, aber das ist der Rat für das richtige Leben. Wenn Sie keine Vergeltung üben, sind Sie bloß ein Schlappschwanz! Wenn Ihnen Menschen etwas antun, machen Sie sie fertig, weil Ihnen das ein gutes Gefühl gibt und weil andere Menschen das sehen. Ich mache Menschen fertig, und wissen Sie was? Mit mir treiben die Menschen nicht so viele Spielchen wie mit anderen Menschen. Sie wissen, dass sie einen großen Kampf vor sich haben, wenn sie das tun. Zahlen Sie alles heim. Machen Sie Menschen fertig, die Sie fertig machen wollen. Lassen Sie sich von anderen Menschen nicht herumschubsen. Schlagen Sie zurück und üben Sie Vergeltung. Die Welt ist ein Dschungel voller Schläger, die versuchen, Sie herumzuschubsen. Wenn Sie sich davor fürchten zurückzuschlagen, halten die Menschen Sie für einen Verlierer und für einen Schlappschwanz! Sie wissen dann, dass ihnen nichts passiert, wenn sie Sie beleidigen, Sie nicht respektieren und Sie ausnutzen. Lassen Sie das nicht zu! Schlagen Sie immer zurück und üben Sie Vergeltung. Die Menschen werden Sie dafür respektieren.

14. Sie haben eine Erfolgssträhne und alles läuft nach Wunsch. Was tun Sie?

Wenn Sie auf der Suche nach dem goldenen Ring sind, können Sie sich keine Selbstzufriedenheit leisten. Sie können sich nie ausruhen, egal wie gut die Dinge laufen. Ihre momentane „gute Zeit" ist nur das Ergebnis der harten Arbeit und der Hingabe, die Sie investiert haben. Was Sie heute tun, bringt morgen Ergebnisse. Wenn die guten Zeiten weiter laufen sollen, müssen Sie jeden Tag den Samen dafür legen! Sie fangen schon an zurückzufallen, sobald Sie auch nur eine Minute nachlassen.

Es stimmt, dass manche Menschen für den Erfolg geboren sind. Sie besitzen eine besondere Begabung, die ihnen den Erfolg erleichtert – der begnadete Musiker, der geborene Sportler oder der talentierte Geschäftsmann. Der großen Mehrzahl der erfolgreichen Menschen wird der Erfolg jedoch nicht auf einem Silbertablett präsentiert. Sie haben ihn sich hart erarbeitet. Sie haben sich Ziele gesetzt und sich darauf konzentriert, bis sie sie erreicht haben.

Manche Menschen werden mit einer außergewöhnlichen Begabung geboren, die es ihnen leicht macht, Hervorragendes zu leisten, zum Beispiel Mozart oder Shakespeare. Aber die meisten großen Erfolgsmenschen werden nicht einfach geboren. Sie haben viele Jahre harter Arbeit und intensiver Konzentration gebraucht, um an die Spitze zu gelangen.

15. Welche Einstellung haben Sie zu dem Unternehmen Ehe?

Nun, ich habe schlechte Geschäfte erlebt, schlechte Gesellschaften, und ich habe viele geschäftliche Gerichtsprozesse erlebt – und Prozesse sind nicht schön –, aber es gibt nichts Schlimmeres als einen Mann und eine Frau, die sich streiten, vor allem wenn sie sich um ihr Vermögen streiten, um ihr Unternehmen, um ihr Haus, um ihre Autos und alles andere. So etwas ist schrecklich. Man hat jemanden geliebt und liebt ihn jetzt nicht mehr. Der Hass ist dann derart intensiv, viel intensiver als er normalerweise bei geschäftlichen Transaktionen wird. Es gibt nichts Bösartigeres als einen Mann und eine Frau, die sich scheiden lassen. Das ist die reine Hölle und ich habe so etwas sonst noch nirgends erlebt. Sie brauchen einen Ehevertrag, der Sie und Ihre geschäftlichen Interessen schützt.

Der Vertrag, den die Ehe darstellt, ist anders als andere Verträge. Man heiratet aus Liebe. Aber die Unterschrift unter der Heiratsurkunde bezieht sich nur auf Rechte, Pflichten und

Besitztümer. Sie ist ein rechtsgültiger Vertrag, der von Liebe nichts weiß.

Wenn die Liebe stirbt, bleiben nur ein verärgerter Ex-Ehepartner und die Heiratsurkunde. Es gibt nichts Schlimmeres als einen Ex-Ehepartner, der ein 20-Zentner-Hühnchen zu rupfen hat, ohne dass eine Vereinbarung darüber existiert, wie der gemeinsame Besitz aufzuteilen ist. Das führt gewöhnlich zu einem offenen Krieg, der brutaler ist als jeder geschäftliche Prozess und der einen finanziell wie emotional locker ruinieren kann. Machen Sie auf jeden Fall einen Ehevertrag. Alles andere ist zu riskant.

So, wie haben Sie bei dem Test abgeschnitten? Dann kommen wir jetzt mal zum Punkt. Wenn Sie 46 bis 60 Punkte haben, dann haben Sie bestanden! Sie gehören zu den zwei Prozent, die alles Nötige haben, um groß herauszukommen. Wenn Sie sich anstrengen, werden Sie vielleicht erfolgreicher als jemand mit einem hohen IQ oder mit einem MBA. Ich habe das in meinem Leben schon oft gesehen. Ich habe mit ein paar tollen Studenten an der Wharton School of Business studiert. Mit vielen von ihnen habe ich auch heute noch zu tun, aber von ein paar Ausnahmen abgesehen sind die meisten von ihnen nicht besonders erfolgreich. Ich habe Menschen gesehen, die in Wharton nicht angenommen wurden, die deshalb auf ein anderes College gegangen sind oder gar kein College besucht haben, die sich aber auf ihre Ziele konzentriert haben und nie aufgegeben haben. Sie haben hart gearbeitet und ihre Arbeit geliebt. Und so wurden sie am Ende erfolgreicher als die genialen Wharton-Studenten.

Harte Arbeit ist meine persönliche Methode für finanziellen Erfolg. Ich kenne viele Menschen, die keine großen Talente haben, die aber reich sind. Sie können das auch. Die in diesem

Buch dargestellten Prinzipien können jedem unabhängig von seinem Bildungshintergrund helfen. Wenn Sie keine 46 bis 60 Punkte bekommen haben, lesen Sie jetzt das Buch, unterstreichen Sie, was in Ihrem Leben fehlt und – das ist ganz besonders wichtig – nehmen Sie die Einstellungen auf, die sich in meinen Geschichten ausdrücken. Fühlen Sie, was ich fühle und machen Sie meine Haltung zu Ihrer Haltung. Dann machen Sie den Test noch einmal. Wenn Sie dieses Buch gelesen haben, bekommen Sie viel mehr Punkte!

DAS MEINT ZANKER

Als Präsident und Gründer von The Learning Annex hatte ich Gelegenheit, hunderte super-erfolgreicher Menschen aus erster Hand zu beobachten, Millionäre und Milliardäre, die sich über das Gewöhnliche erhoben und in ihrem Leben erstaunliche Dinge geleistet haben. Sie besitzen alle eine sehr wichtige Eigenschaft: Beharrlichkeit. Sehen Sie sich zum Beispiel Donald Trump an, er ist die Personifizierung des Wortes „Beharrlichkeit". Er hat nie aufgegeben, auch nicht, als er ganz unten war.

Beharrlichkeit ist wichtiger als alles andere, um die Dinge zu tun, die man tun muss, um an die Spitze zu gelangen. An wie vielen Tagen haben Sie das Gefühl, Sie schaffen es nicht mehr? Sie können nicht mehr anrufen oder an die Tür klopfen. Wie viele Male können Sie sich abweisen lassen und doch wissen, dass Sie ganz knapp davor sind? Wie viele Male müssen Sie Menschen ignorieren, die hinter Ihrem Geld her sind, während Sie Himmel und Erde in Bewegung setzen, um Ihre Träume und die Träume Ihrer Familie wahr werden zu lassen? Wir haben das alle schon erlebt. Das ist zwar hart, aber die Belohnung ist groß, und deshalb hören wir nicht auf, bis wir unsere Träume erreichen.

Man muss beharrlich an eine Tür nach der anderen klopfen und eine Abweisung nach der anderen einstecken, ohne zu wissen, ob man je Erfolg hat. Und wenn einem schließlich der Durchbruch gelingt, wenn man einen großen Kunden oder einen guten Job oder Wagniskapital für seine Unternehmensgründung gefunden hat, dann braucht man Beharrlichkeit, um auf der gestrichelten Linie zu unterschreiben und dann zu erfüllen, was man versprochen hat. Man braucht Beharrlichkeit, um sich den schwierigen Problemen zu stellen, bei deren Lösung einem niemand helfen kann. Man braucht Beharrlichkeit, um Rückschläge durchzustehen und dann mit der gleichen Intensität und Begeisterung weiterzumachen wie zuvor. Und wenn man es schließlich geschafft hat, muss man beharrlich zurückschlagen, wenn einen Rivalen, Konkurrenten und Schläger unterkriegen wollen.

Wie Beharrlichkeit funktioniert, habe ich vor langer Zeit gelernt, nämlich als ich Anfang der 1980er-Jahre The Learning Annex aufbaute. Ich wollte, dass Murray Klein, der Besitzer des berühmten New Yorker Lebensmittelmarktes Zabar's, einen Vortrag zu dem Thema „Wie man einen großartigen Lebensmittelmarkt aufbaut" hält. Ich dachte, dass New Yorker mit einer Vorliebe für Lebensmittel – und davon gibt es eine ganze Menge – in diesen Kurs strömen würden. Zabar's war und ist eine große New Yorker Lebensmittelinstitution an der Upper West Side. Ich machte einen Termin und ging zu Murray Klein, der meiner Anfrage auf typisch New Yorker Art eine Absage erteilte, während er damit beschäftigt war, den Fischmetzger anzubrüllen, er solle die Scheiben dünner schneiden (wenn Sie noch nie bei Zabar's waren, sollten Sie unbedingt einmal hingehen). Murray Klein ist das Sinnbild des New Yorkers.

Während ich zu Fuß nach Hause ging und über die Ablehnung nachdachte, hatte ich eine Idee. Am nächsten Morgen rief ich einen Blumenhändler an und sagte ihm, er solle jeden Tag Blumen für 200 Dollar zu Zabar's liefern, und dazu eine Nachricht: „Bitte halten Sie einen Vortrag bei The Learning Annex." Bedenken Sie, dass das in den 1980er-Jahren war und dass man damals für 200 Dollar eine Menge Blumen bekam. Ich sagte dem Blumenhändler: „Liefern Sie ihm täglich Blumen, bis ich Ihnen sage, Sie sollen aufhören." Am neunten Tag wurde ich langsam panisch, weil ich schon 1.800 Dollar ärmer war und noch keinen Ton von Murray Klein gehört hatte.

Dann kam der Anruf: „Zanker", sagte Murray, „Was muss ich denn machen, damit Sie aufhören, mir diese verdammten Blumen zu schicken? In meinem Büro ist kein Platz mehr."

Ich sagte: „Schenken Sie den New Yorkern einen Abend lang Ihre Zeit."

Murray sagte: „Ihre Chuzpe gefällt mir. Ich mache es."

Und Murray überraschte alle damit, dass er eine prächtige Auswahl an Lebensmitteln mitbrachte. Während Murray sprach, aßen die Zuhörer die ganzen Delikatessen von Zabar's. Essen mitzubringen war eine brillante Idee, denn am nächsten Tag sprach alle Welt darüber. Das war eine großartige Werbung für Zabar's. Und am nächsten Tag bekam ich Blumen von Murray mit der Nachricht: „Zanker, das hat zwar Spaß gemacht, aber ich mache das nie wieder."

Ich habe diesen Trick seither noch öfter benutzt, und vor gar nicht langer Zeit habe ich auf diese Art Jim Cramer von *Mad Money* bekommen.

Ich möchte Ihnen noch eine Geschichte über Beharrlichkeit erzählen. Als ich The Learning Annex im Jahre 2001 zurückkaufte, wollte ich einen Vortrag von Robert Kyosaki haben, den man von *Rich Dad* kennt. Ich rief immer wieder in seinem Büro an, aber er und seine Partnerin Sharon Lechter wollten nicht mit mir sprechen. Ich hatte gelesen, dass er in Phoenix einen Vortrag hielt, also ging ich um fünf Uhr morgens in Westchester County, New York, aus dem Haus und stieg auf dem John F. Kennedy Airport in ein Flugzeug nach Phoenix. Ich kam pünktlich zu der Veranstaltung und wollte in der Mittagspause mit Robert sprechen. Seine Sekretärin sagte: „Das kann ich nicht machen. Sie brauchen einen Termin."

Ich sagte: „Ich bekomme ja keinen Termin, er beantwortet meine Anrufe nicht."

Sie sagte: „Tut mir leid."

Auf der Taxifahrt zum Flugplatz war ich ganz schön wütend. So was Dummes. Auf dem Rückflug nach New York beschloss ich, dass ich nicht aufgeben würde.
Also rief ich jeden Tag gegen elf Uhr vormittags bei Robert und Sharon an und hinterließ eine Nachricht. Das wurde zu einem Ritual. So wie man sich jeden Morgen die Zähne putzt, rief ich jeden Morgen um elf bei Robert und Sharon an. Ich machte das ungefähr drei Monate lang, ohne einen Tag auszulassen, und schließlich rief mich Sharon Lechter an: „Ich bin nächste Woche in New York, würden Sie gerne mit mir essen gehen?"
Ich sagte: „Großartig."
Sie fragte: „Wo sollen wir uns treffen?"
Ich gehöre zu den Leuten, die normalerweise am Schreibtisch essen, aber das erste Restaurant, das mir in den Sinn kam, war das todschicke The 21 Club."
Sie sagte: „Großartig, dann sehen wir uns dort."
Ich ging eine Stunde vor der verabredeten Zeit in das Restaurant, gab dem Oberkellner 20 Dollar und fragte ihn: „Wenn ich nachher zum Essen komme, können Sie mich dann fragen, ob ich den gleichen Tisch wie immer haben möchte?"
Er nahm die 20 Dollar und sagte: „Nein."
Ich fasste in die Tasche, holte noch fünf 20er heraus und gab sie ihm.
Er sagte: „Also dann bis ein Uhr."
Ich kam um Punkt eins, genau gleichzeitig mit Sharon, der Oberkellner umarmte mich – er übertrieb es fast – und sagte: „Schön Sie zu sehen, Herr Zanker." Er geleitete uns zu einem großen Tisch. Sharon war gebührend beeindruckt.
Das Essen wurde dann ein großer Erfolg, denn wir kamen überein, dass Robert einen einmaligen Vortrag bei The Learning Annex halten würde. „Rich Dad" Robert Kiyosaki gefiel dieses Erlebnis aber

so gut, dass aus einem Mal viele Male wurden. Ich hatte zwar sechs Monate dafür gebraucht, aber ich war beharrlich dabeigeblieben und wusste die ganze Zeit, ich würde Robert dazu bringen, bei The Learning Annex zu lehren, denn ein „Nein" kam nicht in Frage.

Ich erlebe das ständig. Die erfolgreichen Menschen, von denen ich etwas gelernt habe, akzeptieren eine verneinende Antwort einfach nie. Sie alle mussten große Herausforderungen bewältigen, um dort hinzukommen, wo sie jetzt sind. Sie mussten gegen die Chancen ankommen, die die meisten Menschen davon abhalten, im großen Stil vorzugehen. Und dafür mussten sie sich die Beharrlichkeit zur Gewohnheit machen. Sie werden aus diesem Buch viele Dinge lernen, aber am wichtigsten ist, dass man genau wie der Besitzer eines Kleinunternehmens niemals aufgeben darf.

KURZ UND BÜNDIG

Gewinner haben eine besondere Eigenschaft, die ich als Trump(f)-Natur bezeichne und die sie von 98 Prozent der Bevölkerung unterscheidet. Es gibt eine Formel, die man befolgen und damit zum Gewinner werden kann. Aber dafür muss man gnadenlos ehrlich zu sich selbst sein. Reich werden ist hart und dabei kommen Menschen zu Schaden. Wenn man gewinnen will, muss man hart wie Kruppstahl sein und in die Vollen gehen. Machen Sie den Test am Anfang des Kapitels und sehen Sie, ob Sie das nötige Zeug dazu haben. Lernen Sie in den Lebensbereichen hinzu, die Sie noch ein bisschen ankurbeln müssen. Lesen Sie das Buch und nehmen Sie die Geschichten über die knallharte Einstellung in sich auf. Dann machen Sie den Test noch einmal, und Sie werden ein viel besseres Ergebnis bekommen.

ZENTRALE PUNKTE

- Träumen Sie im großen Stil, denn was Sie träumen, tun Sie auch.
- Wenn Sie Berge von Geld haben wollen, bloß keine Schüchternheit: Setzen Sie sich ein hohes Ziel.
- Seien Sie schlank und hungrig; setzen Sie sich auf jeder Ebene höhere Ziele und größere Herausforderungen.
- Tun Sie jeden Tag etwas und bleiben Sie langfristig bei der Sache.
- Saugen Sie immer mehr Wissen in sich auf, damit Sie immer wissen, was Sie tun.
- Setzen Sie Ihren Stolz in die Fähigkeit, für schwierige Probleme kreative Lösungen zu finden.
- Seien Sie leidenschaftlich bei der Arbeit.
- Akzeptieren Sie nie ein „Nein" als Antwort.
- Lernen Sie, auf Ihren Bauch zu vertrauen.
- Engagieren Sie die besten Leute und trauen Sie ihnen nicht.
- Üben Sie Vergeltung, wenn Ihnen jemand etwas angetan hat.
- Hören Sie nie auf, sich auf Ihre Ziele zu konzentrieren, auch wenn es schon gut läuft.
- Machen Sie immer einen Ehevertrag.

Kapitel 2

Leidenschaft, Leidenschaft, Leidenschaft!

Sie müssen das, was Sie tun, lieben, sonst werden Sie nie erfolgreich, egal was Sie machen. Wenn Sie Ihre Tätigkeit lieben, strengen Sie sich mehr an, Sie werden besser und Ihr Leben macht Ihnen mehr Spaß. Am wichtigsten ist, dass Sie sich mit Ihrem Beruf auskennen und dass Sie Ihre Arbeit lieben, denn beides löst viele Probleme.

Der erste Absatz meines ersten Buches, *Die Kunst des Erfolges*, lautet: „Ich mache das nicht wegen des Geldes. Davon habe ich genug, mehr als ich je brauchen werde. Ich tue es, um es zu tun. Deals sind meine Kunstform. Andere Menschen malen schöne Bilder auf Leinwand oder schreiben schöne Gedichte. Ich mache gerne Deals, vorzugsweise große Deals. Dort hole ich mir den Kick." Jetzt sind 20 Jahre vergangen und ich mache immer noch Deals, und zwar große Deals. Und dort hole ich mir immer noch meine Kicks.

Das funktioniert. Ich habe mich auf meine Leidenschaft konzentriert und das hat mir viel Geld beschert. Ich bin jetzt viel reicher als zu dem Zeitpunkt, als ich mein erstes Buch geschrieben habe. Ich bin so leidenschaftlich bei der Arbeit, dass es für mich nichts Besseres gibt, und das ist das beste Gefühl überhaupt. Manchmal kann ich nachts nicht schlafen. Ich will unbedingt aufstehen und an die Arbeit gehen.

Seit ich jenes Buch geschrieben habe, habe ich wirklich schwere Zeiten durchgemacht. Anfang der 1990er-Jahre habe ich fast alles verloren, aber ich habe es überlebt und jetzt läuft es wieder gut. Meine Immobiliengeschäfte gehen besser als je zuvor und das Schicksal brachte mir ein paar unerwartete Überraschungen. Ich bin mit dem Quotenschlager *The Apprentice* ins Fernsehgeschäft eingestiegen und mir gehören *Miss Universe* und *Miss USA*, zwei sehr erfolgreiche spektakuläre Veranstaltungen, die auf NBC gesendet werden. Die Vorträge bei The Learning Annex wurden ebenfalls zu einem phänomenalen Publikumserfolg. Der letzte Stand: Es beginnt eine neue Staffel von *The Apprentice,* und The Learning Annex Wealth Expo tourt durch das ganze Land.

Meine Motivation, diese Projekte zu machen, war nie das Geld gewesen. Ich habe diese Projekte nicht einmal gesucht. Aber mein Ruf, dass ich mit Leidenschaft bei der Arbeit bin, ist wohl bekannt. Das, was ich täglich leidenschaftlich mache, passte gut zu diesen neuen Unternehmungen, und deshalb fanden sie mich. Man kann nicht einfach dasitzen und auf Deals, Chancen oder einen Glücksfall warten. Man muss leidenschaftlich an etwas arbeiten, das man gerne tut, dann arbeitet die Dynamik, die man dabei aufbaut, für einen und bringt andere gute Dinge mit sich. Wenn Geld mein einziges Ziel wäre, hätte ich viele meiner wichtigsten Projekte verpasst. Wenn ich mich bei meiner Entscheidung ausschließlich an dem finanziellen Gewinn orientiert hätte, dann hätte ich niemals die Wollman Skating Rink im New Yorker Central Park gebaut. Die Stadt hatte die ursprünglich in den 1950er-Jahren gebaute Eisbahn in den 1980er-Jahren für Renovierungsarbeiten geschlossen. Mehrere Jahre flossen insgesamt 20 Millionen Dollar in den Bau, aber im Jahr 1986 war die Bahn noch nicht annähernd fertig. Ich liebe New York City und ich wollte den Menschen ein wundervolles Freizeitzentrum im Herzen von Manhattan geben. Ich hatte schon große Wolkenkratzer in weniger als zwei Jahren gebaut. Ich dachte, eine Eisbahn könnte ich locker in ein paar Monaten renovieren. Ich übernahm das Projekt, um der Stadt Zeit und Geld zu sparen. Ich wollte ihr damit einen Dienst erweisen und nicht Geld verdienen.

FINDEN SIE IHRE LEIDENSCHAFT

Überlegen Sie nicht, wie Sie Geld verdienen könnten. Überlegen Sie lieber, was Sie produzieren oder welchen Dienst Sie anbieten können, der für die Menschen und für Ihre Gemeinschaft wertvoll und nützlich ist. Was muss verbessert werden? Was kann man besser oder effizienter machen? Welches Problem könnten Sie lösen? Welche Bedürfnisse erfüllen? Und vor allen Dingen, was würde Ihnen Spaß machen?

Natürlich müssen Sie für Ihre Arbeit auch bezahlt werden, und das werden Sie auch, wenn Sie etwas Wertvolles anbieten. Im Spiel des Lebens werden die Punkte in Form von Geld vergeben. Aber das eigentliche Vergnügen liegt nicht in den Punkten, sondern vielmehr in der Begeisterung, die Sie empfinden, wenn Sie kreative Möglichkeiten finden, den Ball ins Tor zu befördern. Finden Sie Ihre Leidenschaft, indem Sie etwas tun, das den Menschen etwas nützt, dann kommt das Geld von allein.

Das mag einfach klingen, aber ich bin dadurch vielfacher Milliardär geworden, dass ich mich an diese einfache Philosophie gehalten habe. Viele Menschen glauben, ich hätte mit viel Geld angefangen, das ich von meinem Vater bekommen hätte. Die Wahrheit ist jedoch, dass ich praktisch pleite war, als ich mein Geschäft anfing. Mein Vater gab mir nicht viel Geld, aber er gab mir eine gute Ausbildung und die einfache Formel zum Reichtum: fleißig an etwas arbeiten, das man liebt.

Anfang der 1970er-Jahre, als New York City große Finanzprobleme hatte, ging es mit der Gegend um das Grand Central

Terminal in der 42nd Street rapide abwärts. Viele Gebäude wurden zwangsversteigert. Das alte Commodore Hotel war dringend renovierungsbedürftig, es machte haufenweise Verlust und wurde zum Treffpunkt für Obdachlose. Wenn nicht bald jemand etwas unternehmen würde, könnte diese Gegend zu einem Slum werden. Ich wusste, dass ich dort Geld verdienen konnte, aber ich wollte das nur, wenn ich damit etwas bewirken würde – nur wenn ich ein hässliches, heruntergekommenes Hotel in einen schönen und angenehmen Ort verwandeln könnte. Indem ich das Commodore in das neue, elegante Grand Hyatt verwandelte, setzte ich in dem Viertel einen Erneuerungsprozess in Gang, der bis zum heutigen Tag anhält, und ich habe dabei Geld verdient.

Finden Sie bei allem, was Sie tun, eine Mission oder einen großen Zweck, der über Geld hinausgeht, damit Sie dafür eine Leidenschaft entwickeln können. Finden Sie eine höhere Ebene als die pure Gier von Menschen, die nur auf Geld aus sind. Erweitern Sie Ihren Blick, damit Sie das, was Sie anbieten, als Gesamtbild sehen können. Erfüllen Sie so viele Bedürfnisse wie möglich: Schaffen Sie Schönheit, Effizienz, Gesundheit, Sicherheit und Lebensunterhalt für möglichst viele Menschen.

Wenn Sie im Leben große Dinge schaffen wollen, brauchen Sie monumentale Begeisterung und Leidenschaft. Jede Arbeit braucht Leidenschaft, wenn sie richtig gemacht werden soll. Der Pförtner, der Kellner und die Empfangsdame sind da, um jeden Besucher begeistert zu begrüßen. Egal welche Arbeit Sie momentan machen – machen Sie sie leidenschaftlich, dann passieren magische Dinge. Sie werden die richtige Person treffen und bemerkt werden. Ich habe das immer und immer wieder erlebt. Wie viel mehr Leidenschaft braucht man wohl, um ein großer Unternehmer oder ein großer Künstler zu werden? Finden Sie eine „gute Sache“ und klemmen Sie sich mit Leib und Seele dahinter.

Ohne Leidenschaft hat das Leben keinen Glanz. Die Leidenschaft gibt Ihnen die innere Kraft, die Sie brauchen, um niemals aufzugeben. Das Grand Hyatt wurde für mich nur zu einem Triumph, weil ich den hohen Preis der Hingabe, der Beharrlichkeit und der harten Arbeit bezahlt habe. Dank meiner Leidenschaft, etwas Hässliches in etwas Verlockendes und Anziehendes zu verwandeln, konnte ich trotz aller Schwierigkeiten weiter machen und viele andere Menschen dazu bewegen, dass sie meine Vision teilten.

Wie findet man seine Leidenschaft? Probieren Sie einmal Folgendes aus: Schieben Sie für einen Moment lang alle Ihre Urteile und rationalen Einschätzungen beiseite. Fangen Sie an zu träumen, was Sie wirklich und wahrhaftig sehr gerne tun. Wenn Sie sich aussuchen könnten, was Sie machen wollen, was wäre das? Was macht Ihnen so viel Spaß und fesselt Sie so sehr, dass Sie dabei die Zeit vergessen? Was würden Sie so gerne machen, dass Sie es sogar ohne Bezahlung machen würden? Was haben Sie gemacht, als Sie mit sich selbst zufrieden waren? Welche Sachen bringen Sie in die „Zone" und führen zu Gipfelerlebnissen? Wenn Sie jemand sein könnten, den Sie bewundern, wer wäre das?

Und dann werden Sie realistisch: Etwas zu tun, was man liebt, bedeutet auch etwas zu tun, was man kann und worin man gut ist. Denken Sie über Ihre Stärken nach. Finden Sie heraus, worin Sie gut sind. Denken Sie über Ihre einmaligen Talente und über das nach, was Sie bisher gemacht haben und worauf Sie am meisten stolz sind. Welche Aktivitäten gehen Ihnen leicht und natürlich von der Hand? Wenn Sie an eine Arbeit denken, die Sie lieben, denken Sie groß! Denken Sie an erstaunliche Leistungen. Denken Sie an die Freude und Erfüllung, die Sie aus Ihrer Arbeit beziehen. Wenn Sie eine Arbeit machen, die Sie lieben, ist sie keine Arbeit mehr, denn dann ist die Tätigkeit selbst eine Energiequelle. Steve Jobs, der Mitgründer von Apple und Pixar, hat eine Leidenschaft für Computertechnik. Er war zwar nicht der beste Computerbauer, aber der leidenschaftlichste. Seine Leidenschaft hat Jobs zu einem der fruchtbarsten Innovatoren unserer Generation gemacht.

SEIEN SIE EIN MACHER, KEIN TRÄUMER

Leidenschaft ist wichtiger als Intelligenz und Talent. Ich habe wirklich talentierte, intelligente Menschen scheitern sehen, weil es ihnen an Leidenschaft fehlte. Ich nenne solche Menschen „Ideen-Menschen". Sie kennen wahrscheinlich auch solche Menschen. Sie haben anscheinend immer neue große Ideen und denken, sie würden sie eines Tages umsetzen – aber sie unternehmen nie etwas in dieser Richtung.

Die Ideen bleiben in ihrem Kopf und gelangen nie in ihr Herz. Ohne Herz verlaufen sich die Ideen schnell wieder. Die Ideen an sich sind flockig-leicht. Man braucht ungeheuer viel Leidenschaft, um sie in Beton, Stein und Glas zu verwandeln. Sie müssen Ihre Ideen auf die Erde herunterholen. Nehmen Sie Ihre Ideen und hängen Sie das Gewicht der Leidenschaft daran, bevor sie sich in Luft auflösen. Leidenschaft ist die magische Zutat, die Ihnen den rasenden, kräftigen Antrieb verleiht, jedes Vorhaben zum Abschluss zu bringen. Ich habe es erlebt, dass sich weniger begabte Menschen mithilfe hyperdynamischer Leidenschaft zu großen Erfolgen katapultiert haben. Sie müssen in dieser Welt konkurrieren und gedeihen.

Wissen Sie, das mit der Leidenschaft habe ich von meinem Vater gelernt. Die Menschen fragen mich immer: „Haben Sie das Baugeschäft von Ihrem Vater gelernt?" Die Antwort ist ja, ich habe von meinem Vater alles über das Bauen gelernt.

Und wissen Sie, was ich da von ihm gelernt habe? Mein Vater hat auch an Samstagen und Sonntagen gearbeitet, sieben Tage die Woche. Er liebte die Arbeit. Er war ein glücklicher Mann. Er ging tatsächlich hin und schaute nach, ob die Wohnungen gekehrt und geputzt waren. Er benutzte immer den Ausdruck „in tadellosem Zustand" – die Wohnungen mussten in tadellosem Zustand sein. Also machte er samstags und sonntags seine Rundgänge, und er liebte das. Er baute in Brooklyn und in Queens, und jeder Penny zählte.

Er baute ein Mietshaus und auf der anderen Straßenseite baute auch jemand ein Mietshaus. Mein Vater machte das schneller und billiger, und es wurde schöner. Der andere machte pleite, mein Vater kaufte das Mietshaus und brachte es in Ordnung. Ich habe von meinem Vater gelernt, dass einen die Arbeit glücklich machen kann.

Ich habe die Leidenschaft für die Arbeit von meinem Vater geerbt. Ich bin so leidenschaftlich bei der Arbeit, dass ich jede Nacht nur drei oder vier Stunden schlafe. Ich kann es gar nicht erwarten, morgens aufzustehen und auf die Arbeit zu gehen, weil ich die Arbeit so sehr liebe. Wenn Sie das, was Sie tun, lieben, dann schlafen Sie wahrscheinlich auch nicht länger als drei oder vier Stunden. Wenn einen beim Aufwachen etwas erwartet, das man liebt, kann man wohl schwerlich länger schlafen.

Eine meiner größten Leidenschaften ist das Abschließen von Verträgen. Ich liebe es, groß abzusahnen und große Deals zu schließen. Ich liebe es, die andere Seite zu zermalmen und den Nutzen zu haben. Warum? Weil es nichts Großartigeres gibt. Für mich ist das noch besser als Sex, und dabei liebe ich Sex. Aber wenn man zuschlägt, wenn sich die Deals nach Wunsch entwickeln, das ist das allertollste Gefühl! Man hört von vielen Menschen immer wieder, der beste Deal sei einer, bei dem beide Seiten gewinnen. Das ist totaler Schwachsinn. Bei einem großartigen Deal gewinnt man selbst – nicht die andere Seite. Man zermalmt den Gegner und holt für sich selbst etwas Besseres heraus. Ich liebe es, bei Verhandlungen den vollständigen Sieg anzustreben. Deshalb habe ich so viele gute Deals abgeschlossen.

Meine zweite große Leidenschaft, die Schaffung schöner Immobilienobjekte, ist auch ein wichtiger Grund für meinen Erfolg. Die Welt der Baustellen und Immobilien ist bekanntlich anspruchsvoll und schwierig. Sie erfordert große Präzision. Man kann nicht einfach aufs Geratewohl bauen, weil dabei Menschen verletzt werden können. Sich dabei auf das Glück zu verlassen ist inakzeptabel. Ich liebe die Herausforderung, akribisch genau arbeiten zu müssen. Und weil ich das liebe, bin ich darin sehr gut. Ich wende das bei allem an, was ich tue.

Wir hatten bei der Trump Organization einmal einen neuen Mitarbeiter, der nicht verstehen konnte, warum wir so viel Zeit mit der Kontrolle unserer Objekte verbrachten. Wir waren schon etabliert, die Gebäude waren bekannt und wurden hoch gelobt, aber trotzdem führten wir noch Kontrollen durch. Manchmal ging ich persönlich zu einem Objekt, nur um einmal durchzulaufen. Der Mitarbeiter hatte nicht begriffen, dass wir das machten, um unseren Standard auf jeden Fall aufrecht zu erhalten und immer alles im Griff zu haben. Das mag nicht unbedingt notwendig sein, aber wir halten das für wichtig.

Ich liebe es, ein unerschlossenes Grundstück zu nehmen und es in etwas Herrliches zu verwandeln. Schönheit und Eleganz gehören auch zu meinen Leidenschaften, bei Frauen und bei Kunstwerken. Schönheit ist nichts Oberflächliches, nicht nur ein schöner Anblick. Sie entsteht aus Stil und sie kommt tief aus dem Inneren. Meine Leidenschaft für Stil und mein Erfolg sind untrennbar miteinander verwoben. Ich will das eine nicht ohne das andere.

Wenn ich in mein Büro im Trump Tower in New York City gehe, schaue ich mir gern die fantastische Vorhalle an, die ich geschaffen habe. Ich liebe es, die Menschenmassen zu sehen, die beim Anblick des prächtigen Marmors und des fast 25 Meter hohen Wasserfalls „Oh" und „Ah" rufen. Ich liebe es, die emotionale Reaktion, die Erregung und den Genuss der außerordentlichen Schönheit zu sehen. Sie erzeugen in meinem Inneren Schwingungen. Ich bin diesen Menschen ein bisschen näher, obwohl wir uns nicht kennen, denn als ich den Trump Tower gebaut habe, hatte ich die gleichen Gefühle.
In Wahrheit lasse ich mich von dem Trump Tower, dem Trump Taj Mahal in Atlantic City, von 40 Wall Street und meinen anderen Bauten genauso blenden wie die Touristen und Attraktionsjäger, die dort hinströmen. Ich weiß, dass die Menschen auf meine Leidenschaft für Schönheit und Stil ansprechen, die sich in meinen Werken äußert. Stil bewegt die Menschen, und die erfolgreichsten Menschen haben eimerweise Stil. Die Schaffung außerordentlich schöner Bauwerke begeistert mich so richtig und das treibt mich, auch die größten Hürden zu überwinden.
Vince McMahon, der Vorsitzende von World Wrestling Entertainment (WWE), besitzt ein Milliardenvermögen. Vince McMahon liebt das, was er macht, nicht nur, sondern er macht das auch sehr gut. Als ich einmal in Portland, Oregon zu tun hatte, schaute ich mir McMahon in Action an. Ich war fasziniert. Ich ging zu seinem üblichen Auftrittsort in Portland, und der Kampf fand vor 30.000 Menschen statt. Die Veranstaltung war komplett ausverkauft. Ich sagte: „Vince, ist die Halle ausverkauft?" Er sagte, dass sie schon seit einem Jahr ausverkauft war. Ich sagte: „Und WrestleMania in Detroit, ist das auch ausverkauft?" Er sagte, die war schon fünf Stunden ausverkauft, nachdem die Tickets zum Verkauf standen. 82.000 Menschen

gingen in das Detroiter Footballstadion „Ford Field", um die Show zu sehen. Ich sagte: „Du machst das wirklich gut." Er musste hunderte von Technikern, viele Details und Menschen managen. Vince hatte alles voll im Griff und ich sagte zu mir, das ist wirklich ein besonderer Mensch. Er liebt das, was er macht, und er versteht wirklich etwas von seinem Fach. Deshalb ist er so gut und so erfolgreich.

Wenn Sie sich auskennen, wissen Sie, dass die Turner-Leute Ende der 1990er-Jahre versucht haben, WWE zu übernehmen und dass das ein Desaster wurde. Sie konnten McMahon nicht in seinem eigenen Spiel schlagen, weil er es so gut kannte. Wenn ich über Erfolg spreche, fange ich immer bei einem bestimmten Thema an und der Rest ergibt sich dann gewissermaßen von allein, und dieses Thema heißt: Man muss das, was man tut, lieben. Vince McMahon und viele andere Menschen, die ich kenne, sind so erfolgreich, weil sie das, was sie tun, lieben. Wenn Sie Ihre Arbeit lieben, arbeiten Sie mehr und alles funktioniert leichter. Wenn man erfolgreich sein will, muss man das, was man tut, lieben, auch wenn es um eine Arbeitsstelle geht.

Ich habe einen Freund, der in eine brutale Familie hineingeboren wurde. Sein Vater ist ein böser, elender, schrecklicher Mensch, aber ansonsten ein netter Kerl (ich mache nur Spaß!). Dieser Vater ist eine Wall Street-Legende, ein knallharter Typ, und er verdient eine Menge Geld. Wenn ich seinen Namen sagen würde, würden Sie ihn alle kennen. Sein Sohn, den ich hier Stan nennen möchte, ist einfach ein netter Mensch. Ich stehe mit beiden auf freundschaftlichem Fuß und den Sohn mag ich gern, aber der Vater verhält sich unmöglich.

Stan arbeitete früher bei seinem Vater an der Wall Street, aber da war er unglücklich. Einmal rief mich Stans Frau an und sagte: „Ach Donald, er ist unglücklich, ihm geht's schlecht, das klappt so einfach nicht. Meine Ehe ist nicht gut, nichts ist gut." Ich sagte: „Warum erzählst du das mir? Ich kann daran nichts machen." Stan versagte an der Wall Street und er hasste sie, aber er konnte nichts dagegen tun, weil er seinen Vater nicht enttäuschen wollte.

Stan ist Mitglied in einem sehr noblen Golfclub in Westchester. Eines Tages bekam er den Zuschlag für die kostspielige und schöne Renovierung eines Golfplatzes, aber nicht weil die Auftraggeber dachten, er könnte das gut, sondern nur weil sie ihn mochten.

Es zeigte sich jedoch, dass er unglaublich war. Er war jeden Tag ab fünf Uhr früh auf dem Golfplatz. Das Projekt war nach sechs Monaten statt nach einem Jahr abgeschlossen, es war besser geworden, als alle erwartet hatten und es hatte weniger gekostet. Ich sagte zu ihm: „Stan, du bist unglaublich." Seine Frau rief mich an und sagte: „Er ist toll und er hat sich dermaßen verändert." Alle waren glücklich, seine Kinder, seine Frau, einfach alle. Das war unfassbar, er trat der Baufirma in den Hintern und beobachtete sie mit Adleraugen. Als Stan den Golfplatz fertig hatte, wurde ihm ein Preis verliehen und ein Essen zu seinen Ehren veranstaltet. Stan war ein großer Held.

Dann ging Stan wieder an die Wall Street und begann wieder zu versagen. Als er mir sagte, dass er dort scheiterte, sagte ich: „Stan, du machst einfach das Falsche." Er sagte: „Ich kann nichts dagegen machen, das bin ich meinem Vater schuldig." Ich sagte: „Du hast den falschen Beruf. Du musst ins Baugeschäft gehen, ins Renovierungsgeschäft oder in den Golfanlagenbau. Du musst das machen. Du kannst das großartig und das wird klappen." Er sagte: „Ich kann nicht."

Er wurde total unglücklich. Dann, vor etwa drei Jahren, wurde er endlich schlau und wechselte von der Wall Street in die Baubranche. Jetzt geht es ihm phänomenal gut, weil er das, was

er tut, liebt. Er verdient nicht so viel Geld wie er verdient hätte, wenn er ein Wall-Street-Killer geworden wäre, aber er ist glücklich, er liebt seine Arbeit und er steht jeden Morgen gerne auf. Er sieht sich jetzt als Sieger. Wenn ich ihn jetzt treffe, strahlt er immer und sieht gesund aus. Er hat seine zweite Chance genutzt und ist ein anderer Mensch geworden, weil er den Mut hatte, sich gegen die Tradition zu stellen, sein Leben selbst in die Hand zu nehmen und etwas zu ändern.
Also wenn Ihr Leben nicht so ist wie Sie es haben wollen, haben Sie keine Angst davor sich zu fragen, ob Sie eigentlich das tun, was Sie wollen und was richtig für Sie ist. Messen Sie sich unabhängig von Ihrem Alter an Ihren eigenen Gefühlen, Ambitionen und Zielen, und nicht an denen anderer Menschen. Das kann bedeuten, dass Sie sich gegen Freunde, Familie und Kollegen stellen müssen, die meinen, sie wüssten, was am besten für Sie ist. Schließen Sie sich an Ihr eigenes Stromnetz an. Aus einer anderen Steckdose fließt der Strom vielleicht besser.

LOCKER UNTER DRUCK

Ein weiterer Schlüssel zum Erfolg ist Ihr Umgang mit Druck. Wenn Sie im Leben mit irgendetwas Erfolg haben wollen, müssen Sie mit Druck zurechtkommen. Ob Sie nun eine Immobilie kaufen oder bauen, ob Sie Ihr eigenes Unternehmen gründen oder ob Sie auf der Unternehmensleiter aufsteigen – Sie müssen großem Druck standhalten. Erfolgreiche Wall-Street-Füchse, Ärzte, Anwälte, Sportler, Politiker und Entertainer führen ein Leben unter ständigem Druck. Wie machen sie das? Wie können sie bei dem großen Druck ein glückliches und erfolgreiches Leben führen?

Stress hat in vielen Fällen mehr mit der Konzentration auf das zu tun, was man liebt, als mit irgendetwas anderem. Ich habe gelernt, dass es wichtig ist, sich auf die Lösung zu konzentrieren, und nicht auf das Problem. Wenn man seine ganze Energie in das Problem steckt, wie viel Leidenschaft bleibt dann noch für die Lösungsfindung übrig? Ich kenne Bauunternehmer, die sich in langwierige Diskussionen mit allen Beteiligten verwickeln lassen, wenn sie auf etwas Unerwartetes stoßen – zum Beispiel Baubeschränkungen, besondere Vorschriften, zu viel Grundwasser oder fehlendes Material. Sie verbringen zu viel Zeit mit der Diskussion darüber, wodurch das Problem verursacht wurde und wer daran schuld ist. Und dann stellen sie sich das Schlimmste vor: Sie werden zu spät fertig, sie überziehen den Etat, die Banken stoppen die Finanzierung oder die Stadt zieht die Genehmigung zurück. Diese Energie sollten sie lieber in die Suche nach einer Lösung investieren.
Am Anfang meiner Immobilienlaufbahn stand ich vor einem Problem. Ich hatte kein Geld, das ich in die Grundstücke hätte investieren können, die ich haben wollte. Aber ich konzentrierte mich nicht darauf und ließ mich davon nicht aufhalten. Ich richtete meine gesamte Aufmerksamkeit auf den Grundstückskauf ohne Geld!
Ich rate dazu, dass man das Problem anerkennt und dann zu einer positiveren Ebene übergeht. Wenn wir uns sagen würden, „Ich bin so unkonzentriert“, anstatt zu sagen, „Ich bin so gestresst“, dann glaube ich, dass wir die Dinge schneller klären könnten. Je mehr ich mich darauf konzentriere, Dinge zu tun, die ich liebe, umso weniger Stress empfinde ich.
Aber es ist nun mal nicht jeder für den Erfolg geschaffen. Ich möchte Ihnen die negativen Seiten des Geschäfts genauso vermitteln wie die positiven. Ich möchte darüber reden, dass die meisten Menschen nicht dafür gemacht sind, mit dem hohen

Stressniveau zurechtzukommen, das mit großem Erfolg verbunden ist. Ich weiß nicht warum, aber viele Menschen können das einfach nicht.

Ich habe schon so viele geniale Menschen gesehen: Sie haben einen hohen IQ, sie hatten auf dem College lauter Bestnoten, auf der Highschool ebenfalls, sie haben die besten Hochschulen besucht – Harvard oder Wharton –, aber sie kommen mit Druck nicht zurecht. Ich kenne inzwischen zwar viele kluge Menschen, aber nicht viele Menschen, die mit Druck umgehen können.

Zu den Dingen, die ich am Sport besonders liebe, gehört die Tatsache, dass man innerhalb sehr kurzer Zeit merkt, ob ein Athlet unter Druck nachlässt oder aufblüht. Die meisten lassen nach. Aber es gibt ein paar große Sportler, die unter Druck mehr leisten. Sehen Sie sich einmal Tiger Woods, Derek Jeter oder Tom Brady an; sie scheinen alle unter Druck aufzublühen. Im Sport merkt man das sehr schnell, während man im Geschäft vielleicht erst nach 10 oder 15 Jahren weiß, ob man mit Druck umgehen kann. Ich halte es für unentbehrlich zu wissen, ob man Druck aushält. Wenn Sie das nicht können, ist daran nichts Schlimmes. Es ist großartig, eine Arbeit zu haben, die man liebt, zu heiraten, Kinder großzuziehen und ein glückliches Leben zu führen. Das ist schließlich auch eine Form des Erfolges und eine gute Sache, auch wenn das für mich persönlich nichts wäre.

Ich habe Freunde – viele Freunde – die mit mir auf der Wharton School waren und die sehr klug waren. Übrigens war ich selbst auch ein guter Student. Ob Sie's glauben oder nicht, in Mathematik und Naturwissenschaften war ich sogar sehr gut. Vielen Menschen fällt es schwer zu glauben, dass ich ein guter Student war, weil sie das nicht als Teil meiner Persönlichkeit sehen. Sie halten mich für schlau, aber sie können sich nicht vorstellen, dass ich mich hinsetze und studiere. Aber das habe ich getan!

Ich hatte ein paar sehr intelligente Freunde, mit denen ich immer noch Kontakt habe. Einer von ihnen war ein absolutes Genie, aber er hat es nie geschafft. Er hat einen guten Job bei einer Rechnungsprüfungsgesellschaft, aber kürzlich wollte er ein Haus kaufen und war hoffnungslos überfordert. Er rief mich an und fragte mich: „Meinst du, ich mache vielleicht einen Fehler? Ich weiß nicht, was ich tue. Ich bin so aufgeregt. Ich kaufe ein Haus. Ich meine, wie mache ich das? Nehme ich ein Darlehen auf?" Er war vollkommen am Ende, weil er ein Haus kaufte. Nachdem er das Haus gekauft hatte, rief mich dieser brillante Kopf an und sagte: „Donald, ich habe ein Haus gekauft. Glaubst du, das war richtig? Ich habe eine Hypothek. Oh mein Gott, ob das wohl alles klappt?" Da haben wir einen Menschen mit einem Intelligenzquotienten von 180, aber er kann weder schlafen noch Sex mit seiner Frau haben, weil er so gestresst ist. Ich sagte: „Was bringt es denn, ein Haus zu kaufen, wenn du dann nicht mit deiner Frau schlafen kannst? Was soll denn das für ein Haus sein?"

Dieser Mann berät Menschen, wie sie zu Geld kommen. Er ist in Buchhaltungsdingen sehr erfolgreich und ein absolutes Genie, aber wenn es darum geht, sein eigenes Geld auszugeben, ist er vollkommen aufgeschmissen. Nach etwa zehn Anrufen sagte ich zu ihm: „Jim, du hast großes Glück, dass du einen guten Job hast, denn du könntest niemals als Selbstständiger arbeiten." Er war beleidigt. Das ist die Wahrheit, aber er war trotzdem beleidigt. Ich sagte: „Du könntest das nicht, weil du mit dem Druck nicht zurechtkommst."

Ich habe viel erlebt. Ich hatte großen Erfolg. Ich hatte auch richtig harte Zeiten, zum Beispiel als der Immobilienmarkt Anfang der 1990er-Jahre zusammenbrach. Ich hatte viele Milliarden

Schulden und die Banken waren hinter mir her. Das war nicht gerade lustig! Alle großen Banken waren hinter mir her. In meiner Branche hatten alle großen Ärger. Ich hatte in der Branche ein paar Freunde und ein paar Feinde, die ich für richtig harte Jungs hielt, aber die meisten kamen mit den schlechten Zeiten nicht so gut zurecht wie mit den guten Zeiten. Die meisten mussten ihr Geschäft aufgeben. Alle meine Freunde machten Bankrott. Ich war nahe daran, aber ich ging nicht bankrott. Das hat zwar keinen Spaß gemacht und ich möchte so etwas nie wieder durchmachen, aber in gewisser Weise war es gar nicht so schlimm. Ich schlief sehr gut und behielt meine Fähigkeiten beisammen. Es ist nicht so, dass ich dafür trainiert hätte; das habe ich nicht gemacht. Aber diese schreckliche Erfahrung hat mich gelehrt, dass ich mit Druck umgehen kann. Die meisten Menschen verkrochen sich in eine Ecke, steckten die Finger in den Mund und sagten: „Mami, Mami, ich will nach Hause!"

Ich habe gelernt, dass ich mit Druck zurechtkomme. Ich habe unter dem Druck nicht nachgegeben. Ich bin den Banken gegenübergetreten und habe sie dazu gebracht, einen Teil der Schuld auf sich zu nehmen. Ich fand, das war das Problem der Banken, nicht meins. Was ging mich das an? Zu einer Bank sagte ich tatsächlich: „Ich habe Ihnen doch gesagt, Sie sollen mir dieses Geld nicht leihen. Ich habe Ihnen gesagt, dass dieser gottverdammte Deal nicht gut ist. Sie wussten, dass Sie zu viel Zinsen von mir verlangen." Das sollte ein Witz sein – aber vielleicht doch nicht. Das war das, was ich zu sagen hatte. Das war nicht unbedingt toll, aber es war besser als auf die Knie zu fallen wie andere Menschen. Banken haben Angst, verklagt zu werden. Deshalb sage ich, dass es immer Auswege aus einem Problem gibt. Man muss das, was man tut, lieben, und man muss mit Druck umgehen können.

Ja, ich habe nicht Bankrott gemacht, aber ich steckte in großen, großen Schwierigkeiten. Zum Glück hatte ich ein großartiges Verhältnis zu den Banken. Ich hatte meine Banken in den 1980er-Jahren gut behandelt, und deshalb wollten sie mir in den 1990er-Jahren nicht schaden. In gewisser Hinsicht wollten sie mich wohl schon umbringen, denn das machen Banken so, wenn man sie nicht bezahlt, aber sie wollten mir nicht das antun, was sie vielen anderen Menschen antaten.
Es gibt ein altes Sprichwort: „Pass auf, wen du auf dem Weg nach oben trittst, denn auf dem Weg nach unten begegnest du den gleichen Menschen wieder." Und das stimmt. Ich kenne einen Mann im Immobiliengeschäft, dessen Namen ich nicht nennen möchte. Er war ziemlich bekannt. Er war ziemlich arrogant. Er baute genau wie ich Gebäude und er schaute immer auf die Banker herab. Er behandelte sie sehr, sehr schlecht. Manchmal, wenn er sich beim Essen mit ihren Frauen unterhielt, sagte er: „Ich kann es nicht glauben, dass Ihr Mann Banker ist. Sehen Sie mal, wie viel Geld ich verdiene, und er nicht." Er gab ihnen absichtlich ein schlechtes Gefühl.
Ich verhielt mich den Bankern gegenüber genau umgekehrt. Ich sagte etwa: „Ihr seid die Größten!" Auch wenn ich ein Vermögen verdiente und sie nicht, sagte ich trotzdem: „Ihr seid die Größten!" Warum sollte ich diesen Menschen weh tun? Der Mann, von dem ich erzählt habe, machte sechs oder sieben Jahre so weiter. Er nahm viel Geld auf und baute viele Gebäude. Als der Immobilienmarkt einbrach, gingen ihn die Banken hart an, sie fassten ihn viel härter an als mich. Sie gingen so hart mit ihm um, weil er ein arrogantes Arschloch war. Ein Banker erzählte mir, dass dieser arrogante, knallharte, hinterlistige und gemeine Mann auf die Knie fiel und darum bettelte, dass sie nicht die privaten Bürgschafen angreifen sollten, und dass er weinte wie ein Baby. Er weinte – auf

Knien! Und wissen Sie, was die Bank tat? Sie hat ihn sofort bankrottgehen lassen. Ich habe von dem Mann seitdem nie mehr etwas gehört.

MACHEN SIE, WAS SICH GUT ANFÜHLT

Anfang der 1990er-Jahre hatte ich tonnenweise Schulden. Ich war von dem schlausten Kerl der Stadt zu einer kompletten Niete geworden. Eines Abends kam ich in den Konferenzraum, in dem meine Buchhalter noch bei der Arbeit waren; es herrschte eine entschieden gestresste Atmosphäre, weil sich alle auf unangenehme Dinge konzentrierten. Ich beschloss, dass wir die Aufmerksamkeit auf schöne Dinge richten sollten. Also fing ich an, ihnen meine Pläne für künftige Projekte zu beschreiben und wie fantastisch das werden würde. Ich beschrieb konkrete Details und malte ein lebhaftes Bild des Erfolges. Meine Buchhalter gestanden mir später, sie hätten gedacht, jetzt wäre ich völlig übergeschnappt. Aber von diesem Moment an richtete sich unser Blick nicht mehr auf unser großes Problem, sondern auf unsere fantastische Zukunft.

Die Dinge wendeten sich zum Besseren. Die Verlagerung der Konzentration auf das, was wir gerne machten, war der Wendepunkt. Danach fing ich tatsächlich an, neue Deals auszuhandeln, obwohl ich nicht in der Lage war, sie abzuschließen – aber das gab mir ein gutes Gefühl. Gewiss, ich hatte große Schulden, aber meine geistige Einstellung war sehr positiv. Und jetzt ist mein Unternehmen erfolgreicher und produktiver denn je.

Eine andere Art, mit geschäftlichem Druck umzugehen, ist das Begreifen, wie zerbrechlich das Leben ist. Ich habe bei einem Hubschrauberabsturz in Atlantic City drei Führungskräfte verloren. Wenn so etwas passiert, erkennt man, wie empfindlich das Leben ist. Ich habe in Florida ein großes Anwesen, den Mar-a-Lago Club, und wenn ich kann, lasse ich verwundete Rückkehrer aus dem Irak-Krieg nach Mar-a-Lago kommen, wo sie meinen privaten Strand und meine Ufergrundstücke benutzen. Meine Mitarbeiter erzählen mir, die schönsten Menschen, die sie je gesehen hätten, seien diejenigen, die ohne Arme und Beine aus dem Irak-Krieg zurückkommen, und ich bin froh, dass ich sie in Mar-a-Lago willkommen heißen kann.

Ich bin Geschäftsmann. Ich stelle fest, dass viele Geschäftsleute clever sind, und clevere Menschen wissen, dass das Geschäft eigentlich nicht wichtig ist. Das ist nur ein Spiel und wir wollen dabei alle unseren Spaß haben, wenn wir können. Die Menschen fragen mich: „Wie kommen Sie mit dem Druck zurecht? Wie können Sie Milliarden-Deals abschließen und sie mit immensen Bankkrediten finanzieren? Wie können Sie da nachts schlafen? Wie können Sie sich im Fernsehen vor Millionen Menschen stellen?"

Die Wahrheit ist, dass das nicht wichtig ist. Was macht das denn verflixt nochmal für einen Unterschied? Sie sehen, was im Irak passiert, und Sie haben gesehen, wie ein Tsunami das Leben hunderttausender Menschen ausgelöscht hat. Denken Sie an die 3.000 Menschen, die am 11. September 2001 im World Trade Center ums Leben gekommen sind – tragisch; dass im Jahre 2004 bei dem Tsunami in Asien 300.000 Menschen ums Leben gekommen sind, also hundertmal so viele. Was bedeutet es denn wirklich, dass Sie um neun Uhr eine große Präsentation vor dem Präsidenten von Citibank halten? Seien Sie weise und haben Sie viel Sinn für Humor, denn die Probleme, die Ihnen wirklich groß erscheinen mögen, sind in dem großen Plan der Dinge wirklich bedeutungslos.

Wissen Sie, mein Leben lang haben mir die Menschen erzählt, was für schlimme Sachen passieren könnten. Sie erzählen mir von Börsencrashs, Kriegen, Epidemien, Erdbeben und Tsunamis. Sie sagen mir, ich sollte dieses oder jenes essen, damit ich keinen Krebs bekomme. Ein mir befreundeter Anwalt – ein toller, sehr kluger Mann – kam einmal zu mir und sagte, er habe gehört, dass ich in Los Angeles vor mehr als 62.000 Menschen gesprochen hätte. Er fragte: „Wie machst du das? Hast du da keine Angst?" Ich sagte: „Ich will nicht darüber nachdenken." Das ist die Wahrheit: Ich will nicht darüber nachdenken. Ich mache es einfach. Am nächsten Tag rief er mich an und sagte: „Das ist das Klügste, was ich je gehört habe."

Die Wahrheit ist, dass ich über nichts nachdenke außer über das, was ich denken muss, um gute Arbeit zu leisten. Wenn ich ein alter Mann bin, habe ich noch massenhaft Zeit, über andere Dinge nachzudenken; jetzt denke ich nur darüber nach, wie ich den Job erledigen kann.

LERNEN SIE AUS IHREN FEHLERN

Jeder hat seine guten und seine schlechten Zeiten. Jeder macht gute Deals und schlechte Deals. Damit muss man einfach leben. Alle großen Dealmaker, die hunderte von Deals abschließen, haben auch schlechte Deals abgeschlossen. Egal was man tut, um das zu vermeiden, manchmal klappt ein Deal einfach nicht. Doch anstatt mich davon deprimieren und herunterziehen zu lassen, lebe ich lieber nach einer kleinen Formel, die ich als „Formel des Wissens" bezeichne. Indem ich diese Formel benutze, lerne ich nicht nur aus guten, sondern auch aus schlechten Zeiten.

DIE FORMEL DES WISSENS

Am besten lernt man, indem man die Geschichte der Erfolge und Fehlschläge in seiner Branche studiert.

Die Formel des Wissens ist die beste Möglichkeit zu lernen, weil man aus den Fehlern anderer schneller und leichter lernt, als wenn man die Fehler selbst macht. Sie brauchen zum Beispiel nicht wie ich einen Immobiliencrash wie Anfang der 1990er-Jahre durchzumachen, um zu wissen, was man in einer solchen Situation macht. Der Lauf der Dinge sorgt zwar dafür, dass einen das Leben oft zwingt, aus seinen eigenen Fehlern zu lernen, aber es ist viel besser, wenn man aus den Fehlern anderer statt aus den eigenen lernen kann.

GEBEN SIE NIEMALS AUF

Und noch eins: Wenn Sie erfolgreich sein wollen, dürfen Sie nie, niemals aufgeben. Und wenn Sie das, was Sie tun, lieben, dann geben Sie auch nicht auf, denn Sie lieben es. Manchmal ist Ihnen bestimmt nach aufgeben zumute. Es mag unmöglich erscheinen, es noch einmal zu probieren. Aber das ist der wichtigste Zeitpunkt, denn an diesem Punkt fangen Sie an, wertvolle Informationen über das zu erfahren, was Sie tun – Informationen, die Sie für den Erfolg brauchen.

Was Ihre Ziele angeht, müssen Sie ebenso geduldig wie begeistert sein. Denken Sie groß, aber realistisch. Auf manche Dinge habe ich 30 Jahre gewartet. Sehen Sie sich einmal den Medienmogul Rupert Murdoch an: Er hat viele Jahre darauf gewartet, *The Wall Street Journal* zu kaufen. Er wollte es immer haben und wusste, dass er es bekommen würde. Rupert ist ein wahres

Genie. Sie werden immer auf Hindernisse stoßen; eigentlich ist es sogar eine gute Idee, sich darauf zu verlassen. Betrachten Sie sie nicht als Hindernisse, sondern als Herausforderungen, dann werden Sie merken, dass Sie darüber hinwegkommen. Zähigkeit ist äußerst wichtig – geben Sie nie auf. Gehen Sie einfach immer weiter, behalten Sie Ihre Ziele im Auge und lassen Sie sich von Rückschlägen nicht entmutigen.

Ich kann Ihnen viele Geschichten über Freunde von mir erzählen, die wirklich richtig klug und erstaunlich sind – die intelligentesten Menschen, die man sich vorstellen kann –, die es aber nie geschafft haben, weil sie aufgegeben haben. Ich kann Ihnen auch Geschichten über Freunde erzählen, die nicht so klug sind. Wenn sie einen Eignungstest machen würden, bekämen sie bestimmt so um die 25 Punkte weniger. Sie gehören aber zu den reichsten Menschen der Welt, weil sie etwas anderes haben: Sie geben nicht auf. Wenn man etwas liebt, wirklich liebt, ist man nicht so leicht bereit aufzugeben.

Ein Teil des Problems besteht darin, dass wir schmerzhaften Situationen aus dem Weg gehen wollen – zum Beispiel dass wir einen Kredit nicht bekommen, dass uns ein Deal oder ein Kunde entgeht, den wir haben wollten, oder gar dass man sein Unternehmen oder seine Frau verliert. Wie ich schon sagte, man darf sich von solchen Sachen nicht aufhalten lassen. Machen Sie es wie die großen Athleten, denken Sie nicht an den Schmerz und machen Sie einfach weiter.

Ich traute meinen Ohren nicht, als mir Michelle Sorro, eine der Kandidatinnen von *The Apprentice*, sagte, sie wolle lieber das Handtuch werfen und aufgeben, als mir im Vorstandszimmer gegenüber zu treten. Ich konnte das nicht glauben, weil ich es gewohnt bin, mit den härtesten Leuten der Branche umzugehen, denen es nie in den Sinn kommen würde aufzugeben.

Michelle hatte es als Projektmanagerin nicht leicht. Ihre Teamkollegen mochten sie nicht und machten ihr das Leben schwer. Am Ende führte sie ihr Team in eine betäubende Niederlage. Aber anstatt das zu überwinden gab sie auf. Ich war bass erstaunt, dass jemand die Chance so leichthin wegwarf, sich um eine hoch dotierte Position zu bewerben. Es gibt eine Warteliste von 50.000 Menschen, die für *The Apprentice* vorsprechen wollen. Sie war ausgewählt worden und dann warf sie alles kampflos weg.

Solche glücklichen Chancen bekommt man im Leben nicht oft. Einen Punkt vermittele ich immer und immer wieder: Wenn man im Geschäft und im Leben erfolgreich sein will, darf man nie, niemals aufgeben. Geben Sie niemals auf. Sie können niemals erfolgreich werden, wenn Sie aufgeben.

Sie rationalisierte ihre mangelnde Courage mit einer Batterie von Ausreden weg, die sich darum drehten, dass ihre Erfahrungen bei *The Apprentice* nicht das waren, was sie erwartet oder wofür sie sich beworben hatte. Sie hätte sich nie vorgestellt, dass sie im Regen draußen in einem Zelt wohnen müsste. Ich sagte zu Michelle: „So ist das Leben. Jeden Tag werden Menschen mit viel schlimmeren Dingen konfrontiert. Das Leben läuft nicht immer so, wie man es erwartet."

Jeder Tag ist ein neues Abenteuer. Es gibt keine Garantien. Man kann nie wissen, was auf einen zukommt, und manchmal ist das richtig fürchterlich. Um zu überleben muss man stark sein und darf niemals kampflos aufgeben. Drückeberger haben keine Chance.

Nach Michelles Aufgabe fragte ich mich, ob den jungen Leuten von heute das nötige Rückgrat zum Durchhalten fehlt. Ich habe eine aktuelle Studie gelesen, aus der hervorgeht, dass die heutigen College-Studenten tatsächlich narzisstischer und ichbezogener sind als je zuvor.

Die Psychologen, die die Studie durchgeführt haben, spekulieren, dass das Verhalten der Studenten ein direktes Ergebnis der Art ist, wie ihre Eltern sie erzogen haben und was ihnen in der Schule beigebracht wurde. Viele dieser jungen Menschen wurden von Geburt an mit Komplimenten gefüttert, wie wundervoll und besonders sie seien. Die „Selbstwertbewegung" der 1980er- und 1990er-Jahre ist zu einer landesweiten Mode geworden und alle Eltern machen mit.

Zu viele leere Komplimente tun Kindern nicht gut. Es ist in Ordnung, wenn man seinen Kindern das Gefühl vermittelt, dass sie etwas Besonderes sind. Das gehört zu dem Verhalten liebender Eltern, aber übertreiben Sie es nicht. Wenn man seine Kinder ständig für jede Kleinigkeit mit Lob überschüttet, dann ist das zu viel. Seien Sie nicht zu locker mit ihnen. Lassen Sie Ihre Kinder das Lob verdienen. Dann ist es ihnen mehr wert.

Ich habe meinen Kindern immer beigebracht, dass sie sich alles in ihrem Leben hart erarbeiten müssen und dass der ganze Luxus, den sie genießen können, auf meiner harten Arbeit beruht. Ich habe ihnen gesagt, wenn sie an den Belohnungen teilhaben wollten, müssten sie sich auch an der Arbeit beteiligen. Donald Jr., Ivanka und Eric arbeiten jetzt bei mir in der Trump Organization. Sie arbeiten an Deals und ich bringe ihnen alles bei, was ich über Immobilien weiß. Sie waren alle hervorragende Schüler und sie leisten bei mir sehr gute Arbeit. Ich wurde mit großartigen Kindern gesegnet und sie scheinen eine große natürliche Begabung zu haben.

Wenn man ein Kind zu viel lobt, gibt man ihm ein aufgeblähtes Selbstwertgefühl und es fängt an zu glauben, ihm stünde der Erfolg im Leben zu, ohne dass es sich darum bemüht. Aber das stimmt nicht. Wenn die Kinder groß werden, merken sie, dass die Welt viel schwieriger ist, als Sie sie glauben machten. Und wenn sie dann etwas nicht sofort bekommen, geben sie

auf. Aufgeben ist eine Gewohnheit, die nur schwer zu durchbrechen ist.
Meine Tochter Ivanka wurde einmal gebeten, bei einer MTV-Dokumentation mit dem Titel *Born Rich* mitzumachen. Unter anderem nahmen an der Sendung Georgina Bloomberg, Luke Weill, Cody Franchetti, Si Newhouse IV, Josiah Hornblower und Ivanka teil. Manche dieser Kinder setzten dem Klischee des verwöhnten reichen Kindes nichts entgegen. Manche nahmen den Wohlstand, der ihnen zu Füßen gelegt worden war, für selbstverständlich, und sprachen respektlos über ihre Eltern. Ich konnte das nicht fassen! Zum Glück war das bei Ivanka anders. Sie sprach gelassen, intelligent und respektvoll über ihr Leben und ihre Familie und war für die Vorteile dankbar, die sie bekommen hatte. Ich war sehr stolz auf Ivanka.
Es gibt im richtigen Leben gewisse Dinge, die man nicht tun kann. Menschen, die ihren Kindern sagen, sie könnten alles tun, was sie wollten, sind unrealistisch; manche Dinge sind einfach nicht möglich. Aber man will sie ja nicht entmutigen. Der Trick ist, ein skeptischer Optimist zu sein und sich den Kämpfen zu stellen. Wenn Sie glauben, Sie könnten gewinnen, geben Sie Volldampf und geben Sie nie auf, aber Sie müssen auch Ihre Grenzen erkennen.
Die Menschen sagen mir, ich wäre in allem erfolgreich. Aber das stimmt nicht. Ich bin in erster Linie Bauträger und hatte ein bisschen Glück im Fernsehen. Ich bin eine prominente Fernsehfigur. Das sind Dinge, die ich kann, und ich habe enorm viel Leidenschaft investiert, damit ich das gut mache, aber es gibt auch viele Dinge, die ich nicht kann. Ich komme nicht gut mit Computern zurecht. Ich weiß, ich könnte mich noch so sehr anstrengen, im Computerbereich würde ich es nie weit bringen. Die große Liebe zum Computer, die den großen Unternehmern

des Informationszeitalters eigen ist, geht mir ab. Computer interessieren mich nicht.

Das Leben ist voller Herausforderungen und Hindernisse, die sich einem in den Weg stellen. Man kann nicht jede Herausforderung im Leben annehmen. Wir können uns aber etwas aussuchen, das uns begeistert und von dem wir glauben, dass wir es können. Und wenn wir dann auf ein Problem stoßen, können wir darüber hinwegklettern, darum herum oder darunter hindurchgehen, bis wir unser Ziel erreichen. In meinem Unternehmen darf nicmand ein Projekt aufgeben, bevor er nicht alle Erfolgsmöglichkeiten erkundet hat. Das Grundstück am Riverside Drive an der Upper West Side von New York, auf dem Trump Place gebaut wird, habe ich schon 1974 gekauft, und der Bau wird erst im Jahre 2008 fertig. Ich habe über 30 Jahre daran festgehalten. Ich habe nie aufgegeben.

VERLASSEN SIE IHREN KOMFORTBEREICH

Die Leser von *Business Week* haben mich zum „kämpferischsten Unternehmensführer der Welt" gewählt. Ich weiß nicht, ob das stimmt, denn ich kenne viele erbitterte Konkurrenten. Ich fühle mich trotzdem geehrt, denn ich bin stolz auf meinen Kampfwillen und auf meinen Drang, das Gewöhnliche zu überschreiten. Man muss sich ständig selbst herausfordern, damit man immer größere Leistungen vollbringt. Und dafür muss man seinen Komfortbereich verlassen. Ich bin zu einem der größten Bauträger in New York geworden. In New York herrscht ein ungeheurer Wettbewerb, deshalb strenge ich mich ständig an und versuche es immer noch besser zu machen. Ich konkurriere auch mit mir selbst. Ich fordere mich heraus, vorwärts zu gehen und meine Dynamik zu behalten. Ich strebe immer danach, alles besser zu machen, egal welchen Erfolg ich schon erreicht habe. So ist zum Beispiel der Name Trump inzwischen eines der bekanntesten und wertvollsten Markenzeichen. Er ist ein Synonym für die besten Dinge im Leben. Als ich nach einer Wodkamarke suchte, die den Namen Trump tragen sollte, wollte ich nur den feinsten, allerbesten Wodka haben und ich wollte den Verbrauchern das Produkt in einem Stil liefern, der der Marke Trump würdig ist. Ich habe diesen Wodka gefunden. Genauso machte ich es mit den T-Shirt-, Krawatten- und Anzug-Kollektionen, die bei Macy's unter der Marke Trump verkauft werden und die alle sehr gut laufen. Ich treibe mich selbst dazu an, bei allem was ich tue, immer das Beste abzuliefern, weil mein Name darauf steht.

Mich hat einmal jemand gefragt, warum ich nie zufrieden damit bin, wo ich gerade stehe. Das ist ganz einfach: Das bin nicht ich. Wenn ich zufrieden wäre, dann wäre ich nicht Donald Trump. Ich weiß aus Erfahrung, dass das bei mir nicht funktioniert. Wenn man sich auf seinen Lorbeeren ausruht, ist man durch. Ende der 1980er-Jahre dachte ich, ich hätte es so richtig geschafft und bräuchte nun nicht mehr so hart zu arbeiten. Ich lernte aber schnell, dass sich die Welt ständig verändert. Man darf nicht stillstehen. Wenn man das tut, geht das Leben an einem vorbei.

Ich führe mein Leben an vorderster Front des Fortschritts – nicht wegen des Geldes, sondern aus purer Freude, dabei zu sein. Ich würde das niemals aufgeben. Ich habe festgestellt, dass sich Immobilienunternehmer nie zur Ruhe setzen. Sie machen auch noch Deals und renovieren ihre Objekte, wenn sie schon über 80 oder über 90 sind. Aus irgendeinem Grund setzen sie sich nie zur Ruhe – das muss wohl die Liebe zur Arbeit sein.

SCHREITEN SIE ZUR TAT

Es gut, große Träume zu haben. Sie kommen nur zu etwas, wenn Sie große Träume für sich finden, aber Sie müssen dann auch den Mut haben, diese Träume Wirklichkeit werden zu lassen. Sobald Sie sich Ziele gesetzt haben, müssen Sie anfangen, nach Gelegenheiten zu suchen, durch Taten darauf hinzuarbeiten. Wenn sich Ihnen eine Gelegenheit bietet und Sie zögern, dann lässt Sie womöglich die Angst vor dem Scheitern zaudern. Durchbrechen Sie diese Angst, denn wenn Sie sich das Zögern zur Gewohnheit machen, werden all Ihre Ziele zu leeren Versprechungen, die nie erfüllt werden. Halten Sie Versprechungen sich selbst gegenüber immer ein, indem Sie es sich zur Gewohnheit machen, auf Ihre Ziele hinzuarbeiten.

Wenn Sie herausgefunden haben, was Sie lieben, müssen Sie zur Tat schreiten. Ich habe während meiner Studienzeit an der Wharton School of Finance angefangen, Grundstücke zu kaufen und zu verkaufen. Sie sollten in das, was Sie lieben, schnell auf der Ebene einsteigen, die möglich ist. Das muss Ihnen Spaß machen und das muss so bleiben. Katie Couric hat zum Beispiel keinen Spaß – man sieht es in ihren Augen. Sie will einfach nicht in den Abendnachrichten sein, und das merkt man. Lesen Sie Bücher und lernen Sie von Menschen, die auf dem betreffenden Gebiet erfahren sind. Und dann fangen Sie an, sobald Sie können. Warten Sie nicht auf den „richtigen Zeitpunkt" oder bis Sie perfekt sind. Das passiert nämlich nie. Fangen Sie auf der Stelle an. Aus dem Machen werden Sie mehr lernen als aus allem anderen.

Sie müssen Wissen erwerben, Sie müssen ein Gebiet betreten, das Ihnen wirklich gefällt, und sie müssen hingehen und zuschlagen. Mehr brauchen Sie nicht zu tun. Gehen Sie hin und tun Sie es!

DAS MEINT ZANKER

Wenn man etwas wirklich gut machen will, muss man es lieben. Aber das ist nicht leicht. Den meisten Menschen wird in ihrer Jugend beigebracht, dass Arbeit keinen Spaß macht. Eltern und Lehrer wollen, dass man sich in der Schule anstrengt. In der restlichen Zeit kann man Spaß haben und machen, was man will. Völkerball spielen macht Spaß, aber die Schule macht keinen Spaß. Als junger Erwachsener muss man dann einen Beruf ergreifen. Die meisten von uns sind darauf nicht vorbereitet. Wir können uns gar nicht vorstellen, dass die Arbeit Spaß machen kann, weil wir anders konditioniert sind.

Deshalb lassen wir uns in Jobs hineinlocken, die unseren Eltern gefallen; Jobs, die automatische Bezahlung und hohes Ansehen mit sich bringen. Ob uns diese Laufbahn wirklich gefällt, ist irrelevant und spielt bei der Entscheidung keine Rolle. Für einen jungen Menschen, der sich für eine berufliche Laufbahn entscheidet, sind Ansehen und Geld gefährliche Verlockungen. Viele junge Menschen neigen zu Karrieren, die andere Menschen beeindrucken. Ihre Entscheidung krankt an dem fatalen Fehler, dass die Menschen, die sie damit beeindrucken wollen, gar nicht so diskriminierend sind.

Mein Vater war polnischer Einwanderer und er entwarf im New Yorker Garment District Kostüme und Mäntel für Damen. Er kündigte dauernd seinen Job und arbeitete für ein anderes Unternehmen. Er schien mit seiner Arbeit glücklich zu sein, aber wenn er so glücklich war, wieso kündigte er dann dauernd? Als Kind verstand ich das nicht. Der Grund war, dass er seine Arbeit liebte. Dass er seine Arbeit als Modedesigner so liebte, versetzte ihn in die Lage, jederzeit zu kündigen, wenn sein Arbeitgeber an seinen Entwürfen herumpfuschte, billigere Materialien verwendete oder etwas tat, das gegen seine Prinzipien verstieß. Seine Liebe zur Arbeit gab ihm das Rückgrat, zu sich zu stehen. Ein Fließbandarbeiter hasst seine Tätigkeit und fürchtet stets die Arbeitslosigkeit – das klingt eigentlich verrückt, denn wenn man seinen Job hasst, sollte man ja keine Angst haben, ihn zu verlieren. Aber wenn man nicht etwas tut, das man liebt, fühlt man sich in seinem Job nie sicher. Man lebt in der Angst „erkannt" zu werden. Tun Sie, was Sie lieben, dann haben Sie die „Schlag-Zu"-Einstellung, die man für den Erfolg braucht, selbst wenn das bedeutet, die Stelle zu wechseln und den „Komfortbereich" des Fließbands zu verlassen.

Ich bin mit einem Arzt befreundet, der schon auf der Highschool entschieden hat, was er einmal werden wollte. Er wollte schnell zu Geld und Ansehen kommen. Er dachte nie darüber nach, ob ihm das gefallen würde. Jetzt bereut er seine Wahl und er erzählt mir immer wieder, wie sehr ihm das stinkt. Jeder meint, er wolle finanzielle Sicherheit. Aber die glücklichsten Menschen sind in Wirklichkeit diejenigen, die das tun, was sie lieben. Das Wissen, dass Arbeit Spaß machen kann, ist schon ein guter Anfang. Und wenn Sie herausfinden, was Sie lieben, sind Sie schon fast da.

Als ich anfing, dachte ich, ich wollte Filmemacher werden. Aber das Studium war langweilig. Dann fing ich etwas an, von dem ich dachte, ich täte es nur wegen des Geldes, nämlich The Learning Annex. Eine Weile tat ich so, als wäre ich ein Filmemacher, der vorübergehend ein Unternehmen betreibt, um finanziell zurechtzukommen. Aber bald wurde mir klar, was ich wirklich liebte: lernen. Es wäre toll gewesen, wenn ich mein Leben lang hätte studieren können, denn ich lerne sehr gern neue Dinge. Wenn ich in einem Buchladen war, fesselte mich immer die Selbsthilfe-Abteilung und ich verbrachte Stunden damit, die ganzen Titel durchzusehen. Ich lud die Selbsthilfe-Experten, die diese Bücher geschrie-

ben hatten, als Lehrer zu The Learning Annex ein. Ich fand es spannend, von diesen Menschen zu lernen, und ich wusste, die Kunden würden das auch spannend finden.
Ich blieb bei The Learning Annex, weil das aufregend war, und die Leitung dieses Unternehmens wurde zu der großartigsten Karriere, die ich mir vorstellen kann. Das ist überhaupt keine Arbeit; das ist ein großer Spaß! Ich lerne die ganze Zeit von den großartigsten Lehrern der Welt. Ich finde „Gurus", von denen ich lernen will; ich bringe sie dazu, ihr Wissen mit meinen Studenten (einschließlich meiner Person) zu teilen, und ich bin selig. Das ist keine Arbeit ... es ist das, was ich liebe. Das ist, wie wenn man ein gutes Restaurant entdeckt und das dann mit Freunden teilt. Es macht mich glücklich, die großen Lehrer dieser Welt zu finden und sie mit meinen Studenten zu teilen. Deshalb bin ich gut darin. Und Ansehen ist ein seltsames Ding. Wenn man irgendetwas gut genug macht, bringt es Ansehen. Und ich verdiene einen Haufen Geld. Tun Sie, was Sie lieben, dann kommt auch das Geld. So war das bei mir, und ich bin zuversichtlich, das wird auch bei Ihnen so sein.
Ich hatte einmal einen Mitarbeiter, der tüchtig arbeitete, aber der nicht mit Leidenschaft bei der Sache war. Für ihn war das nur ein Job, mit dem er sein Haus abbezahlte. Ich entließ ihn. Alle waren schockiert. „Wie konntest du das tun, er hat doch seine Arbeit gut gemacht?" Aber ich willl in meinem Unternehmen keine Menschen haben, die keine Leidenschaft für ihren Job haben. Ich glaube, dass das ein Unternehmen ruinieren kann. Wenn man bei The Learning Annex arbeiten will, muss man von seiner Aufgabe begeistert sein. Wenn es nur ein Job sein soll, arbeiten Sie woanders. Der Mann, von dem ich erzählt habe, schrieb mir ein paar Jahre später einen schönen Brief, in dem er mir für die Entlassung dankte. Nachdem ich ihm gekündigt hatte, war er durch die Welt gereist und hatte angefangen, über seine Reisen zu schreiben.

Jetzt ist er ein bekannter Reisejournalist und hat mehrere Bücher geschrieben. Er hält sogar manchmal bei The Learning Annex Vorträge darüber, wie man Reisejournalist wird. Er hat seine wahre Leidenschaft gefunden und ist damit erfolgreich.

KURZ UND BÜNDIG

Tun Sie nie etwas ausschließlich wegen des Geldes. Tun Sie es aus Liebe. Wenn Sie super-erfolgreich werden wollen, müssen Sie Ihre Tätigkeit lieben. Finden Sie eine Laufbahn, die Sie leidenschaftlich verfolgen. Sie brauchen Leidenschaft, um Hürden zu überwinden, um sich von Rückschlägen zu erholen und schwere Zeiten durchzustehen. Geld ist sicherlich ein Bewertungskriterium und es ist gewiss nützlich, aber es sollte nicht der Anfang und das Ende von allem sein. Verleihen Sie Ihren Zielen Substanz und messen Sie ihnen einen Wert zu, der nichts mit Geld zu tun hat. Wenn Sie zum Gewinner werden wollen, finden Sie eine Leidenschaft, verlassen Sie Ihren Komfortbereich und seien Sie ein Macher. Lernen Sie, mit Druck umzugehen, nach Fehlschlägen schnell wieder aufzustehen und niemals aufzugeben.

ZENTRALE PUNKTE

- Finden Sie Ihre Leidenschaft und lieben Sie das, was Sie tun.
- Tun Sie nicht einfach für Geld Dinge, die Ihnen nicht gefallen.
- Geben Sie Ihr Bestes, seien Sie leidenschaftlich, dann kommt das Gute zu Ihnen.
- Geben Sie Ihren Zielen einen anderen Wert als Geld.
- Sie müssen wissen, dass die Leidenschaft die Angst überwindet.
- Gehen Sie Ihrer Leidenschaft nach, indem Sie täglich etwas dafür tun.
- Beziehen Sie große Freude daraus, dass Sie großartige Arbeit leisten.
- Konzentrieren Sie sich auf die Lösung, nicht auf das Problem.
- Lernen Sie mit Druck zurechtzukommen, indem Sie nicht bei den negativen Gedanken und Meinungen anderer verweilen.
- Lernen Sie aus Fehlern und lassen Sie sich davon nicht herunterziehen.
- Seien Sie geistig gefestigt und geben Sie nie auf.
- Verlassen Sie Ihren Komfortbereich.

Kapitel 3

Urinstinkte

Ich glaube wirklich, dass man sich auf seinen Bauch verlassen kann, wenn man gut und klug ist. Man muss gegen den Strom schwimmen. Bei einigen meiner besten Deals habe ich gegen den Glauben aller anderen gehandelt. Meine Handlungen waren überhaupt nicht eingängig.

In den ersten fünf Jahren kaufte und renovierte ich mit meinem Vater Häuser in Brooklyn und Queens. Ich beschloss, dass ich als Bauträger in Manhattan aktiv werden wollte, weil Manhattan für mich das Große Ding war. Mein Vater war zwar sehr erfolgreich, aber er hatte noch nie etwas in Manhattan gemacht. Alle sagten mir, ich sollte nicht nach Manhattan gehen; ich würde es dort niemals schaffen. Ich hatte zwar kein Geld, aber in Brooklyn und Queens schlug ich mich ganz gut. Das Problem war nur, dass ich in Manhattan niemanden kannte.

Im Sommer 1973 meldete die Eisenbahngesellschaft Penn Central Railroad Insolvenz an. Unter den Vermögenswerten befanden sich verlassene Gleishöfe in den West 60s und den West 30s. Ich hatte das vier Hektar große unbebaute Ufergrundstück von Penn Central in Manhattan schon oft gesehen und mir schon immer gedacht, dass es viele Möglichkeiten eröffnete. Damals galten viele Viertel an der West Side wegen der Drogenhändler und der Obdachlosenheime als gefährliche Wohngegenden. Ich konnte mir aber vorstellen, dass sich das leicht ändern ließ. In der West 84th Street gab es nur ein paar Blocks vom Central Park entfernt fabelhafte alte Sandsteinhäuser.

Ich war überzeugt, dass es nur eine Frage der Zeit war, bis andere Menschen den Wert des Grundstücks erkannten.

Die Leute sagten, ich würde es nie schaffen, dort etwas zu bauen. Niemand, der im Vollbesitz seiner geistigen Kräfte war, interessierte sich für das Grundstück. Die Stadt hatte Probleme und die Zeiten für Bauträger waren schlecht. Unter anderem wurden nur wenige Neubaugenehmigungen augestellt. Ich machte trotzdem weiter Druck, denn ich hatte so ein Gefühl im Bauch, dass das eine große Sache werden würde – und schließlich, was hatte ich bei dem Versuch denn zu verlieren?

Ich traf mich mit dem Mann, der für den Verkauf des Vermögens der Eisenbahngesellschaft zuständig war. Ich verkaufte ihm den Deal. Dann besorgte ich mir Bebauungspläne und Genehmigungen, ich kämpfte gegen den Gemeinderat, ich ging zum Stadtplanungsausschuss und zum Board of Estimate.

Der Rest ist Geschichte. Inzwischen hatte ich angefangen, das Commodore Hotel zum Grand Hyatt umzubauen. Diese beiden Projekte gaben mir die nötigen Referenzen. Am 29. Juli 1974 erwarb ich die Kaufrechte auf die beiden Ufergrundstücke von Penn Central Railroad – West 59th Street bis West 72nd Street und West 34th Street bis West 39th Street – für 62 Millionen Dollar ohne Anzahlung. Und alles nur, weil ich auf meinen Bauch gehört und nicht aufgegeben hatte.

Ein anderer Deal war das Gebäude 40 Wall Street, das vor dem Bau des Chrysler Building und des Empire State Building im Jahre 1931 ein Jahr lang das höchste Gebäude der Welt gewesen war. Dann war es das höchste Gebäude in Downtown Manhattan bis im Jahre 1972 das World Trade Center fertiggestellt wurde. Ich finde es traurig sagen zu müssen, dass das 72-stöckige Gebäude 40 Wall Street seit der Zerstörung des World Trade Center wieder das höchste Gebäude in Downtown Manhattan ist.

Wir schrieben das Jahr 1993 und die Marktlage war fürchterlich. Mir ging es finanziell nicht besonders gut. Ich hätte eigentlich nichts kaufen dürfen, weil ich in Schwierigkeiten war, aber ich bekam 40 Wall Street für eine Million Dollar. Erst kürzlich habe ich ein Kaufangebot für 535 Millionen Dollar abgelehnt. Das ist wirklich erstaunlich. Ich war ein Risiko eingegangen und das war mir nicht leicht gefallen. Es fiel mir in jener Zeit ehrlich gesagt sehr schwer, eine Million aufzubringen. Und ich musste dann ja die Kosten für das Gebäude tragen. Und ich musste es reparieren. Das kostete viel Geld.

Die Zeiten waren schlecht – ob Sie es glauben oder nicht, ich hatte Schwierigkeiten, die Million für den Kauf aufzubringen. Das ist traurig. Wenn man keine Million für den Kauf eines Gebäudes zusammenbekommt, hat man große Probleme. Ich war abgebrannt. Ich ging zu vier oder fünf der schlauesten Immobilientypen von New York und bat sie, als meine Partner in den Deal einzusteigen. Sie wollten nichts damit zu tun haben. Sie sagten, das sei ein Verlustgeschäft. Von ein paar großen Immobiliengesellschaften holte ich mir ebenfalls Abfuhren. Ich sagte: „Machen wir halbe-halbe. Ich bringe eine halbe Million Dollar mit." Für die waren das Peanuts, aber sie lehnten es alle ab. Einer sagte: „Das ist eine Goldgrube."

Es war wirklich eine Goldgrube; ich verdiente damit viel Geld. Zwei der Immobilientypen, mit denen ich mich hatte zusammentun wollen, sagten mir, das wäre das schlimmste Geschäft, das sie nicht abgeschlossen hätten. Wenn sie den Instinkt gehabt hätten, gegen den Strom zu schwimmen und eine halbe Million Dollar aufzubringen, hätten sie daran 270 Millionen oder noch mehr verdient! Der Einzige, der gerne den Deal machte, war ein brillanter Immobilienfachmann namens Jerry Speyer von Tishman-Speyer – sonst niemand.

Trotz dem, was alle sagten, schoss ich mich voll auf 40 Wall Street ein. Das war ein 72-stöckiges Gebäude mit einer Fläche von 120.000 Quadratmetern. Ich konnte schon auf null kommen, wenn ich das Einzelhandelsgeschäft an der Wall Street vermietete. Wie konnte ich da verlieren? Aber am Immobilienmarkt in Downtown Manhattan herrschte eine düstere Stimmung und niemand sah den Wert des Gebäudes. Also folgte ich meinem Bauch und brachte die Million selbst auf, und dieses Risiko zahlte sich aus. Ich liebe es, gegen den Strom zu schwimmen. Ich finde, es ist wichtig, dass man gegen den Strom schwimmt, dass man sich auf seinen Bauch verlässt – wenn man glaubt, dass man das entsprechende Talent hat.

In Wirklichkeit war der Deal noch viel besser; tatsächlich bekam ich das Objekt umsonst. Ich focht die Grundsteuerschätzung für das Objekt an und bekam einen Steuernachlass von vier Millionen Dollar. Ich bekam von der Stadt mehr Geld, als ich für das Gebäude bezahlt hatte. Dann bekam ich eine Steuerrückerstattung und kaufte somit das Gebäude für weniger als nichts – aber heute bringt es ein Vermögen. Es ging sehr schnell von 100 Prozent leer auf 100 Prozent voll.

Sie müssen wissen, was Sie tun. Sie müssen auf sich selbst vertrauen und wissen, dass das, was Sie tun, das Richtige ist. Ihre größten Erfolge erzielen Sie, wenn Sie gegen den Strom schwimmen. Viele Menschen holen sich Berater und bezahlen ihnen viel Geld. Das ist Zeit- und Geldverschwendung. Bis der Berater mit einem Bericht ankommt, ist der Deal schon gestorben oder an jemand anderen gegangen – auf jeden Fall sollten Sie nicht in einem Geschäft aktiv werden, in dem man sich auf Berater verlassen muss. Sie müssen Ihr Geschäft in- und auswendig kennen, alle Fakten beschaffen, alle Menschen nach ihrer Meinung fragen und dann Ihrem Bauchgefühl folgen.

Wir haben alle Instinkte. Man muss nur wissen, wann man sie einsetzt. Sie haben vielleicht hervorragende akademische Zeugnisse, aber wenn Sie Ihren Instinkt nicht benutzen, dürfte es Ihnen schwer fallen, an die Spitze zu gelangen und sich dort zu halten. Zu viele Menschen verlassen sich nicht mehr auf ihren Instinkt. Sie schneiden einen natürlichen Sinn ab, der uns allen angeboren ist.

Niemand kann genau erklären, wie der Instinkt funktioniert. Manchmal haben wir ein inneres Gefühl, was wir tun oder nicht tun sollten, obwohl wir keine genauen Gründe angeben können. Die meisten erfolgreichen Geschäftsleute wissen, dass sie gute Instinkte haben; sie verlassen sich darauf und treffen brillante Entscheidungen, verstehen aber selten, warum das funktioniert.

Wissenschaftler glauben, dass unser Gehirn auf irgendeine Art die Muster wahrnimmt, die unseren täglichen Aktivitäten zu Grunde liegen. Wenn wir mit einer neuen Situation konfrontiert sind, können wir das Ergebnis vorhersehen, weil wir schon ähnliche Muster erlebt haben. Ich habe mich derart an das Abschließen von Verträgen gewöhnt, dass ich mir in jedem Stadium aller Nuancen deutlich bewusst bin. Ich weiß, wenn jemand Zeit schinden will oder wenn er es nicht wirklich ernst meint und nur meine Zeit verschwendet. Ich merke es, wenn jemand lügt, und ich nehme die verräterischen Anzeichen dafür wahr, dass jemand bei dem Deal nicht aufrichtig ist, weil dieser Deal einfach zu gut ist um wahr zu sein. Ich weiß, wenn mein Gegner schwach ist und ich den tödlichen Schlag führen sollte.

Die Wissenschaftler sagen außerdem, dass es im Bauch Nervenzellen gibt, die mit dem intuitiven Teil des Gehirns verbunden sind. Wenn etwas richtig oder falsch ist, spüre ich es tatsächlich im Bauch. Als ich Mark Burnett, den Erfinder von

The Apprentice kennen lernte, erkannte ich zum Beispiel schon nach wenigen Sekunden, dass ich ein sehr positives Bauchgefühl hatte und dass ich mich bei der Arbeit mit ihm wohl fühlen würde.

Ich wusste irgendwie, dass er hundertprozentig solide war, sowohl persönlich als auch beruflich. Ich machte den Deal mit Mark Burnett noch am gleichen Tag, mit nichts anderem als einem guten Gefühl und einem kräftigen Handschlag. Auf der anderen Seite habe ich Menschen getroffen, die ich ohne bestimmten Grund nicht mochte. Ich habe aus Erfahrung gelernt, dass ich auf meinen Bauch vertrauen und mich vor solchen Menschen hüten muss.

Eines Tages rief CBS bei mir an, weil sie das Wollman Skating Rink benutzen wollten, eine großartige Eisbahn im Central Park, die ich gebaut hatte und leitete. Sie wollten dort das Finale von *Survivor* veranstalten. Ich fand die Idee nicht so gut, weil es ja regnen konnte. Was sollten wir dann machen?

Wenn es regnen würde, stünde ich ziemlich dumm da. Meine Haare wären völlig hinüber. Doch zumindest könnte jeder sehen, dass sie echt sind. Eine große Tageszeitung schrieb kürzlich in einem Artikel über mich: „Trump ist brillant, er ist wundervoll, er ist erstaunlich, aber sein Haarteil ist schrecklich.“ Da stand, ich trüge ein Haarteil. Man stelle sich das vor, ich hatte einen Artikel in einer großen Zeitung, der eigentlich zehn Punkte wert war, außer dass er behauptete, ich trüge ein Haarteil. Der ansonsten sehr schöne Artikel war ruiniert – ich konnte ihn nicht einmal jemandem schicken!

Ich sagte okay und *Survivor* benutzte das Wollman Skating Rink für sein Finale. Mark Burnett, den ich noch nie getroffen hatte, war auch da. Ich wusste, dass er *Survivor* machte. Wir trafen uns und unterhielten uns. Mit ihm verstand ich mich auf Anhieb und respektierte ihn. Die Survivor-Crew baute ei-

nen Urwald auf, der Manhattan überblickte. Das war schön, und sie machten es großartig.
Mark Burnett sagte zu mir: „Donald, ich meine, Herr Trump, ich möchte einen Besprechungstermin. Ich habe da eine Idee."
„Was für eine Idee?", fragte ich.
„Ich möchte eine Sendung mit Ihnen machen."
Ich sagte: „Nun, jeder will eine Sendung mit mir machen." Es gab Leute, die so eine Reality-Show mit mir machen wollten, bei der man von einer Kamera beobachtet wurde. Das hätte nicht funktioniert. Ich kann es nicht ertragen, dass mich eine Kamera bei der Arbeit filmt. Das geht nicht. Deshalb hatte ich viele Angebote von so gut wie allen Sendern ausgeschlagen.
Burnett kam am nächsten Tag in mein Büro und machte mir seine Sendung schmackhaft. Er erklärte mir das Format von *The Apprentice* und ich sagte: „Das ist gut, weil Sie eigentlich nicht mich beobachten, sondern die Kids. Ich habe ein Vorstandsbüro. Ich brülle und schimpfe wie ein Wahnsinniger, und je verrückter ich bin, umso höher die Einschaltquoten." Also sagte ich: „Okay, die Idee gefällt mir." Wir gaben uns die Hand und das war's. Wir wurden Fifty-Fifty-Partner.
Dann rief mich mein Agent an, einer der größten Agenten Hollywoods, und er sagte: „Ich habe gehört, dass Sie für diese Reality-Show zugesagt haben, *The Apprentice*. Ich möchte nicht, dass Sie das machen. Noch nie in der Geschichte des Fernsehens hat es eine Unternehmenssendung im Abendprogramm geschafft, noch kein einziges Mal." Ich sagte: „Ja wissen Sie, da haben Sie Recht." Dann fügte ich hinzu: „Ich habe da aber ein Problem, ich habe ihm nämlich die Hand darauf gegeben!" Ich hatte zugesagt, und jetzt sagte mir mein Agent, das wäre kein kluger Schachzug.

Das ist noch so eine ganz wichtige Sache: Wenn Sie jemandem die Hand auf etwas geben, dann machen Sie es. Das ist sehr wichtig. Der Handschlag bedeutet, dass man einen Deal macht. Man gibt damit sein Wort. Wenn man nach einem Deal per Handschlag einen Rückzieher macht, vertrauen einem die Menschen nie wieder. Meinem Agenten war das egal. Er sagte: „Ich will nicht, dass Sie das machen!" Er rief Mark Burnett an und sagtc ihm, der Deal sei gestorben.

Mark rief mich an und sagte: „Ihr Agent hat mich angerufen und *The Apprentice* abgesagt." Ich sagte: „Mark, ich habe Ihnen die Hand darauf gegeben, ich weiß nicht, ob das gut ist oder schlecht." Mein Agent sagte mir, dass 98 Prozent der Sendungen, die ins Fernsehen kommen, Fehlschläge sind; das hatte ich vor dem Deal nicht gewusst. Ich hatte nicht gewusst, dass sich noch nie eine Unternehmensshow im Abendprogramm gehalten hatte. Ich hatte mich also auf den Deal eingelassen, weil ich es nicht besser wusste, aber irgendetwas sagte mir, dass das ein guter Mann war und dass dieser Deal klappen würde. Ich hatte ihm die Hand gegeben, und deshalb beschloss ich, mich daran zu halten.

Später, als wir *The Apprentice* anboten, schlugen sich NBC und alle anderen Sender darum. ABC bekam den Zuschlag, aber Michael Eisner wollte noch mehr aus dem Deal herausholen, den seine Manager gemacht hatten; deshalb ließen wir ihn fallen und gingen zu NBC, das von dem wirklich großartigen Jeff Zucker geleitet wird. Ihm gefiel die Show. Als sie ausgestrahlt wurde, landeten wir in der ersten Woche auf Platz 10, was enorm ist. Dann belegte die Sendung Platz 8, Platz 5 und dann Platz 3. Schließlich wurde sie zur meistgesehenen Fernsehsendung und das Finale, das enorme Zuschauerzahlen anlockte, bekam trotz der starken Konkurrenz mit Leichtigkeit die größte Einschaltquote der Woche.

Auf einmal war ich ein cooler Fernsehstar. Können Sie sich das vorstellen? Dass ein Immobilienmensch wie ich zum Fernsehstar wird? Ich werde nie vergessen, wie ich zu den „Upfronts" im Lincoln Center for the Performing Arts ging. Alle Fernsehsender präsentieren die neue Saison in sogenannten Upfronts. Es waren große Stars gekommen, Whoopi Goldberg, Rob Lowe und viele andere. Meine Sendung wurde nicht nur die Nummer 1, sondern auch alle neuen Sendungen von NBC außer *The Apprentice* gingen unter.

Als *The Apprentice* die meistgesehene Fernsehsendung geworden war, erhielt ich einen Anruf von meinem Agenten. Er sagte: „Meinen Glückwunsch, Donald. Sie sind Nummer 1 geworden. Ich möchte gerne bei Ihnen vorbeikommen."

Ich sagte: „Wozu wollen Sie vorbeikommen?"

Er sagte: „Nun, ich glaube, mir steht ein Honorar zu."

Können Sie sich so einen Mist vorstellen? Ich sagte: „Ach wirklich, aber Sie waren doch absolut dagegen, dass ich das mache."

„Ja, ich weiß, aber so sehr dagegen war ich gar nicht."

Ich sagte: „Und wie viel steht Ihnen Ihrer Meinung nach zu?"

Er sagte: „Ich denke, drei Millionen Dollar wären angemessen."

Ich sagte: „Sie sind gefeuert."

MANCHE DINGE FUNKTIONIEREN NUR, WEIL MAN NICHT WEISS, DASS SIE UNMÖGLICH SIND

Als NBC *The Apprentice* machen wollte, glaubten nur wenige Menschen, dass das klappen würde. Es gab nicht einmal die

Option auf eine zweite Staffel. Ich war der einzige Trottel, der dachte, dass das funktionieren könnte, denn ich hatte vom Fernsehen keine Ahnung.

Und dann bekam ich an meinem Geburtstag morgens um halb sieben einen Anruf von dem Vorsitzenden von NBC, einem fantastischen Burschen namens Bob Wright. Da lag ich noch im Bett. Er meint: „Donald, ich wollte Ihnen einfach nur zum Geburtstag gratulieren." Ich konnte es kaum glauben. Dann kam um sieben ein Anruf von Jeff Zucker, dem Präsidenten von NBC, der als Erster den Mut gehabt hatte, es mit *The Apprentice* zu versuchen. Er sagte: „Donald, ich wollte Ihnen nur zum Geburtstag gratulieren." Dann rollte sich meine Frau Melania im Bett zu mir herüber und fragte: „Wer war denn das?" Ich sagte: „Ein paar Leute von NBC, die mir zum Geburtstag gratuliert haben." Sie sagte: „Herzlichen Glückwunsch, Liebling!" Können Sie sich das vorstellen? Die Chefs von NBC gratulierten mir vor sieben Uhr morgens zum Geburtstag!

Nicht lange danach hielt Zucker, der jetzt Vorstandsvorsitzender von NBC Universal ist, auf einer großen Versammlung eine Rede und sagte dabei etwas, das ich nie vergessen werde; *Friends* war gerade in der letzten Staffel und *The Apprentice* war der Nachfolger von *Friends*. Er sagte, was ich sehr nett fand: „Donald Trump hat vielleicht keine so schönen Haare wie Jennifer Aniston, aber er hat großartige Einschaltquoten." Dass er über meine Haare gewitzelt hatte, machte mir nichts aus, denn das macht jeder.

Zu diesem Zeitpunkt hatte ich keinen Agenten, ich hatte keinen Vertrag, aber ich hatte eine Sendung, die voll eingeschlagen hatte! NBC war ganz heiß drauf, einen neuen Vertrag zu machen. Ich musste das selbst ausfechten, aber ich wusste, dass ich alle Trümpfe in der Hand hatte – keine Erfahrung in der Unterhaltungsbranche, aber alle Trümpfe auf der Hand.

Ich hatte in einem Artikel in der *New York Post* gelesen, dass alle Darsteller von *Friends* im letzten Jahr zwei Millionen Dollar pro Sendung bekommen hatten. In der Serie gibt es sechs Figuren, und alle auf einem Haufen, was sehr schlau ist. Jeder von ihnen bekam zwei Millionen Dollar pro Sendung! Dann kam NBC zu mir und sagte: „Wir würden den Vertrag gern um drei Jahre verlängern." Ich beschloss, hart zu verhandeln. Ich dachte mir: „Das wird ein Spaß!" Wenn man die Top-Serie hat, braucht man kein Genie zu sein, um zu wissen, dass man den Sender am – Sie wissen schon was – hat.
Ich sagte: „Ich will das gleiche Geld wie *Friends*!" Ich schlug zum Spaß mit beiden Fäusten auf den Tisch – sie waren ja meine Freunde, und die Leute von NBC sagten: „Hoho! Wir glauben, das lässt sich machen." Sie dachten, ich wollte zwei Millionen Dollar pro Folge, so wie die Stars aus *Friends*. Ich sagte: „Nein, nein, Sie verstehen mich falsch. Die sind zu sechst und ich bin nur einer; deshalb will ich zwölf Millionen Dollar pro Folge." Meine Forderung machte ihnen ein wenig Kopfzerbrechen, aber wir schlossen dann einen Deal (über viel weniger Geld) und alle waren glücklich. Seither läuft es für alle wunderbar und es ist für alle ein großer Erfolg. Wir haben hier also eine Serie, die eigentlich nicht funktionieren sollte, die aber doch funktionierte. Sie funktionierte, weil ich mein Glück versucht habe. Hören Sie auf Ihren Bauch. Versuchen Sie Ihr Glück. Wenn Sie glauben, Sie hätten alle nötigen Zutaten, versuchen Sie Ihr Glück, denn die größten Erfolge erzielt man, wenn man gegen den Strom schwimmt; wenn man ein Risiko eingeht und es klappt. Die Leute von NBC waren und sind großartig. Mark Burnett ist großartig und Donald Trump ist zumindest O.K.!
Seinen Instinkten zu folgen erfordert eine gewisse Übung, und man muss zuerst beschließen, dass man sich auf sie einstimmt. Instinkte sind an allen stark aufgeladenen Situationen beteiligt,

die von großer Bedeutung für einen sind, und sich darauf einzustimmen erfordert eine extreme Konzentration, wie bei einem Skifahrer, der eine schwierige Piste hinabfährt oder bei einem Steuerberater, der die CPA-Prüfung macht. In solchen Situationen, wo es absolut darauf ankommt, reicht es nicht aus, zu 100 Prozent logisch zu sein. Das geht zu langsam. Wenn die Zeit knapp ist und viel auf dem Spiel steht, muss man sich nach dem Bauch richten. Eine Mischung aus Logik und Bauch produziert die besten Entscheidungen.

Als ich 40 Wall Street kaufte, empfahl mir buchstäblich jeder, mit dem ich redete, daraus Wohnungen zu machen, aber ich war nicht dieser Meinung. Mein Bauchinstinkt sagte mir, das wäre ein großartiger Firmenstandort. Ich vertraute auf meinen Instinkt und jetzt beherbergt das Gebäude viele florierende Unternehmen. Das war ein lukratives Geschäft!

Als ich anfing Golfplätze zu bauen, sagten mir meine Instinkte, das wäre eine gute unternehmerische Entscheidung. Ich wusste, dass ich Erfolg haben würde, wenn ich meine Leidenschaft für Golf mit meinem Wissen über Immobilien verband. Ich fand die besten Golfplatzarchitekten der Welt und verbrachte viele Arbeitsstunden mit ihnen. Die Ergebnisse waren sensationell, weil ich Instinkt und Logik kombinierte. Aber was vielleicht noch wichtiger ist, ich fand die besten Standorte.

Üben Sie, auf Ihre Instinkte zu lauschen. Spielen Sie mit dieser Fähigkeit und probieren Sie sie an kleinen Entscheidungen aus. Lernen Sie, darauf zu vertrauen. Das verschafft Ihnen sowohl im Geschäftsleben als auch im Privatleben einen echten Vorsprung. Nutzen Sie diese Fähigkeit, um zu entscheiden, mit wem Sie ein Rendezvous ausmachen und wem Sie als Babysitter vertrauen – und das sind wirklich wichtige Entscheidungen.

Viele Dinge sind uns verborgen und wir können sie nicht logisch formulieren, aber irgendwie wissen wir, dass sie da sind.

Wir haben ein vages Gefühl, das man nicht erklären kann. Dieses Gefühl an sich ist schon Information genug, auf die man achten und die man berücksichtigen sollte. Man kann wissen, ob dieses Gefühl gut oder schlecht ist. Wenn Sie bei etwas ein gutes Gefühl haben, machen Sie weiter. Wenn Ihr Gefühl schlecht ist, seien Sie vorsichtig. Ihre Instinkte sind da, Sie zu leiten. Benutzen Sie sie.

WANN HANDELN BESSER IST ALS INFORMIEREN

Andy Grove, der ehemalige Vorstandsvorsitzende von Intel, hat einmal gesagt: „Vergrabe dich tief in den Daten, und dann vertraue deinem Bauch." Ich glaube, das beschreibt meine Methode der Entscheidungsfindung am besten. Ich vergrabe mich so tief wie ich kann in die Zahlen und Fakten einer schwierigen Situation. Ich interpretiere die Daten mithilfe von Logik und Vernunft. Ich stelle aufgrund der Geschichte und der Erfahrung informierte Schätzungen an. Dann folge ich meinem Bauchinstinkt. Wenn ich auf zusätzliche Informationen ein paar Tage warten muss, wäge ich den Preis des Wartens gegen den Nutzen zusätzlicher Informationen ab. Wenn ich sofort handeln muss, um beträchtlichen Gewinn zu machen, handle ich sofort. Wenn es nicht so wichtig ist, ob ich noch ein paar Tage auf zusätzliche Ergebnisse warte, dann warte ich.

TIMING IST ALLES

Instinkt hat viel mit Timing zu tun. Man muss Geduld haben und warten, bis einem der Instinkt sagt, dass jetzt der beste

Zeitpunkt zum Handeln ist. Ich denke manchmal monatelang oder jahrelang darüber nach, ein Grundstück zu kaufen oder einen bestimmten architektonischen Stil zu verwenden, ohne dass ich etwas unternehme. Und dann habe ich ganz plötzlich das Gefühl, dass es Zeit dafür ist. Wenn ich dann anfange, die Sache abzuchecken, stelle ich gewöhnlich fest, dass sich die Dinge geändert haben und dass sich eine Möglichkeit eröffnet, die vorher nicht da war. Der Instinkt hat mich auf die Gelegenheit aufmerksam gemacht, und wenn möglich, gehe ich dann schnell an die Umsetzung.

Ich habe schon viele Jahre auf gewisse Dinge gewartet. Warten kann sehr schwer sein, vor allem für jemanden wie mich, der sehr ungeduldig ist und die Dinge in Rekordzeit erledigen will. Um wirklich gute Entscheidungen zu treffen, muss man lernen zu warten, bis die Zeit reif ist. Das gilt ganz besonders für Verhandlungen. Ich bin sehr vorsichtig, mich nicht zu schnell darauf zu stürzen, vor allem wenn ich einen Deal unbedingt abschließen will. Ich lasse mir nie in die Karten schauen. Ich tue so, als wäre ich nicht sicher, ob ich den Deal will. Mein unbestimmtes Benehmen bringt die Gegner oft dazu, ihre Argumente für den Deal nachdrücklicher vorzubringen, womit sie mir direkt in die Hände spielen. Das gibt mir außerdem die Zeit, mich zurückzulehnen und kreative Lösungen zu finden, die mir zu einem besseren Abschluss verhelfen als wenn ich mich einfach so darauf gestürzt hätte. Ich könnte im Nahen Osten Friedensverhandlungen führen – und das könnten nur wenige andere Menschen.

Ich bin ein großer Tennisfan und ich habe festgestellt, dass die besten Spieler nicht unbedingt die stärksten, schnellsten und aggressivsten sind. Die besten Spieler haben vor allen Dingen ein unglaubliches Timing. Das hat sehr viel mit Ausgeglichenheit und geschärften Instinkten zu tun. Roger Federer und Pete

Sampras, die besten Spieler aller Zeiten, haben offensichtlich großartige Fähigkeiten, aber auch ein großartiges Timing. Spieler mit großartigem Timing sind fast unbesiegbar. Wenn Spieler diese Fähigkeit verlieren, fallen sie schnell ab. Ich habe außerdem festgestellt, dass die besten Komiker ein perfektes Gefühl für Timing haben. Die besten Komiker benutzen Sekundenbruchteile, um ihr Publikum vor Lachen zum Kugeln zu bringen. Bei ihnen ist das angeboren, man kann diese Fähigkeit aber auch zu einem gewissen Grad entwickeln.

Ich wollte einmal in ein großes Immobilienobjekt investieren, aber irgendetwas hielt mich immer davon ab, den letzten Schritt zu tun. Immer wenn ich es versuchte, hielt mich etwas davon ab, den Deal abzuschließen. Deshalb stellte ich das Projekt zurück und wartete mit dem nächsten Versuch auf den richtigen Zeitpunkt. Monate später wurde das Grundstück durch einen heftigen Sturm schwer beschädigt. Alles hatte gut ausgesehen, mein Bauch hatte nein gesagt, während meine Logik ja gesagt hatte. Hätte ich nur auf meine Logik gehört und ohne Rücksicht auf meinen Bauch weiter gemacht, dann hätte ich viel Geld verloren. Ich kaufte das Grundstück später für weniger Geld, aber damals bewahrte mich mein Bauchinstinkt vor einem kostspieligen Fehler. Hören Sie immer auf Ihre Instinkte.

Ich hatte schon seit Jahren ein Auge auf 40 Wall Street geworfen, bevor ich etwas unternahm. Ich ließ niemanden wissen, dass ich daran interessiert war. Anfang der 1990er-Jahre erholte ich mich von meinen schweren Zeiten und der Kauf von 40 Wall Street war einer der ersten großen Deals am Anfang meiner Erholungsphase. Das schöne historische Gebäude interessierte mich schon lange, aber der Zeitpunkt zum Handeln war einfach noch nicht da. Mit der Zeit änderte sich mein geschäftliches Tempo und ich machte meinen Schachzug. Dadurch dass ich abgewartet und zugeschaut hatte und erst etwas unternommen hatte, als meine Instinkte mir sagten, dass der Zeitpunkt richtig war, habe ich viel Geld verdient und außerdem eine großartige und brillante Familie aus Deutschland kennen gelernt, die Familie Hinneberg, mit der mich jetzt eine fantastische Freundschaft verbindet. Man kann bei Vertragsabschlüssen Freunde finden – ein wundervoller positiver Nebeneffekt.

Wenn man eine vielversprechende Gelegenheit erkennt, heißt das nicht automatisch, dass man sie ergreifen sollte. Zu wissen, welche Deals man verfolgen soll, ist sehr heikel. Es können alle Anzeichen dafür vorhanden sein, dass der Deal gut ist, aber das reicht nicht. Sie müssen ihn auf Ihren Geist einwirken lassen und in Ihrem Herzen Wurzeln schlagen lassen. Dann kommt nach einer Weile der Zeitpunkt, zu dem Sie ohne Zweifel wissen, dass das Ihre Chance ist. Arbeiten Sie weiter daran, schenken Sie ihm Aufmerksamkeit, und wenn die rechte Zeit gekommen ist, holen Sie sich ohne zu zögern das, was Sie wollen. Das ist Timing.

Wenn Sie Entscheidungen treffen, müssen Sie all Ihre Fähigkeiten einsetzen, Ihre Intelligenz, Ihren Bauch und Ihre analytischen Fähigkeiten. Ich rate Ihnen, sich nach Ihrem Bauch zu richten, aber nicht Haus und Hof darauf zu verwetten. Seien Sie vorsichtig. Beschaffen Sie sich sämtliche Fakten, denn es gibt immer einen Grund, weshalb andere sich anders entscheiden. Glauben Sie mir, wenn Sie etwas finden, das alle anderen ignorieren – so wie 40 Wall Street – und wenn Sie gegen den Strom schwimmen und wenn Sie dann einen Wolkenkratzer mit 120.000 Quadratmeter umsonst bekommen, dann ist das schön. Ich liebe so etwas – aber seien Sie sehr, sehr vorsichtig, denn manchmal bedeutet so etwas Ärger; richtig großen Ärger.

DAS MEINT ZANKER

Als ich The Learning Annex gründete, hörte ich auf meinen Bauch. Ich benutze bei der Auswahl vieler Themen und Redner, die wir anbieten, auch heute noch meinen Bauch. Ich muss in meinem Job Talente erkennen, bevor der Rest der Welt sie erkennt. Man kann nicht auf das hören, was andere denken. Man muss selbstständig denken, oder man wird nie gut in dem, was man tut. Das Gleiche gilt für Film- und Fernsehproduzenten: Sie müssen wissen, was die Menschen sehen wollen, bevor jemand anders das erkennt. Wenn Sie das Gleiche machen wie alle anderen, wenn Sie nicht den Mut haben, sich aus dem Fenster zu lehnen und anders zu sein, dann erzielen Sie bestenfalls mittelmäßige Erfolge. Es ist allerdings noch wahrscheinlicher, dass Sie dann scheitern. Also trauen Sie sich, anders zu sein. Trauen Sie sich, einmalig zu sein. Und trauen Sie sich, es mit etwas Unbekanntem zu versuchen.

Ich war im Jahre 1980 einer der ersten Menschen, die bei dem phänomenalen Spitzenleistungs-Guru Tony Robbins über glühende Kohlen gelaufen sind. Und ich tat alles, um ihn zu fördern, denn ich war der festen Überzeugung, dass dieser Mann etwas hatte, das eine sehr große Sache werden würde. Tony war eine meiner größten Entdeckungen. Ich habe von Tony viel darüber gelernt, wie man die Angst überwindet und ein viel höheres Leistungsniveau erreicht. Er brachte mich dazu, ganz anders zu denken. Seine Lehre und seine Anregungen legten in mir das Fundament, damit ich den Mut hatte, an jemand so Großen wie Donald Trump heranzutreten. Ich habe es in hohem Maß Tony zu verdanken, dass ich im geschäftlichen und im Beziehungsbereich meine Leidenschaft gefunden habe. Sehen Sie sich Tony Robbins einmal auf einer meiner Wealth Expos oder bei einer seiner eigenen Veranstaltungen an. Er kann definitiv Ihr Leben verändern. Schauen Sie unter TonyRobbins.com nach.

Im Jahre 1981 hatte ich die Gelegenheit, Deepak Chopra, den Mitgründer des Chopra Center for Well Being, vor einer kleinen Gruppe von 33 Menschen in New York sprechen zu hören. Niemand wusste, wer er war, aber ich sah sofort, dass dieser Mann sehr erfolgreich sein würde. Ich weiß nicht warum, aber ich hatte einfach ein starkes Bauchgefühl. Er wurde dann einer der berühmtesten und erfolgreichsten Heiler für Körper und Geist unserer Zeit.

Obwohl viele Menschen das Werkzeug ignorieren, das unser Instinkt darstellt, glaube ich, dass jeder ihn hat. Eigentlich ist er nur eine intelligente Reaktion auf Situationen, die wir schon erlebt haben. Je mehr Erfahrung wir haben, umso besser können wir unseren Bauch benutzen. Das ist wie bei einem Poker-Profi, der nach einem kurzen Blick auf seine Karten und in die Gesichter der Gegner die Situation einschätzt und seinen nächsten Schritt beschließt. Unser Bauch sagt uns, was wir tun und lassen sollen, auch wenn wir dafür keine genauen Gründe angeben können.

Im Jahre 2001 gab es The Learning Annex seit mehr als 20 Jahren und das Unternehmen gehörte mir nicht mehr. Die Marke war alt, aber ich schaute sie mir noch einmal an und fand, dass noch gewaltiges ungenutztes Potenzial bestand. Manchmal sieht man ein Unternehmen und man spürt im Bauch, dass man es auf ein höheres Niveau heben kann. Ich vertraute zwar auf meinen Bauch, aber der damalige Besitzer von The Learning Annex wollte dafür mehr Geld haben als ich damals besaß.

Ich versuchte Geld für den Rückkauf von The Learning Annex zu beschaffen, aber die Banken und privaten Kreditgeber waren nicht interessiert. Ich glaubte an meinen Bauch, setzte mich mit meiner Frau zusammen und sagte: „Schatz, ich muss das machen." Sie sah, dass ich die nötige Leidenschaft dafür hatte und dass ich mich nicht aufhalten ließ, also folgte sie auch meinem Bauch. Ich nahm eine nachrangige Hypothek auf das Haus auf, strapazierte die Kreditkarten, bettelte und borgte bei Freunden und Verwandten, aber es reichte immer noch nicht. Also flog ich an die Westküste, traf mich mit dem Besitzer von The Learning Annex und überredete ihn, einen Schuldschein für ein Jahr zu akzeptieren.

Sechs Jahre später ist es für alle sichtbar. The Learning Annex steht in der Liste der 500 am schnellsten wachsenden Unternehmen der Zeitschrift *Inc.*. Mein Einsatz hatte sich gelohnt. Mein Bauch hatte recht gehabt.

Nachdem ich The Learning Annex zurückgekauft hatte, hielten wir viele Kurse über „Immobilien" und „wie man zu Geld kommt". Ich merkte, dass immer mehr Menschen kamen. Das war eigentlich klar. Ich war auf der Highschool, ich war auf dem College, aber niemand hatte mir beigebracht, wie man Geld verdient. Eine Lücke in unserem Bildungssystem. Eines der wichtigsten Dinge, das die Menschen im Leben brauchen, wird in den Schulen nicht gelehrt. Die Studenten strömten in Scharen in diese Kurse. Als ich sah, dass die Kurse explodierten, versammelte ich meine Mannschaft und sagte: „Stellen wir doch eine Expo mit solchen Kursen auf die Beine und versammeln wir die besten Köpfe an einem Wochenende, damit sie den Studenten beibringen, wie man reich wird." Das hatte vorher noch nie jemand gemacht. Mein Bauch sagte mir, dass das eine große Sache werden würde, wenn wir es richtig machen würden. Aber mein Bauchgefühl beruhte auf den Zahlen, die ich sah. Ich hätte Berater engagieren können oder meine Buchhaltungsfirma die Analyse machen lassen können, aber ich wusste einfach, dass das der richtige Zeitpunkt war.

Wenn Sie Ihre Sache gut machen und die Zahlen vorurteilsfrei analysieren, sollte Ihr Bauch mit der Zeit so funktionieren, dass er Ihnen die richtigen Entscheidungen nahelegt. Und wenn Sie nicht sicher sind, warten Sie einfach ab. Manchmal habe ich bei einer Sache ein bestimmtes Gefühl, dann gehe ich zu meinem Team und frage es nach seinem Gefühl. Eigentlich will ich damit herausfinden, ob die Teammitglieder auch so ein Bauchgefühl haben, dass die Sache nicht ganz koscher ist. Selbst wenn ich nicht ganz sicher bin, was mich stört – nach ein paar Minuten Brainstorming regele ich die Sache.

Meine Vizepräsidentin Samantha Del Canto kommt manchmal morgens mit der Kaffeetasse in der Hand herein; sie erzählt mir von einer Angelegenheit, mit der sie gerade ringt, und fragt mich: „Was sagt Ihr Bauch dazu?" Und manchmal gehe ich in ihr Büro und erzähle ihr, dass ich bei einem Werbeprojekt oder bei einem Redner ein schlechtes Gefühl habe; dann beruhigt sie mich mit den Worten: „Zanker, hören Sie auf Ihren Bauch. Der hat uns schon so weit gebracht ... hören Sie nicht auf, auf ihn zu hören." Und das ist der Schlüssel... man muss auf ihn hören ... wir haben natürliche, angeborene Instinkte und uns wurde beigebracht, NICHT auf sie zu hören. Das ist falsch ... Ihr Bauch ist bei Entscheidungen Ihr bester Freund.

Natürlich stelle ich rationale Analysen an und beschaffe mir alle Fakten, bevor ich eine große Entscheidung treffe. Aber ich habe mich derart daran gewöhnt, meinen Bauch zu benutzen, dass ich erst zufrieden bin, wenn mir ein starkes Bauchgefühl sagt, dass ich den logischen Gründen folgen sollte. Man kann seinen Bauchinstinkt schärfen, indem man ihn benutzt und damit spielt. Viele Menschen bauen auf Zahlen und Fakten. Das ist in Ordnung. Aber hören Sie auf Ihren Bauch. Wir hatten einmal einen Anwalt, der nur Daten analysierte und analysierte. Ein brillanter Mann, aber die Ausbildung hatte seinen Bauch abstumpfen lassen und er war wie gelähmt. Er ist jetzt nicht mehr mein Anwalt. Ich konnte nicht mit ihm arbeiten. Einfach zu viel Analyse. Er gab mir Seiten über

Seiten, in denen es um alle Aspekte der Angelegenheit ging, aber wenn ich ihn fragte, „Und was halten Sie davon?“, war er ganz perplex, so als wäre das eine dumme Frage.
Wenn Sie alle Informationen beisammen haben, die die anstehende Entscheidung betreffen, machen Sie Pause. Machen Sie etwas, das mit dieser Entscheidung nichts zu tun hat. Machen Sie ein Nickerchen, sehen Sie sich eine Wiederholungsfolge von *Seinfeld* an, joggen Sie durch den Park. Geben Sie Ihrem Unterbewusstsein die Chance, mit den Dingen zu jonglieren. Kommen Sie dann wieder auf die Entscheidung zurück. Dann ist Ihr Instinkt viel stärker.

KURZ UND BÜNDIG

Entwickeln Sie Ihren Bauchinstinkt und handeln Sie danach. Ihre größten Erfolge erzielen Sie, wenn Sie sich nach Ihrem Bauch richten. Niemand weiß alles. Niemand weiß wirklich, was die Zukunft bringt. Wenn Sie immer mehr über Ihr Fachgebiet lernen, erkennen Sie so langsam die nicht greifbaren Hinweise und Andeutungen, was Ereignisse und Menschen betrifft. Sie lernen, zwischen den Zeilen zu lesen und einen sechsten Sinn zu entwickeln. Schärfen Sie diese Fähigkeit und nutzen Sie sie weise, dann haben Sie damit großen Erfolg. Natürlich müssen Sie alle Fakten studieren und jede Situation analysieren, bevor Sie handeln. Wenn die Zeit der Entscheidung gekommen ist, folgen Sie Ihrem Bauch.

ZENTRALE PUNKTE

- Sie brauchen richtig gute Instinkte, damit Sie die besten Entscheidungen treffen können.
- Sie lernen aus Erfahrung, auf Ihren Bauch zu hören.
- Wenn Sie jemandem auf einen Deal die Hand geben, halten Sie Wort.
- Damit man sich auf seine Instinkte verlassen kann, muss man sich auf alles einstimmen, was mit der Entscheidung zu tun hat.
- Nutzen Sie den Instinkt für perfektes Timing.
- Beschaffen Sie alle Fakten, dann hören Sie auf Ihren Bauch.

Kapitel 4

Glück schaffen

Sprechen wir jetzt von einem Konzept, das sehr, sehr komplex ist. Man nennt es „Glück". Manche Menschen haben mehr Glück als andere. Manche Frauen sind von Natur aus sehr schön. Sie haben nichts dafür getan; sie haben einfach Glück. Manchen Menschen fällt es leicht, große Unternehmer zu werden. Sie haben einfach Glück. Manche Menschen strengen sich sehr an, aber alles geht schief. Das ist anscheinend nicht fair, aber ich glaube, dass es so etwas wie Glück im Leben gibt.

Ein Freund von mir ist einer der bedeutendsten Unternehmer der Welt. Er hat einmal zu mir gesagt: „Donald, so etwas wie Glück gibt es nicht. Man macht sein Glück selbst."

Ich sagte: „Wirklich? Du hattest großartige Eltern und du wurdest in dem großartigsten Land der Welt geboren. Meinst du nicht, du hast Glück? Du wurdest mit einem tollen Gehirn geboren, du bist sehr schlau. Meinst du nicht, du hast Glück?"

„Ich sage dir, man macht sein Glück selbst."

Ich sagte: „Das stimmt nicht. Manche Menschen haben einfach Glück." Er ist stur und ich kann ihm das nicht ausreden. Nichtsdestotrotz ist es eine Tatsache, dass manche Menschen einfach mehr Glück haben als andere.

Zum Beispiel hat ein guter Freund von mir namens Billy viel Pech. Er neigt zu Unfällen. Vor gar nicht langer Zeit habe ich ihn angerufen und gefragt: „Wie geht es dir?"

Er sagte: „Nicht gut."

„Oh!", sagte ich. „Was ist denn los mit dir?"
„Ich habe mir die Schulter gebrochen."
„Du hast dir die Schulter gebrochen? Wie hast du dir denn die Schulter gebrochen. Spielst du Football oder was?"
Er sagte: „Nein, ich hatte einen Unfall. Ich bin die Treppe hinunter gefallen und habe mir die Schulter gebrochen. Oh, das sind solche Schmerzen."
Es kam heraus, dass der Mann im Krankenhaus lag. Als ich ihn besuchte, lag er stöhnend da, seine Frau weinte und alles war ein völliges Chaos. Ich sagte: „Billy, du kommst wieder hier raus und alles wird gut." Nach drei Wochen kam er aus dem Krankenhaus.
Auf der Heimfahrt geriet er in einen Autounfall. Ein riesiger Lastwagen rammte einen der großen Pfeiler, an denen die großen Schilder auf dem Long Island Expressway hängen, und das Schild fiel auf das Dach von Billys Auto. Hat man so etwas schon gehört? Er musste zurück ins Krankenhaus. Manche Menschen haben mehr Glück als andere.
Vor etwa zehn Jahren ließ ich mich beinahe von einem Deal blenden, der mich ins Armenhaus gebracht hätte. Ich war richtig scharf darauf, eine Zeitung zu kaufen. Ich war total begeistert. Ich hatte meiner Meinung nach einen großartigen Deal ausgehandelt, der mir viel Geld bringen würde.
Ich erzählte jedem, den ich kannte, was das für ein toller Deal war. Alles war schon für den Abschluss fertig, da warf mich unerwartet eine heftige Grippe nieder. Mir ging es fürchterlich. Es war so schlimm, dass ich die Verkäufer anrief und ihnen sagte, mir müssten den Abschluss verschieben, bis es mir wieder besser ging.
Das war sehr ungewöhnlich. Ich habe sonst nie Grippe. Das ist jetzt zehn Jahre her und ich war seitdem keinen Tag mehr krank. Und dann rief mich der Verkäufer an und sagte mir, er

würde die Zeitung jemand anderem verkaufen. Ich verlor den Deal. Das war mein Glück, denn heute ist diese Zeitung viel weniger wert als zu dem Zeitpunkt, als ich sie kaufen wollte. Ich hätte mit dem Deal ein Vermögen verloren. Die Grippe war eine glückliche Unterbrechung gewesen, die mich vor dem Ruin bewahrte. Manchmal macht das Glück bessere Deals als das Talent. Ich beobachte die großen Dealmaker seit über 20 Jahren und es sind immer die gleichen Leute, die erfolgreich sind. Seit Jahren und Jahren sind es die gleichen Leute und die gleichen Erfolge. Aus irgendeinem Grund scheinen manche Menschen immer mehr Erfolg als andere zu haben, Leute wie Warren Buffett, Steve Schwarzman, Carl Icahn, Henry Kravis, Terry Lundgren von Macy's, John Mack von Morgan Stanley oder Stan O'Neil von Merrill Lynch. Das bedeutet nicht, dass sie klüger sind, aber sie sind fast immer erfolgreich.

SCHAFFEN SIE IHR EIGENES GLÜCK

Man kann etwas tun, um seinem Glück nachzuhelfen. Sehen Sie sich einmal den berühmten Golfspieler Gary Player an. Gary Player ist klein. Ich habe vor vielen Jahren, 1978, gesehen, wie er die Masters gewonnen hat. Er hat im Laufe seiner Karriere neun Majors gewonnen, obwohl er so klein ist. Er hat einen Vorteil: Er arbeitet fleißiger. Er arbeitet immer. Er trainiert immer und arbeitet an seinem Schwung und am Putten, während andere, die doppelt so groß sind wie er, zu Hause fernsehen. Er ist der fleißigste Golfer aller Zeiten. Das ist der Grund, weshalb Gary Player dreimal die Masters und noch viele andere Turniere gewonnen hat. Als ihn einmal jemand fragte, wie man denn so viel Glück haben könnte, sagte er: „Je mehr ich arbeite, umso mehr Glück habe ich." Das ist eine großartige

Aussage. Denken Sie darüber nach und unterstreichen Sie das: „Je mehr ich arbeite, umso mehr Glück habe ich."

Der große Player Gary Player wurde gern als „winzig" bezeichnet. Er war immer kleiner als alle anderen, aber er übte mehr als alle anderen und gewann neun Majors. Denken Sie einmal, er hat neun Majors gewonnen und die Kommentatoren sagten immer, wenn er zum Tee ging: „der winzige Gary". Wir würde Ihnen das denn gefallen? Sie sind im Fernsehen und werden als winzig bezeichnet. Das ist nicht schön, aber Gary kümmerte das nicht. Er machte jeden Morgen Liegestütze, er trainierte stundenlang, bevor im Golfsport überhaupt jemand etwas von regelmäßigem Training gehört hatte. Ich werde nie vergessen, wie ich ihn sah, als er die U.S. Open gewann: Er schlug einen unglaublichen Fünfer-Schlag direkt neben die Fahne, versenkte und gewann das Turnier. Die Kommentatoren sagten: „Gary, das ist ja unglaublich, was Sie für ein Glück haben." Er sagte: „Je mehr ich arbeite, umso mehr Glück habe ich." Ich liebe diese Aussage. Gary ist ein toller Kerl.

Lassen Sie mich eine Geschichte aus meinem eigenen Leben erzählen, die das Konzept verdeutlicht, dass ein Mensch umso mehr Glück hat, je fleißiger er arbeitet. Passen Sie gut auf, denn diese Geschichte ist eine Kombination aus Leidenschaft, Instinkt und, ja … Glück!

Im Jahre 1991 war die Marktlage fürchterlich und alle machten Pleite. Ich steckte sehr tief in Schwierigkeiten. Ich hatte Milliardenschulden. Natürlich könnte ich Ihnen alles Mögliche davon erzählen, wie gut ich mit Druck umgehen kann, aber ich schuldete vielen Banken Milliarden von Dollars. Das war nicht gerade ein Spaß. Glauben Sie mir, wenn man mehrere Milliarden Schulden hat, ist es nicht cool, Donald Trump zu sein.

Eines Tages arbeitete ich gerade im Büro und meine Sekretärin sagte mir: „Ach, Herr Trump, heute Abend haben Sie eine

Banker-Konferenz." Dieses Essen in Abendgarderobe, zu dem ich normalerweise hingehe, fand im Waldorf-Astoria Hotel für 2.000 Menschen aus der Bankbranche statt. Wenn man schlechte Zeiten durchmacht, hat man nicht so viel Energie und Esprit, wie wenn es prima läuft. Statt mit einem Haufen Banker auszugehen, wollte ich lieber nach Hause gehen und mir im Fernsehen ein Footballspiel ansehen. Ich war müde. Ich hatte einen schrecklichen Tag hinter mir, an dem die Banken aus 15 verschiedenen Richtungen auf mich zugekommen waren.

Eine bestimmte Bank war schlimmer als alle anderen. Der Mann, der dafür zuständig war, die Kredite einzutreiben, war böse und gemein. Er zwang jeden zur Geschäftsaufgabe. Er hat 37 Immobilienleute aus New York in den Bankrott getrieben, indem er die Kredite einforderte. Ich schuldete ihm 149 Millionen Dollar, was zu meinen kleineren Krediten gehörte, und ich stand als Nächster auf seiner Liste. Normalerweise kann man mit den Banken etwas ausarbeiten, aber dieser Kerl wollte 100 Prozent seines Geldes, und zwar sofort. Der Mann war ein Tier. Er wollte mich vernichten.

Ich wollte nicht zu den Bankern gehen, denn wenn man ihnen Geld schuldet, hassen sie einen. Wer will schon zu einem Essen gehen, auf dem ihm alle Anwesenden am liebsten eins überziehen würden? Es würden alle Banker da sein, denen ich Geld schuldete. Der Abend war kalt und regnerisch und die Limousine konnte ich nicht nehmen, denn es wäre ja ziemlich unpassend gewesen, in einer teuren Limo auf einem Bankertreffen aufzukreuzen, obwohl ich Milliardenschulden hatte. Ich war schon sehr müde. Als mir meine Sekretärin sagte, ich müsste ins Waldorf-Astoria gehen, sagte ich: „Ich gehe nicht."

Ich ging heim, aber als ich zu Hause war, hatte ich einen Energieschub und sagte: „Weißt du was? Ich glaube, ich gehe doch hin." Im letzten Moment zog ich den Tuxedo an und ging.

Da es keine Taxis gab, musste ich in dem eiskalten Regen zu Fuß zu dem Hotel gehen, das zehn Blocks vom Trump Tower entfernt ist. Ich hatte das Gefühl, dass ich am Tiefpunkt angekommen war, aber ich ging trotzdem, weil das mein Job war. Als ich ankam, setzte ich mich an einen Tisch. Links von mir saß ein netter Banker namens Steven. Ich sagte: „Hallo Steven, wie geht's?" Offensichtlich hatte ich bei ihm keine Schulden, denn er war sehr nett zu mir. Wenn man keine Schulden hat, fällt das leichter. Er sagte sehr freundlich: „Hallo, Donald."
Dann wandte ich mich an den Mann zu meiner Rechten und sagte: „Hallo." Er grunzte nur und sah mich böse an. Da sagte Steven: „Ich glaube, der Mann mag dich nicht besonders, wer immer er auch ist." Ich kannte den Mann nicht. Er hatte nicht einmal seinen Namen genannt. Er war einfach ein verärgerter Mensch.

Ich unterhielt mich eine Weile mit Steven. Nach ein paar Minuten versuchte ich wieder, mit meinem rechten Nebenmann zu sprechen. Aber das war sinnlos. Das war, als spräche man gegen eine Wand. Er zeigte sehr deutlich, dass er mich nicht gebrauchen konnte. Das wurde richtig intensiv. Ich fühlte mich elend, denn es gefiel mir gar nicht, dass ich so ziemlich jedem New Yorker Banker Geld schuldete. Der Mann war Banker und er hasste mich. Ich dachte mir, dass ich ihm wohl viel Geld schulden musste, weil er sich so benahm.

Ich versuchte unglückliche 15 Minuten lang, mit ihm zu kommunizieren. Steven bemerkte von links: „Mann, ist der übel", aber ich versuchte weiter, mit dem üblen Kerl zu etwas zu kommen. Nach weiteren elenden 15 Minuten taute der Mann endlich ein bisschen auf und redete ein bisschen mit mir. Dann ging es ganz gut zwischen uns. Schließlich fragte ich: „Bei welcher Bank arbeiten Sie?" Er sagte es mir und ich konnte es nicht glauben. Ich sagte: „Heiliger Bimbam. Wie heißen Sie denn?“ Er sagte mir seinen Namen und ich konnte es wirklich nicht glauben. Unter den ganzen 2.000 Bankern, neben denen ich hätte sitzen können, war ich genau neben den brutalen Killer geraten, der schon so viele Menschen pulverisiert und ihr Leben zerstört hatte. Das war der Killer, der hinter mir her war. So ein Glück! Ich wusste nicht, ob das gut oder schlecht war, aber jedenfalls war es höchst erstaunlich, dass ich neben diesem Mann saß.

Ich sagte: „Sie sind doch der, der alle umbringt, und mich wollen Sie auch umbringen.“ Er sagte: „Ja, das machen wir“, aber wir redeten trotzdem weiter und nach einer Stunde kamen wir so richtig gut miteinander aus. Er liebt die Frauen sehr und er wollte über Frauen sprechen. Also redete ich mit ihm über Frauen. Ganz ehrlich, wenn man jemandem so viel Geld schuldet wie ich damals, spricht man über alles, was der andere will.

Ich fand im Laufe des Gesprächs heraus, dass er selbst ziemlich viel Ärger hatte. Er hatte 37 Unternehmen in den Bankrott getrieben. Diese 37 Immobilienfirmen schuldeten ihm viel Geld und waren nicht zahlungsfähig. Böse und gemein wie er war, wollte er Blut sehen. Sicher, es gab ihm ein gutes Gefühl, dass er 37 Unternehmen in den Bankrott getrieben hatte, aber das brachte ihm überhaupt kein Geld.

Tatsächlich machte er damit Verlust. Die Anwaltskosten fraßen ihn bei lebendigem Leibe auf und seine Vermögenswerte waren schon aufgezehrt. Das ist nebenbei gesagt das einzige Gute an Anwälten. Am Ende werden sie so gierig, dass ihr Mandant nur noch aus dem Fall aussteigen will, und das ist eine gute Gelegenheit, sich mit ihm zu einigen. Es stellte sich heraus, dass die Anwälte des Bankers mit seinen eigenen Waffen gegen ihn gekämpft hatten und dass seine Bank dadurch finanziellen Schaden gelitten hatte. Seine Chefs waren wütend auf ihn, weil

er viel Geld für Anwälte ausgab anstatt Deals auszuarbeiten, die Geld bringen würden.
Ich hatte großes Glück, dass ich gerade in diesem Moment mit ihm zu tun bekam. Wenn ich ihm ein Jahr früher begegnet wäre, hätte es keine Diskussion gegeben. Im Jahr davor war er überhaupt nicht geneigt zu reden; er wollte einfach nur alle im Umkreis zermalmen. Wir verstanden uns immer besser und am Ende des Abends machte uns das regelrecht Spaß. Dann sagte er: „Wissen Sie, Donald, Sie sind kein schlechter Kerl!" Ich sagte: „Das habe ich Ihnen doch gesagt!" Er sagte: „Wie wär's denn damit? Kommen Sie doch einfach in mein Büro, dann arbeiten wir etwas aus."
In der Zeit des Aufschwungs war ich der King gewesen und die Menschen kamen zu mir ins Büro. Aber wenn man jemandem Geld schuldet, muss man zu ihm ins Büro gehen. Ich konnte nicht sagen: „Nein, kommen Sie lieber in mein Büro." Deshalb sagte der barbarische Banker: „Kommen Sie doch am Montagmorgen um neun in mein Büro. Dann sehen wir, ob wir etwas ausarbeiten können." Ich sagte: „Sehr gern." Am Montagmorgen ging ich zu ihm ins Büro und nach fünf Minuten hatten wir einen großartigen Deal ausgearbeitet.
Deshalb glaube ich an die Aussage von Gary Player: „Je mehr ich arbeite, umso mehr Glück habe ich." Ich wollte an jenem Abend eigentlich nicht ausgehen. Ich wollte zu Hause bleiben. Ich wollte mich entspannen. Ich wollte fernsehen. Ich wollte es locker nehmen. Ich wollte alles andere, als mit den Bankern zusammenzusitzen. Dann war ich aber doch ausgegangen und saß neben diesem schwierigen Mann. Wenn ich an jenem Abend nicht weggegangen wäre, befände ich mich wahrscheinlich nicht in der Situation, in der ich jetzt bin. Wahrscheinlich würde es mir genauso wenig gut gehen wie den vielen anderen, die Bankrott gemacht und ihr Unternehmen geschlossen haben.

Wenn ich nicht zu dem Bankett gegangen wäre, hätte diese Bank versucht mich zu vernichten (auch wenn ich sie hart getroffen hätte) und ich könnte Ihnen diese Geschichte nicht erzählen.
Es ist mir redlich schwer gefallen, zu diesem Bankertreffen zu gehen. Das war nicht so, wie wenn man ausgeht, um nett zu essen und sich zu amüsieren; das war Arbeit. Dieser Abschnitt meines Lebens war hart für mich, aber am Ende hat alles geklappt, weil ich meine Arbeit gemacht habe; dann hatte ich großes Glück und habe einen unglaublichen Deal ausgearbeitet.
Es stimmt, dass manche Menschen mehr Glück haben als andere. Ich habe daran keinen Zweifel. Mit harter Arbeit und Intelligenz kann man zu seinem Glück beitragen und dafür sorgen, dass gewisse Dinge passieren. Man kann mehr Glück erfahren. Schon viele Menschen haben es geschafft, eine schlechte Situation oder eine unglückliche Situation durch harte Arbeit herumzureißen.
Ich habe angefangen, in New York gemischte Hotel- und Eigentumswohnanlagen zu bauen. Ich habe mit dieser Strategie großen Erfolg. Als ich in Las Vegas den Trump International Hotel & Tower baute, wusste ich zwar, dass Las Vegas ein heißer Markt ist, aber ich war dann doch überrascht, dass der Turm schon komplett vermietet war, bevor er überhaupt gebaut war. Ich hatte bei diesem Projekt großes Glück und perfektes Timing. Außerdem gewann ich auch bei diesem Projekt einen großartigen Freund, Phil Ruffin, der ein Vermögen gemacht hat und wirklich großartige Instinkte besitzt.
Das Glück kommt nicht oft zu einem. Nutzen Sie es deshalb voll aus, wenn es zu Ihnen kommt, auch wenn das harte Arbeit bedeutet. Wenn Sie das Glück auf Ihrer Seite haben, ist nicht der richtige Moment, bescheiden oder schüchtern zu sein. Dann ist es Zeit, den größten Erfolg anzustreben, den Sie erreichen können. Das ist gemeint mit „klotzen".

DAS GLÜCK KOMMT, WENN GELEGENHEIT UND VORBEREITUNG SICH TREFFEN

Die letzten Jahre meines Lebens waren gelinde gesagt sehr aktiv. Das Tempo eskaliert in enorme Dimensionen. Ich liebe das. Das ist zwar äußerst anstrengend, aber auch sehr erfüllend und aufregend. Harte Arbeit ist mir nicht fremd. Ich mache das schon mein Leben lang. Deshalb habe ich mich daran gewöhnt, bei allem, was ich tue, mit Erfolg zu rechnen. Manche Menschen sagen, ich hätte Glück, aber ich weiß es besser. Wie Gary Player gesagt hat, das hat viel mit Arbeit zu tun. Viele Menschen sehen sich erfolgreiche Menschen an und sehen dabei nur das Endergebnis. Die ganze Arbeit, die in den Weg dorthin gesteckt wurde, sehen sie nicht. Dann schreiben sie den gesamten Erfolg dem Glück zu. Ich sehe das so: Ich sage: „Ja schon, sie hatten Glück; sie hatten das Glück, dass sie so schlau waren, hart zu arbeiten."

Als *The Apprentice* ein großer Hit wurde, dachten zum Beispiel alle, ich hätte Glück gehabt, aber ich konnte für die Szenen im Vorstandszimmer ja von mehr als 30 Jahren Erfahrung zehren. Ich wirkte wie jemand, der weiß, was er tut, weil ich das selbst erlebt habe. *The Apprentice* bietet den Menschen einen echten Geschmack vom Inneren eines hochkarätigen New Yorker Unternehmens, und das zieht viele Menschen an. Im Fernsehen aufzutreten war neu für mich, aber der Rest war mir nicht wirklich neu. Geschäft ist Geschäft, ob es nun gefilmt wird oder nicht.

Ich habe viele Bücher geschrieben und in letzter Zeit kommt es mir so vor, als würde ich immer ein Buch schreiben. Ich verbringe bis zu sieben oder acht Monate damit, Notizen zusammenzustellen, Artikel zu sammeln, Geschichten und Ideen zu diktieren, bevor ich überhaupt anfange zu schreiben.

Dann kommt das Schreiben und Redigieren. Es kostet viel Zeit, Mühe, Geduld und Ausdauer, ein fertiges Manuskript zu erstellen, aber wenn ich die ersten gedruckten Exemplare aus der Presse kommen sehe, empfinde ich eine Welle der Befriedigung über die geleistete gute Arbeit. Die Leser sehen den Schweiß und die Kraft, die in ein Buch fließen, überhaupt nicht, aber Bücher erscheinen nicht einfach aus dem Nichts.

Während ich dabei war, eines meiner Bücher zu schreiben, erwachte mein Interesse für den Ursprung der neuen „gib mir"-Haltung, die offensichtlich dieses Land überrollt. Ich glaube, dass das Ende der 1980er-Jahre mit dem Erscheinen der neuen Ethik der sofortigen Belohnung der „Ich"-Generation angefangen hat. Junge Menschen, die frisch vom College kamen, erwarteten, dass sie sofort erfolgreich wären. Angespornt durch die Technologieblase und den boomenden Aktienmarkt hielt sich diese Mentalität bis in die 1990er-Jahre.

Menschen unter 30 kündigten ihren Job, gingen zu frisch gegründeten Technologieunternehmen und wurden buchstäblich über Nacht Multimillionäre oder Milliardäre. Die alte Vorstellung, dass man für den Erfolg lange und hart arbeiten muss, wurde durch eine Einstellung nach dem Motto „ich will alles, und zwar sofort" ersetzt. Die Sport-Superstars, die Filmstars und die Rockstars auf MTV, die ungeheuer viel Geld verdienen, obwohl manche noch Teenager sind, zementieren diesen Trend in die amerikanische Psyche.

Jetzt meint jeder, er müsste haben, was diese sehr wenigen Menschen haben. Die allgemeine Öffentlichkeit wird mit Medienstories über den leichten Erfolg bombardiert und meint, ihr müsste es auch so gehen. In Wirklichkeit ist diese Art des Erfolges aber selten, er passiert nur wenigen Menschen und er kommt fast nie über Nacht. Nicht jeder kann wie Sergey Brin oder Jerry Yang sein, die Gründer von Yahoo!

Die Medien zeigen eine verzerrte Wirklichkeit, und deshalb bekommen Menschen, die lange Jahre mit harter Arbeit um den Erfolg kämpfen, das seltsame Gefühl, sie wären irgendwie übergangen worden. Sie haben das Gefühl, dass ihnen die Welt etwas schuldet. Aber das wirkliche Leben funktioniert so nicht. Es gibt keine Garantie, dass irgendjemand reich und erfolgreich wird. Niemand schuldet einem etwas. Man muss mit den Füßen auf dem Boden stehen und begreifen, dass man sich den Weg zum Erfolg selbst ebnen muss, indem man hart und gründlich arbeitet. Einen anderen Weg gibt es nicht.

Sicher spielt Glück im großen Plan der Dinge eine Rolle. Das ist keine Frage, aber man kann das Glück nicht beherrschen. Man kann nur sehen, was man in der Hand hat, und das bis zum Anschlag ausreizen! Ignorieren Sie, was Ihnen fehlt. Wenn Sie bei dem Negativen verweilen, ist schon alles vorbei. Dann hat das Glück keine Chance, in Ihrem Leben zu erscheinen. Erinnern Sie sich, dass es viele Menschen trotz ihrer Schwächen geschafft haben. Es ist sehr wichtig, dass Sie wissen, was Sie selbst für sich haben wollen, und nicht, was andere Menschen für Sie haben wollen. Entscheiden Sie selbst, was das Beste für Sie ist.

TRAUEN SIE SICH UND PROBIEREN SIE ES

Ständig hart zu arbeiten bedeutet nicht, dass man völlig in Routine verfällt. Seien Sie offen für neue Ideen und bereit, Neues auszuprobieren. Was wäre gewesen, wenn ich auf die Frage, ob ich den Markennamen „Trump“ für andere Produkte als Gebäude benutzen wollte, gesagt hätte, „Ich will meinen Namen nicht hergeben“? Mir wurden mehrere Möglichkeiten angeboten, meinen Namen für viele Produkte herzugeben, und da ich bereit war, neue Dinge auszuprobieren, steht jetzt der Name Trump auf Anzügen höchster Qualität, auf Krawatten, Hemden, Wodka, Steaks und so weiter. Ich war stolz darauf, mich hinter diese Produkte zu stellen, und sie sind erfolgreich. Wenn ich nicht bereit wäre, Neues auszuprobieren, gäbe es diese Dinge nicht.

Als sich mir die Möglichkeit bot, meinen ersten Golfplatz zu bauen, musste ich sorgfältig darüber nachdenken. Etwas zu bauen, was ich noch nie gebaut hatte, war eine aufregende Gelegenheit. Das war eine Chance, meine Muskeln spielen zu lassen und etwas Neues zu schaffen, das sowohl funktional als auch Ehrfurcht gebietend war. Ich zögerte, weil das für mich Neuland war und weil ich viel lernen musste.

Ich beschloss es zu machen. Ein paar Menschen fragten mich, warum ich es auf mich nahm, Golfplätze zu bauen. Ich brauchte weder die Arbeit noch das Geld. Ich hatte massenhaft andere Projekte, von denen ich wusste, dass ich sie machen konnte und für die ich mir nicht die Mühe machen müsste, etwas Neues zu lernen.

An dem Punkt, den ich im Leben erreicht habe, kann ich mir den Luxus leisten, zu arbeiten, was immer ich will. Ich habe beschlossen, Golfplätze zu bauen, weil ich Golf liebe, und ich wollte spektakuläre Golfplätze schaffen. Ich musste das nicht tun, aber ich wollte es tun. Für mich war das ein großartiger Grund. Es stellte sich heraus, dass es mir großen Spaß machte, Golfplätze zu bauen, und es hat sich auch finanziell sehr für mich gelohnt. Das wäre nie passiert, wenn ich nicht offen für neue Erfahrungen gewesen wäre.

Das Gleiche erlebte ich, als ich mit *The Apprentice* anfing. Ich wusste überhaupt nichts über das Fernsehen, nur dass Sendungen wie Larry King, Bill O'Reilly und viele andere hohe Einschaltquoten bekamen, wenn sie mich einluden – ein dicker

Pluspunkt. Das war für mich vollkommenes Neuland, aber ich war bereit, einen Versuch zu wagen. Ich tauchte in das Projekt ein und entdeckte, dass es mir wirklich Spaß machte, neue interessante Möglichkeiten zu finden, wie man die Sendung aufregender und für die Zuschauer attraktiver machen konnte. Ich hatte das am Anfang überhaupt nicht erwartet, aber am Ende wurde ich zum Star einer Monster-Fernsehserie. *The Apprentice* hatte bei null angefangen und wurde ein großer Erfolg; 41,5 Millionen Menschen sahen das Finale.

The Apprentice war ein Riesenhit. Warum? Weil ich es mit etwas völlig Neuem probiert habe. In Wirklichkeit war das kein großes Risiko. Ich habe dabei nicht mein gesamtes Vermögen riskiert. Ein paar sehr schlaue Leute sagten, wenn das nicht klappen würde, dann wäre das ein gewaltiger Schlag für mein Image. Ich sagte: „Mein Image ist so irre schlecht, was zum Teufel macht das denn dann für einen Unterschied?"

Ich kann gar nicht genug betonen, wie wichtig es ist, dass man etwas Neues ausprobiert. Vor Kurzem lud mich mein Freund Vince McMahon ein, bei einer riesigen WWE WrestleMania-Veranstaltung namens „Battle of the Billionaires" [„Kampf der Milliardäre"] mitzumachen. Ich schaue mir Wrestling zwar gern an, aber ich hatte nie daran gedacht, mitzumachen; das passte eigentlich überhaupt nicht zu mir. Ich sagte: „Zum Teufel. Warum probiere ich das nicht einfach? Was habe ich denn zu verlieren?" Also wagte ich es und sagte Vince, ich würde es machen. Vince McMahon ist ein toller Bursche und er stellt unglaubliche Shows auf die Beine.

Die Rekordanzahl von 82.000 Menschen füllte das Footballstadion, in dem die Detroit Lions spielen, um den „Kampf der Milliardäre" zu sehen.

Vince und ich wählten Wrestler aus, die uns im Ring vertreten sollten. Wenn mein Mann verlor, sollte mir Vince vor 82.000

kreischenden Fans den Kopf rasieren. Wenn sein Mann verlor, sollte ich ihm den Kopf rasieren. Vince suchte sich einen 180 Kilo schweren Samoaner namens Umaga aus. Ich wählte Bobby Lashley, 140 Kilo solide Muskeln. Der Kampf war großartig und die beiden Wrestler brachten vollen Einsatz. Ich konnte es gar nicht abwarten, dass mein Mann gewann und ich Vince festnageln und ihm den Kopf scheren konnte. Am Schluss rasierte ich Vince den Kopf – vor all den Menschen im Stadion und vor den Millionen Zuschauern zu Hause. Ich rannte ihm nach, griff ihn mir und schlug ihm mehrmals an den Kopf. Dann kam ein Wrestler her und hielt ihn fest, während ich ihm die Haare abrasierte. Und dann, als ich überhaupt nicht damit rechnete, kam Stone Cold Steve Austin und versetzte mir einen kräftigen Schlag, nur damit wir quitt waren. Das war alles sehr spaßig. Ich hatte meinen Spaß und Vince brach alle Zuschauerrekorde – live und im Fernsehen.

Vince und seine Crew leisteten dabei Unglaubliches. Sogar die *New York Times* brachte einen größeren Beitrag darüber, dass die Veranstaltung so erfolgreich gewesen war. Ich bin froh, dass ich das ausprobiert habe und etwas gemacht habe, das für mich aus dem Rahmen fällt. Glücklicherweise zahlte sich das Risiko auch extrem gut aus. Das Event machte viel Wirbel, und vor allen Dingen durfte ich meine Haare behalten.

Wenn man sich auf seine Karriere konzentriert, kann man leicht in dumpfe Routine verfallen, sodass man sich nicht erlaubt, neue Dinge auszuprobieren. Nach einer Weile stecken wir derart in der Routine fest, dass wir uns davor fürchten, Neues auszuprobieren. Lassen Sie nicht zu, dass Ihnen das passiert. Seien Sie bereit, Ihren Komfortbereich zu verlassen und Dinge zu tun, die Sie noch nie zuvor getan haben. Das bietet Ihnen einen neuen Blickwinkel auf das Leben, der sich auf alles auswirkt, was Sie tun. Die Erfahrungen, die ich mit dem

Bau von Golfplätzen und der Beteiligung an einer Fernsehserie gemacht habe, haben mir eine neue Welt eröffnet; das hat mir neue Herausforderungen und neue Chancen gegeben, meine Intelligenz und meine Kreativität auf verschiedene Arten einzusetzen.

Seien Sie immer für neue Ideen, Informationen und Gelegenheiten offen. Verschließen Sie Ihren Geist nicht vor neuen Dingen, weil Sie meinen, Sie wüssten schon alles, was Sie wissen müssen. Die Welt verändert sich schnell und wenn man erfolgreich sein will, muss man mit den Dingen Schritt halten. Wenn man sich angesichts neuer Entdeckungen und Gelegenheiten Scheuklappen aufsetzt, ist man ganz einfach dumm. Als ich als Unternehmer anfing, war ich vor allem deshalb erfolgreich, weil ich aufmerksam auf neue Ideen und versteckte Chancen achtete.

Aufmerksamkeit und Offenheit haben mir die besten Deals und das meiste Geld verschafft. Ich hätte das niemals geschafft, wenn ich die Augen vor dem Geschehen um mich her verschlossen hätte. Ich wäre schon am Ende gewesen, bevor ich angefangen hatte. Machen Sie diesen Fehler nicht. Jedes Geschäft hält Überraschungen und unter der Oberfläche verborgene Gefahren bereit – und kaum bekannte Gelegenheiten, die zum großen Erfolg führen können.

Ich lese jeden Morgen als Erstes verschiedene Zeitungen. Ich lese ohne bestimmtes Ziel, nur um meinen Wissensdurst zu befriedigen. Ich lese über viele verschiedene Themen, nicht nur über Wirtschaft, weil es einfach Spaß macht, neue interessante Dinge zu erfahren. Das ist eine fantastische Art, den Tag zu beginnen. Wenn ich etwas lerne, fühle ich mich gut, lebendig und voller Energie. Dann will ich noch mehr lernen. Deshalb ist mir nie langweilig und ich glaube, das ist ein wichtiger Grund für meinen Erfolg.

Und Sie können noch etwas tun, nämlich positiv denken und mit dem Besten rechnen. Meine positive Einstellung hat mir schon viel Glück gebracht. Ganz am Anfang meiner Karriere, als ich versuchte, den riesigen verlassenen Gleishof von Penn Central an der West Side von Manhattan zu kaufen, war ich neu in der Stadt. Ich hatte kein Geld, keine Mitarbeiter und keine Kontakte. Die Stadt steckte mitten in einer Finanzkrise, aber ich war optimistisch und enthusiastisch. Da ich so jung war, konnte ich die Banken nicht mit meiner Erfahrung oder mit meinen bisherigen Leistungen gewinnen, also gewann ich sie mit meinem Enthusiasmus.

Positiv denken ist wichtig. Negatives Denken – vor allem im Hinblick auf sich selbst und seine Erfolgsaussichten – macht die Konzentration zunichte und vernichtet jegliche Chance auf Erfolg. Ich spiele Golf und ich habe festgestellt, dass die besten Golfspieler diejenigen sind, die am besten positiv denken können. Es geht nicht darum, wie weit oder wie gerade man den Ball schlagen kann – Golf ist in Wirklichkeit kein physisches, sondern ein mentales Spiel. Die besten Golfer sind geistig gefestigt. Golf ist so angelegt, dass die geistige Festigkeit unter widrigsten Bedingungen auf die Probe gestellt wird. Da gibt es Bäume, Roughs, Sandbunker, Wasserhindernisse und Doglegs, die einen einschüchtern und die geistige Konzentration stören. Lernen Sie also, Ihren Geist zu steuern. Lassen Sie sich von einer Situation nicht zu negativem Denken verleiten; manchmal wird Ihnen das nicht gelingen, aber dabei lernen Sie etwas für das nächste Mal. Immer wenn ein negativer Gedanke aufkommt, schießen Sie ihn ab. Ersetzen Sie ihn durch einen positiven Gedanken. Das kostet Energie, aber das Ergebnis ist Zähigkeit – positive Zähigkeit, eine unentbehrliche Zutat für den Erfolg.

Geben Sie der Wut nicht nach. Viele Menschen meinen, ich sei ein wütender Mensch. Aber das stimmt gar nicht. Ich bin hart und fordernd, aber ich verliere nie die Beherrschung. Natürlich muss man knallhart sein, aber unkontrollierte Wut ist keine Härte, sondern Schwäche. Sie zerstört die Konzentration auf Ihre Ziele.

Wenn ich Wut empfinde, lasse ich sie nicht heraus, sondern kanalisiere die Energie in Aktivitäten. Ich arbeite härter, konzentriere mich besser oder ich nehme meine Willenskraft und meine Entschlusskraft zusammen, um ein schwieriges Problem zu bewältigen – anstatt einen Wutanfall zu bekommen. Manchmal setze ich Wut kontrolliert ein, um bei Verhandlungen etwas klarzustellen. In solchen Situationen benutze ich die Wut als Effekt zur Förderung meiner Ziele. Der konstruktive Einsatz von Wut ist eine weitere Form der geistigen Zähigkeit, die man für den Erfolg braucht. Wenn Sie versucht sind, Dampf abzulassen, sollten Sie den Dampf in Dinge leiten, die Sie wollen.

Positives Denken ist nicht einfach nur Wunschdenken. Es geht vielmehr darum, ein optimistisches Gefühl in alles zu legen, was Sie tun, aber gleichzeitig das Negative anzuerkennen. Der ehemalige britische Premierminister Winston Churchill hatte diesen Optimismus auch als das Überleben Englands ernsthaft bedroht war. Auch Präsident Reagan war mitten in einem Furcht erregenden kalten Krieg, der die Welt in einer kurzen Laune hätte in Stücke sprengen können, sonniger Optimist. Reagan kannte die Gefahren, aber er blieb positiv; er triumphierte und hinterließ ein großes Vermächtnis. Lernen Sie, auch im Angesicht großer, einschüchternder Schwierigkeiten optimistisch zu sein; das wird Ihr Leben umkrempeln.

Mein fest verwurzelter Optimismus brachte mich zu *The Apprentice*. Als ich gefragt wurde, ob ich die Sendung machen wollte, sagte ich nicht automatisch nein. Ich hatte schon Angebote für unternehmensbezogene Reality-Shows abgelehnt, aber dieses zog ich aus Optimismus in Betracht. Als ich die Idee hörte, war ich optimistisch, dass die Serie ein Erfolg werden könnte. Das war die erste Fernseh-Idee, die mich je begeistert hat.

Ich wusste, dass *The Apprentice* ein Risiko war. Alle sagten mir, dass „die meisten neuen Serien durchfallen", oder dass „Reality TV auf dem absteigenden Ast" ist oder dass „du deine Glaubwürdigkeit verlierst". Ich dachte sorgfältig darüber nach und wägte die Risiken ab, indem ich „was, wenn"-Fragen stellte. Was, wenn es ein Erfolg wurde? Was, wenn es mir Spaß machte? Was, wenn das Erkenntnisse brachte? Was, wenn es der Trump Organization noch mehr von der Anerkennung brachte, die sie verdiente? Was, wenn sich der Job, den der Sieger bekam, als wertvolles Sprungbrett für eine Person erwies, die das verdient hatte?

Am Ende dieses Denkprozesses hatte ich neben den negativen Punkten eine lange Liste von positiven Punkten. Deshalb beschloss ich es zu machen; es wurde ein großer Erfolg und alle positiven Punkte wurden wahr. Wenn ich mich nur auf die negativen Punkte konzentriert hätte, dann hätte ich das nie gemacht und ich hätte die Belohnungen dafür nicht genießen können. Aber ich entschied mich für eine positive Sichtweise.

In sehr jungen Jahren habe ich *Die Kraft positiven Denkens* von dem großen Redner und Priester Dr. Norman Vincent Peale gelesen. Soeben ist ein populäres Buch mit dem Titel *The Secret – das Geheimnis* erschienen, das in die gleiche Richtung geht: positives Denken. Es steht auf Platz 1 der Bestsellerlisten. Einige Experten, die in *The Secret* zitiert werden, halten ebenso wie ich Vorträge bei den Wealth Expos von The Learning Annex. Ich glaube fest an die Kraft des positiven Denkens.

Die Lehren aus *Die Kraft positiven Denkens* haben sich bei mir so richtig festgesetzt. Bei jedem Deal, den ich mache, ist es meine Hauptaufgabe, positiv zu sein, auch wenn alle anderen negativ und trübselig sind. Als ich in den 1970er-Jahren eine Kaufoption auf die Grundstücke von Penn Central an der West Side erwarb, war die ganze Stadt trübselig. Die Schlagzeilen in den Zeitungen sprachen täglich von Bankrotten und finanziellen Zusammenbrüchen aller Art. Niemand wusste, ob die Stadt überhaupt überleben würde. Ich blieb positiv gestimmt; ich ging in der Stadt herum, redete mit Menschen und überzeugte sie davon, positiv zu sein – Banker, Leute von der Stadtverwaltung, Architekten und Bauunternehmer. Ich gab ihnen die Hoffnung, dass am Ende alles klappen würde. Als Bauträger ist das mein Job.

DIE KRAFT DES NEGATIVEN DENKENS

Ich glaube auch an die Macht des negativen Denkens. Manchmal muss man auch negativ denken. Das ist, als würde man eine Wache aufstellen. Man muss sich gegen die ganzen negativen Kräfte in der Welt schützen. Ob es einem gefällt oder nicht, es gibt Kriege, Tsunamis, Hurrikans, Tornados und schlechte Menschen. Deshalb praktiziere ich die Kraft des positiven Denkens und tue alles, was ich vernünftigerweise tun kann, um mich vor den schlechten Dingen zu schützen.

Hier nun ein Beispiel für mein negatives Denken: Als ich Penn Central das Commodore Hotel abkaufte, war ich nicht naiv. Ich wusste, dass das mit Risiken verbunden war. Wenn ich scheiterte, würde mich der Deal geschäftlich ins Grab bringen. Ich versuchte von Anfang an, meine Risiken und meinen finanziellen Aufwand möglichst gering zu halten. Ich dachte nicht so sehr positiv, dass ich mich unnötigen Gefahren aussetzte. Ich machte alle, die an dem Deal beteiligt waren – die Banker, Penn Central und die Stadt – glauben, ich sei die beste Chance, die sie hatten, das alte baufällige Gebäude zu renovieren und das gesamte Viertel wieder zu beleben, ohne dass ich dabei konkretes Geld riskieren musste.

Schließlich machten wir den Deal, dass ich das Vorkaufsrecht auf das Objekt zum Preis von zehn Millionen Dollar unter der Bedingung bekam, dass die Stadt einen Steuernachlass gewährte, dass ich eine Finanzierung fand und dass ich ein Betreiberunternehmen für das Hotel fand. Das Vorkaufsrecht kostete 250.000 Dollar. Ich hatte aber keine 250.000 Dollar, die ich bei diesem Geschäft riskieren wollte. Ich setzte den Vertrag auf, ohne um die 250.000 Dollar zu feilschen. Stattdessen ließ ich meine Anwälte viele juristische Punkte finden, über die man hin und her streiten konnte, und währenddessen kümmerte ich mich fleißig darum, den Rest des Deals zusammenzubekommen. Seien Sie positiv, aber lehnen Sie sich nicht für Luftschlösser aus dem Fenster, aus denen etwas werden kann oder auch nicht.

Eine wahrhaft positive geistige Haltung kann man nur haben, wenn man sein Handwerk beherrscht und wenn man auf alle Eventualitäten vorbereitet ist, sowohl positive als auch negative. Man kann seine positive geistige Einstellung massiv stärken, wenn man gründlich vorbereitet ist. Man kann weder in der Geschäfts- noch in der Finanzwelt, im Immobiliengeschäft, im Management, in der Medizin oder in der Wissenschaft erwarten, dass man in 100 Prozent der Fälle Erfolg hat. Wenn man nicht auf ein negatives Ergebnis gefasst ist, auf kleinere Rückschläge, auf eine ausgebliebene Beförderung oder einen gescheiterten Deal, erzeugt diese Erfahrung unnötig viel Verwirrung und Zweifel. Beides ist für die Schaffung des eigenen

Glücks wichtig – die positive geistige Haltung und die richtige Arbeitseinstellung, aber man darf sich nicht ausschließlich darauf verlassen.

Im richtigen Leben ist es eben so, dass nicht alle Deals zum Abschluss kommen, dass man nicht immer einen neuen Mandanten bekommt, dass man den Prozess nicht immer gewinnt, dass man nicht immer befördert wird, dass die Patienten nicht immer gesund werden und dass die Menschen, mit denen man zu tun hat, nicht immer ehrlich sind. Es gibt immer Umstände, die außerhalb Ihrer Kontrolle liegen. Dagegen, dass die Zuversicht erschüttert wird, kann man sich nur wehren, wenn man der harten Realität ins Auge blickt, dass negative Dinge passieren können und auch wirklich passieren. Verlassen Sie sich drauf. Seien Sie darauf gefasst. Begreifen Sie, dass das Leben eben so ist und dass das nichts mit Ihnen oder Ihren mangelnden Fähigkeiten zu tun hat. Lassen Sie Ihr Selbstvertrauen auch nicht um ein Jota erschüttern!

DAS MEINT ZANKER

Im Jahre 1982 schubste ein erstaunlich glückliches Schicksal The Learning Annex so richtig schnell in die Oberliga. Am 11. März 1982 stellte ich fest, dass sich der 100.000ste Student bei The Learning Annex eingeschrieben hatte. Ich wollte diesen bedeutenden Anlass damit feiern, dass ich 10.000 Ein-Dollar-Scheine vom Empire State Building herunterwarf. Das war meine Art, der Gemeinschaft etwas zurückzugeben und ein bisschen dringend benötigte Publicity zu bekommen. Obwohl wir schwer unterkapitalisiert waren, entschied ich mich für das große Wagnis. Meine Kollegen und ich holten 10.000 Ein-Dollar-Scheine von der Bank und klebten auf jeden Schein ein Etikett mit der Aufschrift: „The Learning Annex liebt New York."

Dann sagten wir allen Nachrichtenmedien und Fernsehsendern, dass wir am Freitag, dem 12. März, ab 13 Uhr 10.000 Dollar vom Empire State Building werfen würden. Die Geschichte gefiel ihnen sehr gut und sie informierten ganz New York von dieser unglaublichen Möglichkeit, ein bisschen Geld umsonst zu bekommen. Das erregte allseits Aufmerksamkeit. Also stopften wir die 10.000 Dollarscheine am Donnerstagnachmittag in zwei riesengroße Müllsäcke und wanderten am nächsten Tag damit zum Empire State Building, um die ganze Bescherung auszuschütten. Die Stadt hatte die 34th Street gesperrt und tausende Menschen waren gekommen, um Geld einzusammeln, dazu noch Fernsehteams, Reporter, Fotografen und eine Schwadron Polizisten, die für Ordnung sorgen sollten.

Aber 30 Minuten bevor wir beim Empire State Building ankamen, beschlossen zwei Männer, die Filiale von Bankers Trust im Erdgeschoss des Gebäudes auszurauben. Die beiden Männer gingen in die Bank, überwältigten den Schalterbeamten, schaufelten einen Haufen Geld in Müllsäcke und flohen. Als sie aus der Bank kamen, wurden sie von einem verblüffenden Spektakel empfangen: tausende von Schaulustigen, Kamerateams, Reporter, Polizeibeamte und Kaufhausdetektive. Die Männer rannten durch die Menge, während sie von einem Wachangestellten der Bank verfolgt wurden und mehrere Polizeibeamte in Zivil riefen: „Überfall! Überfall!" Beide Tatverdächtige wurden schnell gefasst und festgenommen.

Dann kamen wir mit unseren zwei Müllsäcken voller Geld. Wir kamen in die Lobby des Gebäudes, aber die Behörden ließen uns nicht zum Aufzug und wollten nicht, dass wir unsere kostbare Last wegwarfen. Ich versuchte, mit ihnen zu diskutieren und sagte: „Meines Wissens ist das kein Verbrechen." Sie ließen sich nicht erweichen. Da liefen wir also mit zwei riesigen Geldsäcken über den Köpfen in der überfüllten Lobby herum und die Menschen drängten von allen Seiten heran, weil sie etwas davon haben wollten. Das machte uns richtig Angst. Ich kam gar nicht dazu, das Geld zu werfen. Wir wurden zu unserer Sicherheit in einem Streifenwagen weggebracht.

Diese merkwürdige Wendung der Ereignisse wurde zum größten Wendepunkt meiner Karriere. Am nächsten Tag stand die sonderbare Geschichte auf der Titelseite der *New York Times* und tausender anderer Zeitungen in der ganzen Welt. Ich wurde zu allen möglichen Talkshows eingeladen und The Learning Annex bekam dadurch enorm viel Publicity. Das war ein erstaunliches Glück. Ich hatte ja damit gerechnet, dass wir ein bisschen Publicity bekommen würden, wenn wir das Geld von dem Hochhaus herunterwarfen, aber mit einer großen Titelstory hatte ich überhaupt nicht gerechnet. Weil der Bankraub zur gleichen Zeit wie unser geplanter Streich stattgefunden hatte, bekam The Learning Annex dank dieser Geschichte unglaublich viel Publicity und hob buchstäblich über Nacht ab; so bekam ich den Cashflow, den ich damals so dringend brauchte.

Glück kann in Form des richtigen Zeitpunkts kommen. Gleich nachdem ich Donald Trump für die erste Wealth Expo bekommen hatte, wurde auf NBC die erste Staffel von *The Apprentice* ausgestrahlt. Die Publicity um die Show war phänomenal! Die Einschaltquoten gingen durch die Decke und alle sprachen darüber, dass Donald Trump die berüchtigten Worte ausgesprochen hatte: „Sie sind gefeuert!" Donald Trump war in aller Munde und so ziemlich in jedem Büro unterhielt man sich am Wasserkühler über ihn. Auch die Zahl der Menschen, die „The Donald" auf der ersten Expo leibhaftig sehen wollten, ging durch die Decke. Das war offensichtlich tolles Timing und großes Glück.

Aber der wichtigste Punkt ist folgender: Ich habe das Glück, das sich mir bot, beim Schopf gepackt. Man bekommt vielleicht nur eine oder zwei solche glücklichen Schübe im Leben und dann muss man sie beim Schopf packen. Die erste Wealth Expo war ein großer Erfolg. Trotzdem rieten mir viele Menschen, es dabei zu belassen. Wir hatten doch viel Geld verdient, warum also noch eine Expo veranstalten und den ganzen Gewinn riskieren, den wir erzielt hatten? Warum hören wir nicht an diesem Punkt auf?

Aber ich wusste aus Erfahrung: Wenn man eine Glückssträhne hat, soll man sie weiter führen. Ich beschloss sofort, 20 weitere Expos in allen großen Städten Amerikas zu machen.

Auf ähnliche Art hat Steve Jobs seine Arbeit in erstaunliches Glück verwandelt. Er war motiviert, den ersten Personal Computer zu bauen und wollte ihn genauso an jedermann verkaufen wie Motorola Fernseher verkaufte. Er tat sich mit seinem Partner Steve Wozniak zusammen, und er verkaufte für 1.350 Dollar seinen VW-Bus und seinen programmierbaren HP-Taschenrechner. Mit diesem

Geld arbeitete Jobs Tag und Nacht am Bau des ersten Apple-Computers. Indem er diese erstaunliche Herausforderung annahm, verwandelte er sich vom College-Abbrecher in den Mann, der den Boom des Personal Computers gestartet hat und der unser aller Leben verändert hat.

Suchen Sie sich etwas, das Sie dazu reizt, sich über Ihre normalen Grenzen hinaus anzustrengen. Dann müssen Sie täglich an der Verbesserung Ihrer Fähigkeiten arbeiten und dürfen niemals aufgeben. Es ist in fast allen Bereichen so, dass die Menschen am Anfang schnell lernen, aber nach einer gewissen Zeit damit aufhören. Nur wenige Menschen verbessern sich jahre- und jahrzehntelang weiter; solche Menschen bezeichnen wir als groß. Winston Churchill war einer der größten Redner des 20. Jahrhunderts. Die Menschen meinen, das sei eine angeborene Begabung gewesen. Aber die Wahrheit ist, dass er seine Reden immer und immer wieder geprobt hat, bis sie richtig saßen. Bobby Fischer wurde im Alter von 16 Jahren Schachgroßmeister. Ein Wunderkind? Wohl kaum. Fischer hatte neun Jahre lang intensiv geübt, bevor er den Titel gewann.

Tiger Woods wurde mit 18 Jahren zum jüngsten Gewinner der US-Amateurmeisterschaft. Er hatte volle 15 Jahre dafür geübt. Nutzen Sie Ihre Arbeit als Übung. Versuchen Sie immer, Ihre Leistung zu verbessern. Geben Sie sich nicht damit zufrieden, einfach nur Ihre Arbeit zu erledigen; streben Sie Verbesserungen an. Wenn Sie Webdesigner sind, werden Sie mit jedem Projekt kreativer. Das Gleiche gilt für Ingenieure, Buchhalter, Unternehmensberater, Anwälte, Lehrer, Ärzte, Psychologen, Investoren, Dichter, Musiker, Bauträger und Unternehmer. Nutzen Sie Ihre Arbeit, um besser zu werden. Das wird bemerkt. Machen Sie jeden Tag zu einem außergewöhnlichen Tag, egal was Sie für einen Job haben.

Die Arbeit ist schon ohne zusätzliche Anstrengungen schwer genug. Die meisten Menschen machen ihre Arbeit, als wären sie ferngesteuert. Es ist ja nur Arbeit. Aber wenn Sie versuchen, jeden Tag Stolz in Ihre Arbeit zu legen und immer besser zu werden, sind Sie darin irgendwann großartig und werden bemerkt. Dann werden alle sagen, Sie hätten Glück gehabt.

KURZ UND BÜNDIG

Manche Menschen haben von Natur aus mehr Glück als andere, das stimmt. Menschen, die Glück haben, werden mit wohlhabenden Eltern, gutem Schulangebot und guten Beziehungen geboren, die ihnen gegenüber uns anderen einen Vorsprung verschaffen. Die meisten supererfolgreichen Menschen, die ich kenne, haben sich ihr Glück allerdings hart erarbeitet. Vergessen Sie nicht: „Je mehr ich arbeite, umso mehr Glück habe ich." Ich bin in meiner dunkelsten Stunde zu dem Banker-Essen in Manhattan gegangen. Dieses eine Ereignis hat den Verlauf meines Lebens verändert. Wenn ich nicht zu diesem Essen gegangen wäre, würde ich dieses Buch vielleicht nicht schreiben. Ich wollte absolut nicht zu dem Essen mit den Bankern gehen. Ich ging dann doch, weil das mein Job ist. Das war Arbeit, fürchterlich harte Arbeit, aber ich arbeitete wirklich hart und hatte Glück; deshalb stehe ich heute dort, wo ich stehe. Man kann sich mit harter Arbeit und Intelligenz Glück verschaffen. Sicherlich können schlimmere Dinge passieren und sie passieren auch – seien Sie auf das Schlimmste gefasst, aber wenn Sie hart arbeiten und schlau sind, kommt das Glück zu Ihnen, wenn Sie am wenigsten damit rechnen.

ZENTRALE PUNKTE

- Manche Menschen haben von Natur aus mehr Glück als andere, aber das ist nur ein kleiner Ausgangspunkt.
- Sie können Ihr eigenes Glück schaffen.
- Je härter Sie arbeiten, umso mehr Glück haben Sie.
- Die Welt schuldet Ihnen nichts;
  Sie müssen sich alles erarbeiten.
- Das Glück kommt nicht über Nacht.
- Seien Sie offen für neue Informationen und Ideen.
- Seien Sie bereit, neue Herausforderungen anzunehmen.
- Denken Sie immer positiv und rechnen Sie mit dem Besten.
- Lassen Sie sich nicht aufhalten.
- Halten Sie sich mit negativem Denken den Rücken frei.
- Bleiben Sie zuversichtlich, auch wenn etwas Schlechtes passiert. Das ist nur eine Unebenheit auf der Straße.
  Das vergeht.

Kapitel 5

Der Angst-faktor

Das Leben ist nicht leicht. Die Welt ist böse und brutal. Die Menschen sind darauf aus, Sie umzubringen; wenn nicht körperlich, dann geistig. In der Welt, in der wir täglich leben, herrscht gewöhnlich der mentale Mord. Die Menschen versuchen einen herunterzuholen, vor allem wenn man an der Spitze steht. Als ich als Kind Western schaute, fiel mir auf, dass die Cowboys immer versuchten, den schnellsten Revolverhelden zu töten. Als Kind konnte ich das überhaupt nicht verstehen. Warum sollte man sich ausgerechnet über den schnellsten Schützen hermachen?
Aber so ist es auch im richtigen Leben. Jeder will den schnellsten Schützen erschießen. Im Immobilienbereich bin ich der schnellste Schütze und alle wollen mich umbringen. Man muss wissen, wie man sich verteidigen kann. Die Menschen werden nur so zum Spaß gemein und wollen einen töten. Sogar Ihre Freunde sind darauf aus, Sie zu kriegen!

SOBALD SIE ERFOLG HABEN, FALLEN SIE ÜBER SIE HER

Ich besitze einen schönen Club in Florida namens Mar-a-Lago Club. Dort sind schon Elton John, Celine Dion und viele andere aufgetreten und so ziemlich jeder, der viel Geld hat, will dort Mitglied werden. Der Club ist ein großer Erfolg. Zu meinen

Mitgliedern gehört auch ein Immobilienmagnat aus New York. Dieser Mann hat mir vor drei Jahren Geld gegeben und ist in meinen Golfclub eingetreten. Er ist knallhart, gemein, roh und er hat ungefähr eine Millarde Dollar, was heutzutage gar nicht mehr so viel Geld ist. Er ist nicht das reichste Mitglied, aber er ist eine Milliarde schwer. Ich habe ihn immer gut behandelt. Ich habe dem Personal gesagt: „Achtet darauf, dass mein Freund einen guten Tisch bekommt." Immobilienunternehmer sind wie eine Bruderschaft. Wenn jemand in der gleichen Branche ist, kümmern wir uns um einander. Deshalb sagte ich zu meinen Mitarbeitern: „Achtet darauf, dass er gut bedient wird."

Eines Tages rief mich einer meiner Anwälte wegen eines Bürogebäude-Deals an, den ich abgeschlossen hatte. Er sagte mir, der erwähnte Bekannte, der ein vollkommen anderes Gebäude in einem vollkommen anderen Stadtteil besitzt, habe mich verklagt. Ich sagte: „Das kann nicht sein, das ist unmöglich. Ich behandle ihn sehr gut."

Ich hielt es für unmöglich, dass er mich verklagte. Er würde das niemals tun, weil er Mitglied in meinem Club ist und weil ich ihn so gut behandle. Niemand wird besser bedient. Der Anwalt beharrte darauf: „Herr Trump, ich sage Ihnen, er ist es." Ich sagte: „Auf keinen Fall, überprüfen Sie das noch einmal." Eine Stunde später rief er wieder an und sagte: „Herr Trump, das ist definitiv dieser Mann und sein Unternehmen."

Das öffnete mir die Augen über die Illusionen, die ich mir über ihn gemacht hatte, und über unsere nette Immobilienbruderschaft. Ich hätte es eigentlich wissen müssen! Dieser Mann verhieß nichts Gutes. Er war der typische, gierige, boshafte Bauträger, dem es großen Spaß machte, seine Gegner zu Tode zu schröpfen.

Er verklagte mich wegen Namensrechten. Er behauptete, der Name, den ich verwendete, könne zu Verwechslungen mit sei-

nem Gebäude führen. Als ich mich mit meinen Anwälten zusammensetzte, sagten sie: „Herr Trump, das wird viel Geld kosten." Dann rief ich diesen Mann an. Ich sagte: „Ich möchte dich etwas fragen. Kann es sein, dass du mich gerade verklagt hast?" Er sagte: „Ja, Donald, das habe ich getan." Ich fragte: „Warum?" Er sagte: „Wegen der Verwechslung." Ich sagte: „Verwechslung? Das gibt es doch nicht. Die Namen sind verschieden, die Gebäude sind verschieden und sie stehen überhaupt nicht nahe beisammen. Wie kannst du da sagen, es gäbe eine Verwechslung. Das ist doch Quatsch!" Aber so sind manche Menschen. Sie greifen einen nur aus sportlichen Gründen an, weil sie einen auf jede mögliche Weise kriegen wollen.
Mein Anwalt studierte die Situation und kam dann mit folgendem Rat zu mir: „Herr Trump, Sie gewinnen den Prozess, aber das kostet Sie eine halbe Million Dollar." Ich fragte: „Warum kostet das so viel Geld?" Der Anwalt sagte: „Wir müssen hingehen und öffentliche Umfragen durchführen, damit wir belegen können, dass die Öffentlichkeit die Gebäude nicht verwechselt. Das ist sehr teuer." Ich sagte: „Ich kann das verflixt nochmal nicht glauben!" Ich wollte eigentlich nicht so viel Geld ausgeben, aber ich dachte mir, was soll's. Ich sagte, sie sollten es so machen und gegen den Bastard kämpfen.
Meine Anwälte sagten seinen Anwälten, sie würden vor Gericht gegen ihn kämpfen. Ein paar Tage später rief mich mein Anwalt an und sagte, die Gegenpartei wolle einen Vergleich – und zwar wollte der Mann einfach auf Lebenszeit kostenlos Clubmitglied bleiben. Können Sie sich das vorstellen? Im Gegenzug dürfte ich den Namen für mein Gebäude beibehalten, er dürfte den Namen für sein Gebäude beibehalten und alle wären glücklich.
Zuerst sagte ich mir: „Ich will das auf keinen Fall, aus Prinzip nicht." Dann sagte ich: „In Ordnung, einigen wir uns."

Ich machte diesen Deal, weil ich dabei genau betrachtet eine Menge Rechtskosten sparte. Da hat der Mann mehr als eine Milliarde Dollar und will armselige 8.000 Dollar Jahresbeitrag für meinen Club sparen! 8.000 Dollar! Er war behandelt worden wie ein König und er hatte mich zu seinem Feind gemacht. Vielleicht mag er das.
Ich ließ mich auf den Handel ein, aber von jenem Tag an behandelte ich den Mann wie das letzte Stück Dreck. Erstaunlicherweise kommt er umso öfter, je schlechter ich ihn behandle. Das ist unglaublich. Eines Abends sagte ich auf einer Party im Club vor zehn Menschen zu ihm: „Du Drecksack, ich kann es nicht glauben, dass du wieder kommst." Und die anderen Leuten am Tisch fragte ich: „Wie könnt Ihr mit so einem Kerl am gleichen Tisch sitzen?" Er saß einfach da und sagte kein Wort.
Zwei Tage später kam er wieder. Er wollte sehen, ob er Eintrittskarten für ein sehr begehrtes Konzert bekam. Ich sagte den Mitarbeitern, sie sollten ihm sagen, dass wir ausverkauft waren. Wenn er zum Abendessen in den Club kommt – und das macht er oft –, bekommt er den schlechtesten Tisch in der schlechtesten Ecke. Wir behandeln ihn wie einen Hund, aber er kommt umso öfter. Das ist eine ganz unglaubliche Sache. Das ist krank. Deshalb ist das Geschäft so hart. Ich war so naiv zu glauben, er könnte auf keinen Fall so gehandelt haben. Tatsache ist jedoch, dass die Welt voller skrupelloser Menschen ist, die einen nur aus Spaß an der Freude attackieren, so wie es mein sogenannter Immobilienbruder getan hatte. Ich habe allerdings den Spieß umgedreht und es macht mir Freude, diesen Trottel zu quälen. Und das zeigt ganz einfach, dass man sich sogar vor Menschen schützen muss, die angeblich Freunde sind. Wenn jemand einen gemeinen Schuss auf Sie abgibt, feuern Sie furchtlos zurück.

Sie sollten niemals Ihre Freunde in die Pfanne hauen. Ein Beispiel: Donny Deutsch ist ein sehr guter Freund von mir. Er hat eine sehr erfolgreiche Sendung auf CNBC und er hat in der Park Avenue/59th Street eine Wohnung von mir gemietet – ein neues Gebäude, das ich aus dem Delmonico Hotel gebaut habe. Es wurde ein großer Erfolg und ist eines der begehrtesten Häuser in New York. Viele Menschen würden gern Donnys Wohnung mieten oder kaufen, aber ich dachte, Donnys Mietvertrag würde noch zwei Jahre laufen. Er bezahlt im Monat 45.000 Dollar Miete, also rief ich ihn an und fragte ihn, wann er ausziehen wolle. Er sagte: „Ungefähr in zwei Jahren." Also sagte ich: „Okay, dann muss ich wohl warten." Am nächsten Tag rief seine Anwältin überraschend meinen Anwalt an und sagte, in dem Vertrag stehe eine 30-tägige Kündigungsfrist und die würden sie gern streichen. Da mir die Sache eigentlich gar nicht so wichtig war, hatten wir gar nicht gewusst, dass es eine Kündigungsfrist gab, und wenn wir es gewusst hätten, hätten wir ihm gekündigt und das viel größere Angebot wahrgenommen.
Dann ließ ich meine Leute Donny anrufen und ihm erklären, dass wir den Mietvertrag kündigen wollten, aber in Wirklichkeit machte ich das nur zum Spaß – wie das unter alten Freunden so ist. Ich sagte: „Mal gespannt, wie lange es dauert, bis Donny mich anruft." Nun, der Anruf kam ungefähr drei Minuten nach der Mitteilung. Er konnte es nicht glauben, dass ich das machen wollte, aber ich sagte zu ihm: „Donny, deine kostspielige Anwältin hat uns angerufen und gesagt, dass wir da etwas haben, von dem wir gar nichts wussten. Bitte sag mir, wer sie ist, denn die hat mir viel Geld gebracht."
In Wirklichkeit würde ich ihm niemals schaden, denn (1) ist er ein prima Kerl und (2) hatte ich wirklich vor, ihn für einen längeren Zeitraum in der Wohnung zu lassen – aber ich wollte mir einen Spaß mit ihm erlauben. Anstatt etwas viel Teureres

zu mieten, war Donny bereit, mir ein bisschen mehr Geld zu bezahlen, aber vor allen Dingen war er bereit, 50.000 Dollar für einen meiner liebsten gemeinnützigen Vereine zu spenden, die Police Athletic League of New York. Also bleibt Donny in seiner Wohnung.

Im Geschäftsleben passieren viele seltsame Dinge. Es stellt sich heraus, dass Menschen, die man wenigstens oberflächlich zu kennen glaubt, ganz anders sind, als man dachte. Ich hatte immer gedacht, Lee Iacocca sei ein richtig zäher, in jeder Hinsicht hartgesottener Bursche. Als der Immobilienmarkt in den 1990er-Jahren einbrach, wollte Lee Iacocca mit mir einen Deal machen und ein paar Objekte preisgünstig, oder wie wir im Immobiliengeschäft sagen, „billig“ kaufen.

Wir schauten uns ein kleines Hotel in den East 60s an, in das er absolut verliebt war, aber er konnte sich nicht auf einen Preis einigen.

Später tauchte auf wundersame Weise ein großartiger Deal vor mir auf. Dabei ging es um zwei Gebäude, deren Bau etwa 139 Millionen Dollar gekostet hatte; sie waren in ein Insolvenzverfahren geraten und standen in West Palm Beach in Florida. Das waren schöne Gebäude, aber die Immobilien-„Depression“ war voll im Gang und nichts verkaufte sich.

Die Bank, die die Häuser am Ende zurücknahm, The Bank of New York, wollte den Deal wirklich machen. Also kaufte ich die Häuser mit Lee Iacocca. Wenn man in einer Quasi-Immobiliendepression Objekte kauft, hat man das Problem, dass man keine Ahnung hat, wie lange die Depression dauert. Wenn sie zu lange dauert, hat man ein schlechtes Geschäft gemacht.

In diesem Fall dauerte sie zwei Jahre länger, als die Menschen gedacht hatten. Selbst wenn man die Objekte billig kaufte, was ich tat, war die Investition am Ende nicht besonders toll, weil es so lange dauerte, bis der Markt sich erholte; wenn man dann noch die Kosten für die Unterhaltung des Gebäudes und die ganzen Kosten für die frühzeitige Geldbeschaffung dazurechnet, ist man besser dran, wenn man sich entspannt zurücklehnt. Auf jeden Fall wollte sich Lee an dem Deal beteiligen und wir machten ein Joint Venture zu gleichen Teilen. Von dem Tag an, als ich mit Lee den Deal gemacht hatte, rief er mich jeden Tag an und auch in dem Gebäude rief er immer wieder an. Ich sagte zu ihm: „Lee, bleib locker. Das dauert seine Zeit. Wir haben sozusagen eine Immobiliendepression und das geht nicht so schnell. Bleib einfach locker, denn wir können sowieso nichts daran ändern." An der Angelegenheit arbeitete eine Verkaufsangestellte mit, die sehr gut war, aber auch sehr grob. Sie hielt nicht besonders viel von Lee und sprach richtig hart mit ihm, zum Beispiel: „Warum zum Teufel lassen Sie uns nicht in Ruhe? Warum rufen Sie so oft an, was haben Sie denn für ein Problem?" Oder: „Nehmen Sie Ihr Gesicht und schieben Sie es sich in den Hintern." Das machte ihn immer wahnsinnig.

Und schließlich rief er mich dauernd an, um zu sehen, ob er aus dem Deal herauskommen könnte. Es kam so weit, dass er am Telefon klang, als würde er weinen; ich hörte ihn regelrecht darum weinen, dass er sein Geld zurückbekam. Das passierte zweimal. Ich bin sicher, dass Lee ein bisschen Vermögen hat, und deshalb verstand ich nicht, warum er die relativ kleine Summe, die er investiert hatte (das meiste Geld hatten die Banken vorgestreckt), so ernst nahm. Es war für mich ziemlich schockierend, diesen Mann weinen zu hören, von dem ich gedacht hatte, er habe in seinem ganzen Leben noch keine Träne vergossen. Schließlich gab ich ihm das Geld zurück und löste die Partnerschaft auf. Das war leichter als sich mit dem ganzen Quatsch herumzuschlagen. Geschäfte mit Lee Iacocca waren kein Spaß.

Die Wohnungen wurden schließlich verkauft; inzwischen ist Trump Plaza zu 100 Prozent verkauft und ist eines der teuersten Gebäude in der Region Palm Beach.

HALTEN SIE SICH DEN RÜCKEN FREI UND HÖREN SIE ZU

Vor ein paar Jahren mietete ein gehobener Einzelhändler Verkaufsflächen in einem meiner Gebäude. Die Räume mussten vor der Eröffnung umgebaut werden. Ich kenne alle New Yorker Baufirmen, und nur 25 Prozent davon taugen etwas. Ich kenne sie alle, weil ich schon von allen über den Tisch gezogen worden bin. Ich sagte zu meinem Mieter: „Nehmen Sie nur eine Baufirma, zu der ich meine Zustimmung gebe." Eigentlich war es mir egal, welche Baufirma sie engagierten, denn sie bezahlten mir eine riesige Miete. Da ich nicht prozentual bezahlt wurde, war es egal, was sie das am Ende kostete, aber ich helfe den Menschen gern. Deshalb rief ich den Einzelhändler an und sagte: „Wenn Sie eine Baufirma brauchen, ich kann Ihnen diese drei empfehlen." Die sagten: „Oh, vielen Dank."
Zwei Monate später rief ich wieder an und fragte: „Wen haben Sie genommen?" Sie sagten: „Wir haben den und den genommen." Ich sagte: „Was? Das ist ein ausgemachter Spitzbube, den können Sie nicht nehmen. Der zockt Sie ab." Sie hatten für den Umbau einen Etat von 17 Millionen Dollar vorgesehen. In New York sind 17 Millionen gar nichts. Das sollte ein erstklassiges Geschäft werden und sie wollten ein Umbauunternehmen engagieren, das sie über den Tisch ziehen würde.
Ich bin richtig schlau und am Bau kenne ich mich aus. Ich kenne diese Stadt. Es gibt in dieser Stadt ein paar fürchterliche

Leute. Der Baufirma, die sie engagiert hatten, wurden fast alle Aufträge wieder entzogen, die sie angefangen hatte, und ich glaube, dass der Chef für irgendwelche krummen Sachen, die er gemacht hatte, sogar schon einmal im Gefängnis war.

Ich sagte zu dem Mieter. „Ich tue Ihnen damit einen Riesengefallen. Sie können diesen Mann nicht nehmen."

Er sagte: „Warum?"

„Der ruiniert Sie. Erstens glaube ich, dass er schon einmal wegen Diebstahl im Gefängnis gesessen hat. Zweitens braucht er für den Auftrag doppelt so lang und es kostet Sie viel mehr als 17 Millionen Dollar."

Er sagte zu mir: „Wir nehmen ihn, weil wir ihn wunderbar finden. Er gefällt uns richtig gut, und nebenbei gesagt, Herr Trump, wir haben die Räume für 20 Jahre gemietet und wir machen, was wir wollen."

Ich sagte: „Was? Wie reden Sie denn mit mir? Ihr seid einfach dumm." Dann dachte ich mir, lass sie ihr eigenes Ding machen, und ich wollte ihnen nicht mehr helfen. Das war das erste Indiz dafür, dass die nicht ganz klar im Kopf waren.

Dann kamen diese Deppen mit einem anderen großen Problem zu mir. Der Eingang, den ein namhafter Architekt für sie entworfen hatte, sollte genau an eine Stelle kommen, wo eine Säule stand. „Warum ändern Sie den Plan nicht und bauen die Tür in eine Mauer, die noch nicht steht? Wäre das nicht ein bisschen billiger?" Die Verlegung der Säule sollte etwa zwei Millionen Dollar kosten. Das Gebäude musste dafür so lange abgestützt werden, bis die Säule verlegt war. Das war eine große Sache.

Aus den 17 Millionen Dollar, die für den Umbau geplant waren, wurden am Ende 48 Millionen Dollar. Zu diesem Zeitpunkt war ich schon sicher, dass diese ahnungslosen Anfänger Pleite machen würden, und im Grunde passierte das dann auch. Schließlich kamen sie zu mir und meinten: „Herr Trump, wir sind pleite. Wir wollen aus dem Mietvertrag heraus." Ich erwiderte: „Wenn Sie mir 100 Millionen Dollar geben, entlasse ich Sie aus dem Vertrag." Sie entgegneten: „So viel haben wir nicht." Ich sagte: „Ich nehme auch weniger. Wie viel haben Sie denn?" Sie nannten eine Zahl. Glauben Sie mir, als die Baufirma mit ihnen fertig war, war diese Zahl nicht mehr besonders groß. Ich sagte: „Abgemacht."

Aber jedenfalls ging die Geschichte doch noch gut aus. Sie bezahlten mir das Geld und kamen aus dem Mietvertrag. Dieses Erlebnis zeigt, dass man schlau sein und zuhören muss. Es gibt viele schlechte Menschen, die einem den letzten Penny nehmen wollen. Wenn man dumm und leichtgläubig ist, dann ist es nur eine Frage der Zeit, dass einem jemand das Geld wegnimmt. Passen Sie also auf und seien Sie wachsam.

VERSCHAFFEN SIE SICH RESPEKT

Die Menschen, mit denen Sie Geschäfte machen, müssen wissen, dass Sie Bescheid wissen, was vor sich geht. Andernfalls nutzen sie Sie nämlich aus. Das dürfen Sie nicht zulassen. Sorgen Sie dafür, dass sie Sie wegen Ihres Wissens respektieren. Ich bin gut im Immobiliengeschäft. Ich kenne mich damit aus und liebe es darin zu arbeiten. Wenn es um Immobilien geht, kann mir niemand etwas vormachen. Das ist die wichtigste Lektion, wenn man sich Respekt verschaffen will: Man muss sich auskennen.

Ich habe mit meinem Vater Baustellen besucht, sobald ich laufen konnte. Ich habe ihm bei der Arbeit zugeschaut und gelernt, wie er die Männer kontrollierte, die für ihn arbeiteten. Als Teenager – wenn ich in den Ferien aus der Militärschule nach Hause kam – ging ich dann mit meinem Vater herum und

lernte die Einzelheiten des Geschäfts: mit Baufirmen verhandeln, Objekte besichtigen und Verträge abschließen.
Ich lernte, dass man die Kosten gering halten muss, wenn man in diesem Geschäft Gewinn machen will. Ich lernte von meinem Vater, wie man verhandelt. Mein Vater verhandelte um Besen und Schaufel genauso hart wie um den Bau eines Gebäudes. Er kannte sich aus. Wenn er wusste, dass ein Dach den Bauunternehmer 800.000 Dollar kosten würde, versuchte er nicht, ihn auf 600.000 Dollar herunterzuhandeln. Aber er ließ sich von dem Dachdecker auch keine 1,2 Millionen abnehmen.
Außerdem muss man jeden, den man trifft, wissen lassen, dass man sich auskennt. Wenn Sie Geschäftsmann sind, müssen Sie auch aussehen wie ein Geschäftsmann. Kleiden Sie sich für diese Rolle und spielen Sie diese Rolle. Lassen Sie bei niemandem Zweifel daran aufkommen, dass Sie Bescheid wissen. Als ich nach Manhattan ging und meinen ersten Deal machte, hatte ich weder Geld noch Angestellte. Als ich ein Büro bezog, tat ich so, als stünde eine Organisation hinter mir, The Trump Organization. Ich stand aber auf eigenen Füßen und arbeitete nicht mehr für meinen Vater. Nur wenige Menschen wussten, dass The Trump Organization außer mir keine Mitarbeiter hatte und dass sie von meinem Studioappartement in Manhattan aus operierte.
Ich kleidete mich wie ein erfolgreicher Immobilienunternehmer. Ich marschierte in meinem makellosen schwarzen Nadelstreifenanzug in das Büro des Verkäufers, im weißen Hemd, mit einer Krawatte mit Monogramm und bewaffnet mit der Entschlossenheit und Begeisterung eines Mannes, der etwas bewegen wollte. Niemand stellte je in Frage, ob ich das wirklich konnte. Ich benahm mich, als könnte ich alles machen, und niemand wagte es, das in Frage zu stellen. Ich hatte von Anfang an bei jedem Deal alles unter Kontrolle, weil ich allen Respekt einflößte.

Als ich einmal einen Vortrag auf einer The Learning Annex Expo hielt, sagte ich einem Publikum von 62.000 Menschen, dass Außenministerin Condoleeza Rice meiner Meinung nach eine liebenswürdige Frau ist, aber dass es mir lieber wäre, wenn eine Schlampe mit China und dem Iran verhandeln würde. Mir wäre jemand lieber, der knallhart ist und sehr gut verhandeln kann. Ich benutzte das Wort Schlampe, um zu erklären, wie hart der Unterhändler sein müsste, der die Interessen unseres Landes vertritt. Sie werden nicht glauben, was dann passierte. Am nächsten Tag stand in der Zeitung die Schlagzeile: „Trump bezeichnet Condi Rice als Schlampe!" Das hatte ich aber nicht gesagt. Das zeigt nur, dass es nichts Unehrlicheres als die Presse gibt. Es gibt ein paar tolle Journalisten, aber es gibt auch viele Halunken.

Folgendes Szenario erlebt man mit Condi Rice immer wieder: Sie reist in ein Land und besucht einen Diktator oder was auch immer, einen skrupellosen Killer und bösartigen Mörder, der viel gewiefter ist als sie. Sie steigt aus dem Flugzeug, winkt lächelnd zur Begrüßung und gibt ein kurzes Statement ab. Dann geht sie in das Büro des Diktators und setzt sich für den Fototermin neben ihn. Die Stühle sind um 45 Grad zueinander gedreht, damit der Fotograf schöne Aufnahmen von ihr mit dem Diktator bekommt. Dann geht sie wieder, winkt zum Abschied, steigt ins Flugzeug und nichts passiert – es passiert nie etwas.

Ich könnte Ihnen die Namen von 10 oder 20 der besten Dealmaker der Welt nennen, die in unserem Land leben. Diese großartigen Verhandlungskünstler könnten gegen China und den Iran antreten und einen fabelhaften Deal für die Vereinigten Staaten aushandeln. Doch stattdessen lassen wir wohlmeinende, aber naive Akademiker verhandeln, die nicht wissen, wie sie sich im richtigen Leben in schwierigen Situationen verhalten sollen. Sie waren noch nie mit Verhandlungen gegen rücksichtslose, boshafte Gegner konfrontiert, in denen es ums

Ganze oder auf Leben und Tod ging. Wenn unsere Regierung unsere besten Verhandlungsführer einsetzen würde, könnte sie viele Probleme lösen und die Vereinigten Staaten würden die Oberhand behalten. Wir haben doch alle Trümpfe auf der Hand: Wir haben das stärkste Militär und die stärkste Volkswirtschaft der Welt, oder wenigstens hatten wir das. Wer zum Teufel soll uns denn schlagen? Wir könnten aus einer Position der Stärke verhandeln. Wir würden gewinnen, wenn wir uns einfach hinsetzen und verhandeln würden – aber unter Einsatz unserer besten Leute!

Wir sollten eines unserer größten Genies zu Verhandlungen mit anderen Staaten schicken. Solche Menschen sind selten, genauso selten wie begabte Ärzte und Wissenschaftler. Ich glaube, dass unsere Feinde um alles in der Welt verhandeln wollen. Würde es Ihnen etwa gefallen, in der Haut des Iran zu stecken und nicht zu wissen, ob die Vereinigten Staaten angreifen? Die Iraner sind in einer engen Position. Wir könnten einen guten Deal aushandeln, aber das müssten die besten Leute für uns machen. Im Moment redet nicht einmal jemand mit ihnen. Condi Rice fliegt nur hinüber, um Fotos zu machen. Diese Inkompetenz muss aufhören. Wenn man verhandelt oder jemand verhandeln lässt – egal ob über ein Milliarden-Bauprojekt, über einen Gebrauchtwagen oder über einen internationalen Rüstungsvertrag, man muss immer darauf achten, dass nur die besten Leute für einen verhandeln.

TRAUEN SIE NIEMANDEM

Ich habe immer gesagt: „Gehen Sie hin, holen Sie sich die besten Leute und vertrauen Sie ihnen." Ich habe im Laufe der Jahre viel Unfug erlebt und sage jetzt: „Holen Sie sich die besten Leute und trauen Sie ihnen nicht." Vertrauen Sie ihnen nicht, denn wenn Sie nicht wissen, was Sie tun, rauben sie Sie bis aufs Hemd aus. Ich kenne Dutzende von ausgebufften Unternehmern, die Buchhalter und Anwälte engagiert haben und ihnen vertraut haben. Sie sind ruiniert. Sie haben ihre Unternehmen verloren. Deshalb sage ich: „Holen Sie sich die besten Leute und trauen Sie ihnen nicht."

Zuerst müssen Sie hingehen und sich die besten Leute holen. Dank *The Apprentice* habe ich den Ruf, ich würde Leute entlassen. Doch in Wahrheit lege ich mehr Wert darauf, gute Leute einzustellen und die wertvollen Menschen zu fördern, die schon in meinem Unternehmen arbeiten. Über die Jahre bin ich zu einem ziemlich guten Menschenkenner geworden.

Wenn ich Bewerbungsgespräche führe, versuche ich die Menschen ziemlich schnell einzuschätzen. Ich verschwende mit solchen Gesprächen nicht viel Zeit. Ich habe erkannt, dass jede Einstellung ein Glücksspiel ist. Die ganzen Tests und Interviews und dass man um die Bewerber herumscharwenzelt und mit ihnen essen geht, das macht alles keinen großen Unterschied. Ich habe herausgefunden, dass mein erster Eindruck der beste Anhaltspunkt für die Auswahl guter Mitarbeiter ist. Ausführliche Besprechungen und Interviews sind häufig nur Zeitverschwendung.

Manchmal kommen Menschen in mein Büro, die einfach nur großartig sind. Sie sehen toll aus, hören sich toll an, ziehen sich gut an; alles ist toll. Und wenn man sie dann einstellt, entpuppen sie sich als Idioten. Manchmal bewirbt sich ein regelrechter Trottel um eine Stelle. Er zieht sich nicht gut an. Er macht keinen besonders schlauen Eindruck. Wenn man ihn oder sie einstellt, merkt man jedoch, dass man ein Genie engagiert hat.

Passen Sie auf, dass Sie keine Menschen mit negativer Haltung einstellen. Das alte Sprichwort hat recht: Ein fauler Apfel verdirbt das ganze Fass. Eine Person mit negativer Einstellung kann die negativen Gefühle wie ein Virus verbreiten, den Rest des Büros herunterziehen und ein gesundes, gut funktionierendes Team zerstören.

Forscher haben herausgefunden, dass negatives Verhalten einem Unternehmen mehr schaden kann als ihm positives Verhalten helfen kann. Ich finde das sehr interessant und nach meiner Erfahrung trifft das in höchstem Maße zu. Ein paar negative Menschen können ein ganzes Büro ruinieren und das zeigt die große Macht der Negativität. Das ist so schlimm, dass es nicht einmal durch positive Mitarbeiter „ent-ruiniert" werden kann. Wenn ein Mensch an allem etwas zu mäkeln hat, vergiftet er schon bald die Menschen, die sich den ständigen Strom der Klagen anhören. Schon bald ist das Büro von der negativen Aura dieser Person erfüllt und es wird zu einem unangenehmen Arbeitsort. Das spüren alle, die dort arbeiten. Die Negativität des faulen Apfels breitet sich aus wie ein Krebsgeschwür und es dauert nicht lange, dann beklagen sich alle. Das merken sogar die Menschen, die mit Ihren Mitarbeitern zu tun haben, und dasS ist nicht gut für das Geschäft.

Achten Sie bei Gesprächen mit neuen Mitarbeitern auf potenzielle faule Äpfel. Wenn sich jemand über den vorherigen Job, den Arbeitgeber oder über die Menschen beklagt, mit denen er zusammen gearbeitet hat, dann ist das ein Anzeichen dafür, dass Sie zur Zielscheibe ihrer Klagen werden, wenn Sie sie einstellen. Vermeiden Sie es, Menschen einzustellen, die grundsätzlich streitsüchtig oder unangenehm wirken. Das ist nämlich ein Omen für künftige Negativität.

Ich versuche Menschen einzustellen, die ehrlich und loyal sind. Ich lege sehr viel Wert auf Loyalität. Ich mag Menschen, die aufrichtig über sich sprechen, die ehrlich und direkt sind. Ich vermeide Menschen, die ihre Fähigkeiten oder ihren Wert

besonders hoch einschätzen. Selbstbewusstsein ist eine gute Sache, aber eingebildet sein nicht.
Ich bin kein eingebildeter Mensch und ich umgebe mich nicht gern mit eingebildeten Menschen. Die anderen haben zu viel zu tun, als dass sie sich um so einen Menschen kümmern könnten. Ich rate Ihnen, Menschen zu finden, die gerne hart arbeiten, die lernbereit und loyal sind und die Herausforderungen begrüßen. Es ist nicht leicht, diese Eigenschaften an Menschen zu erkennen, die man nicht kennt, und deshalb lasse ich mich dabei gewöhnlich von meinem Instinkt leiten.
Ich bin beispielsweise sehr gut darin zu erkennen, wenn mir jemand etwas vormachen will. Es liegt an der Branche, in der ich tätig bin, dass ich sofort merke, wenn mir jemand Quatsch erzählt. Ich kann Unehrlichkeit eine Meile weit riechen. Oft erzählt mir ein Bewerber, er interessiere sich für Bau und Immobilien. Im weiteren Verlauf des Gesprächs frage ich ihn nach Zinsen oder variablen Hypotheken, also nach Dingen, die jeder wissen muss, der sich auch nur ansatzweise für Immobilien interessiert; und dann merke ich, dass diese Person keinerlei Ahnung hat, wovon ich rede. Damit disqualifiziert sie sich sofort. Wenn ein Bewerber nicht Farbe bekennt, ist er sofort abgeschrieben.
Manche Menschen sind so aalglatt wie Berufsschwindler und können sich sehr gut verkaufen. Sie sehen richtig aus und sie sagen das Richtige. Da ist es schon schwerer, die Fälschungen von den Originalen zu unterscheiden. Ich versuche sie dazu zu bringen, dass sie sich entspannen und ehrlich über sich selbst und ihre Interessen sprechen. Häufig enthüllen sie dann, was sie wirklich anmacht, und häufig geht es dabei nicht um Immobilien. Das sind dann frustrierte Musiker oder Schriftsteller, die nur wegen des Geldes in die Immobilienbranche gehen wollen. Dann ist klar, dass sie woanders hin-

gehören und nicht ins Immobiliengeschäft. Solche Menschen stelle ich nicht ein.

Manche Kandidaten sehen wirklich schlimm aus und haben wenig Erfahrung, aber ich merke, dass sie das Immobiliengeschäft wirklich lieben und dass sie den Drive haben, hart an Deals und an Projekten zu arbeiten. Die Einstellung sagt mir sehr viel. Wenn sie die richtige Einstellung haben, dann haben sie bei mir schon die erste Hürde genommen. Dann muss ich noch herausfinden, ob sie schlau genug sind. Ich habe festgestellt, dass mir Testpunkte und Noten nicht viel bringen. Die Menschen mit den besten Noten sind nicht immer die schlauesten. In Wirklichkeit kommt es darauf an, was sie mit ihrem Bauch machen. Ich bin es gewohnt, mit wirklich intelligenten Menschen umzugehen. Ich habe ein Gefühl dafür. Wenn sich die betreffende Person so anfühlt wie die Menschen, mit denen ich zu tun habe, also wenn sie sich schlau anfühlen, dann stelle ich sie ein. Das funktioniert zwar nicht immer, aber das ist die beste Möglichkeit, die ich gefunden habe, um die Intelligenz eines Menschen zu beurteilen.

Wenn man gute Mitarbeiter eingestellt hat, muss man sie aber noch managen. Eine der entscheidenden Eigenschaften großer Führungspersönlichkeiten ist die Fähigkeit zu delegieren. Manchen Menschen fällt das nicht leicht. Es fällt oft schwer, die Zügel fahren zu lassen, weil man ja sicher stellen will, dass alles korrekt gemacht wird. Viele Menschen glauben unerschütterlich an den alten Spruch: „Wenn etwas richtig gemacht werden soll, dann muss man es selbst machen."

Führungskräfte, Manager und Chefs aller Art sind so beschäftigt, dass sie sich nicht um jede Einzelheit kümmern können, und deshalb ist Delegieren unerlässlich. Aber damit man anderen Menschen Aufgaben zuteilen kann, muss man die Menschen, die für einen arbeiten, beobachten. Sie müssen einen achten oder gar fürchten, sonst geht alles schief. Wenn es Ihnen wichtig ist, gemocht zu werden, haben Sie ein Problem. Dass einen die Mitarbeiter achten und fürchten ist wichtiger, als dass sie einen mögen. Damit die Mitarbeiter nicht aus der Reihe tanzen, muss man ein Unternehmensklima schaffen, in dem einen die Mitarbeiter respektieren und in dem sie loyal sind.

Wenn man keine Atmosphäre des Respekts und der Loyalität erzeugt, stehen einem Kämpfe bevor. Ich bin sicher, die Führungskräfte von Coca-Cola haben noch heute an der Sekretärin zu knabbern, der vorgeworfen wurde, sie wollte Betriebsgeheimnisse an den Konkurrenten Pepsi verkaufen.

Zum Glück verhielt sich die Unternehmensleitung von Pepsi ehrenhaft und schickte sie sofort zurück. Sie und ihre Komplizen wurden festgenommen und müssen sich gegen schwere Vorwürfe verantworten. Coca-Cola hatte Glück, dass sich Pepsi richtig verhalten hat, und ich habe große Achtung vor den Leuten von Pepsi, weil sie das gemacht haben. Viele Konkurrenten hätten sich viel unfairer verhalten.

Nach diesem Vorfall dachten Coca-Cola und andere Unternehmen neu über die Sicherung sensibler Unternehmensinformationen nach. Außerdem achteten sie mehr auf das Auswahlverfahren für die Einstellung von Mitarbeitern. Wenn jemand eingestellt wird, der mit Löhnen und Gehältern zu tun hat und der Schecks ausstellt, ist natürlich jeder vorsichtig, aber man muss genauso vorsichtig sein, wenn man jemanden einstellt, der Zugang zu den wichtigsten Informationen des Unternehmens hat – egal ob das ein Vizepräsident ist oder eine Empfangsdame.

Eine andere Möglichkeit, das Problem des Verrats zu vermeiden, besteht darin, dass man allen Mitarbeitern das Gefühl gibt, sie gehören zum Team – wenn sie alle das Gefühl haben,

dass sie ein persönliches Interesse am Erfolg des Gesamtunternehmens haben, dann treten solche Situationen nämlich höchstwahrscheinlich nicht ein.
Ich habe dafür ein großartiges Beispiel, und zwar die Geschichte eines Angestellten, der seine Arbeit mit echter Hingabe macht und der ein nachahmenswertes Vorbild für alle ist. Der Baseballspieler Hideki Matsui von den New York Yankees verletzte sich kürzlich bei einem Diving Catch in einem Spiel gegen die Boston Red Sox am Handgelenk. Leider verloren die Yankees das Spiel. Die Verletzung unterbrach Matsuis Spielerkarriere nach 1.768 Spielen, darunter 1.250 Spiele für die Yomiuri Giants in Japan. Als Matsui erfuhr, dass er wahrscheinlich die ganze Saison lang aussetzen musste, bekam er keinen Wutanfall, er schimpfte nicht und er war nicht sauer. Als Erstes entschuldigte er sich vielmehr, er sagte: „Es tut mir sehr leid und ich bin enttäuscht, dass ich meine Mannschaftskollegen im Stich lasse. Ich werde mein Bestes tun, mich vollständig zu erholen und wieder aufs Feld zurückzukehren, damit ich der Mannschaft wieder helfen kann."
Joe Torre ist ein großartiger Manager und Führer, und er ist ein Freund von mir. Als ich mit ihm sprach, sagte er mir, dass ihn Matsuis Entschuldigung nicht überrascht hatte. Er sagte, Matsui habe sich schon immer entschuldigt, wenn er in einem Spiel einen Fehler machte. Matsui drückte außerdem seine Anerkennung für den Yankees-Manager Joe Torre aus. Er dankte ihm, weil er ihn in jedem Spiel aufgestellt hatte und er somit eine so lange Spielserie schaffen konnte. Wäre es nicht toll, wenn jeder Mitarbeiter so über seinen Job denken würde? Stellen Sie sich einmal vor, alle Ihre Angestellten hätten eine solche Einstellung und würden sich so loyal verhalten. Das ist mit Sicherheit ein erstrebenswertes Ideal.
Tatsächlich ist mir Loyalität mehr wert als alles andere – mehr als Intelligenz, mehr als Drive und mehr als Energie. In einer

Folge der vierten Staffel von *The Apprentice* wurde ich gefragt, warum ich Rebecca Jarvis nach unserem wüsten Wortwechsel im Vorstandszimmer nicht gefeuert hatte.

Rebecca hatte sich freiwillig als Projektmanagerin des Frauenteams gemeldet, obwohl sie sich in der Woche davor den Knöchel gebrochen hatte. Ich nehme an, sie wollte mir zeigen, wie tough sie ist und dass sie ihr Team trotz des Handicaps effektiv führen konnte. Ihre Bereitschaft, dieses Risiko auf sich zu nehmen, beeindruckte mich. Zu ihrem Unglück lohnte sich dieses Spiel nicht und ihr Team verlor. Im Vorstandszimmer war die Hölle los: Alle aus Rebeccas Team wollten sich retten, indem sie die Schuld jemand anderem zuschoben.

Viele ihrer Teammitglieder schrieben den Verlust der schwachen Leistung von Toral Mehta zu. Rebecca hingegen stellte sich standhaft hinter Toral, weil Toral ihr bei dem Knöchel geholfen hatte; und sie bewunderte Toral, weil sie einen Abschluss von meiner Alma Mater, der Wharton School of Finance, hatte. Rebecca wusste, dass ihre Teammitglieder recht hatten. Doch anstatt Toral mit in das Vorstandszimmer zu bringen, wo sie mit Sicherheit gefeuert wurde, schickte Rebecca sie zurück ins Büro.

Ich bat sie persönlich, Toral mit in das Vorstandszimmer zu bringen, aber sie ließ sich nicht erweichen. Ihr Festhalten an Toral zeugte von großer Loyalität. Es stellte sich heraus, dass das ein kluger Schachzug gewesen war. Ich hatte Rebecca eigentlich feuern wollen, aber ich tat es nicht, weil es sehr wenige Eigenschaften gibt, die ich höher schätze als Loyalität. Ich war von ihrer Standhaftigkeit beeindruckt und von ihrer Hingabe gerührt. Rebecca macht jetzt ihren Job bei CNBC sehr gut.

Das Wichtigste, was ein Büro braucht, ist Teamgeist; alle Mitarbeiter engagieren sich für den Erfolg der anderen und des gesamten Unternehmens. Eine Gruppe von Solisten, die nur auf ihren eigenen Ruhm aus sind, funktioniert nicht. Einige meiner besten Leute arbeiten schon seit Jahrzehnten für mich. Ich belohne meine Leute für die Loyalität mir und der gesamten Trump Organization gegenüber sehr gut. Wir arbeiten alle zusammen für mehr Erfolg.

Meine besten Mitarbeiter haben mir über Jahre bewiesen, dass sie sich immer für das engagieren, was wir erreichen wollen. Dafür belohne ich sie. Ich glaube, wir haben deshalb so viele loyale Mitarbeiter, weil wir Loyalität belohnen, und jeder weiß das. Das ist ein Teil der Unternehmenskultur von The Trump Organization. Leute wie Allen Weisselberg und Matt Calamari sind einfach großartig und haben sich über viele Jahre bewährt.

Aber nicht jedes Unternehmen ist so. Viele Unternehmen verlangen von ihren Mitarbeitern Loyalität, erwidern sie aber nicht. Das ist eine sichere Methode, gute, talentierte Leute zu verlieren. Die Senior Manager von The Trump Organization sind den Mitarbeitern gegenüber genauso loyal wie uns gegenüber, und das trägt dazu bei, dass es uns so gut gelingt, gute Leute zu halten.

JEDER HAT EINE ZWEITE CHANCE VERDIENT

Kürzlich hat Miss USA, Tara Conner, die Spielregeln gebrochen, indem sie in New York City in der Öffentlichkeit exzessiv Drogen und Alkohol zu sich genommen hat. Bei jemandem, der die Miss USA darstellen soll, kann ich solches unkontrolliertes Verhalten weder tolerieren noch dulden. Ich glaube aber an die zweite Chance. Ich vereinbarte einen Termin mit ihr und war fest entschlossen, ihr den Titel abzuerkennen. Nachdem ich mit ihr gesprochen hatte, war mir aber klar, dass es in ihrem Fall richtig wäre, ihr zu verzeihen und ihr eine zweite Chance zu geben. Wie Sie vielleicht wissen, machten die Medien einen großen Wirbel um diese Entscheidung.

Die Medien waren sehr aufgewühlt und verlangten eine Erklärung. Ich sagte, dass Tara ein paar schlechte Entscheidungen getroffen hatte, als sie zum ersten Mal allein in New York war. Sie war zu tief in die Partyszene hineingerutscht und konnte ihre Grenzen nicht abstecken. Jetzt weiß sie es besser. Sie ist einfach ein guter Mensch, der einen Fehler gemacht hat. Sie ist bereit, aus ihrem Fehler zu lernen und nicht zuzulassen, dass so etwas noch einmal passiert. Wegen ihres Willens sich zu ändern entschied ich, dass es besser wäre, ihr eine zweite Chance zu geben als ihre Karriere zu zerstören und ihre Chancen im Leben zu ruinieren.

Ich glaube aus vielen Gründen, dass es richtig war, Tara eine zweite Chance zu geben. Sie hat für diesen Titel hart gearbeitet. Sie hat zwar einen Fehler gemacht, aber war entschlossen, das nicht mehr zu machen und sich die nötige Hilfe zu holen. Sie blieb bis zum Schluss im Amt und unterstützt weiterhin mit Leib und Seele die Ziele der Miss USA.

In The Trump Organization wissen alle, dass ich Tara verziehen habe, alle finden das gut und das hat ihre Loyalität zu mir gefestigt. Im Gegenzug genieße ich die Freiheit, selbst gelegentlich einen Fehler zu machen, denn ich habe es nicht geschafft, perfekt zu sein.

Solche Präzedenzfälle sind wichtig. Jeder macht Fehler, wir alle machen Fehler. Springen Sie nicht jedem Mitarbeiter, der einen Fehler macht, an die Kehle. Wenn Sie jeden Fehler streng bestrafen, legen Sie einen Standard an, der schwer zu erfüllen ist. Viele Menschen spielen dann zu sehr auf Sicherheit, damit sie bloß keine Fehler machen. Die Fehler werden dann weniger, aber auch die Produktivität und der Einfallsreichtum gehen dann zurück. Wenn Sie außergewöhnliche Ergebnisse haben wollen, müssen Sie den Menschen genug Spielraum lassen. Sie

müssen aus Fehlern lernen und Sie müssen manchmal auch vergeben und vergessen.
Es gibt viele Fälle, in denen es nicht gut ist zu vergeben. Ich kann und will Menschen nicht verzeihen, die gestohlen haben, die Bücher frisiert haben oder betrogen haben. Ich vergebe auch nicht, wenn jemand immer wieder schlechte Entscheidungen trifft.
Eine Eigenschaft, die ich bei den Mitarbeitern kultivieren möchte, ist die Berücksichtigung der Gesamtorganisation. Ich belohne Mitarbeiter, die von ganzem Herzen dafür arbeiten, dass The Trump Organization erfolgreicher wird, so als wäre der Erfolg des Unternehmens ihr eigener Erfolg. Ich respektiere Mitarbeiter, die schnell handeln und die sozusagen im Laufen denken können. Zeit ist oft das Wichtigste und ich schätze Mitarbeiter, die mit Antworten und Lösungen zur Stelle sind. Ich mag auch Mitarbeiter, die dem Unternehmen Geld sparen. Wenn sich die Mitarbeiter nicht ausreichend bemühen, die Kosten zu kontrollieren, leidet das Unternehmen darunter.
Und schließlich ist zwar ein gewisses Maß an persönlichem Ehrgeiz notwendig, aber zu viel davon kann das gemeinsame Ziel des Unternehmens untergraben. Das Unternehmen muss in den Augen jedes Mitarbeiters an erster Stelle stehen. Ehrliche Fehler verzeihe ich immer und guten Leuten gebe ich eine zweite Chance. Niemand macht es immer beim ersten Versuch richtig. Lernen Sie zu verzeihen.

LEGEN SIE AN SICH UND ANDERE HOHE MASSSTÄBE AN

Erwarten Sie von den Menschen ihr Bestes. Sehr oft wachsen sie an Herausforderungen und es ist wichtig, ihnen das Selbstvertrauen einzuflößen, auf Herausforderungen einzugehen. Geben Sie den Menschen Gelegenheit, sich auszuzeichnen. Wie sollen sie ohne solche Gelegenheiten glänzen? Und schränken Sie ihre Fähigkeiten nicht entsprechend ihrer Position oder ihrem Titel ein. Ich kenne viele talentierte Menschen, deren Potenzial weit über ihren Titel hinausgeht.

Als ich Mattew Calamari vor über 20 Jahren als Sicherheitsmann einstellte, war mir klar, dass er viel mehr zu bieten hatte, als sein Titel versprach. Er wurde später stellvertretender Vorsitzender und ist jetzt leitender Geschäftsführer von Trump Properties. Er ist ein vertrauenswürdiger und engagierter Mitarbeiter; wenn ich ihm keine Herausforderungen und Verantwortlichkeiten gegeben hätte, wäre diese Seite an ihm nicht sichtbar geworden.

Man sollte die Menschen nicht unterschätzen. Geben Sie ihnen eine Chance und seien Sie der Katalysator für ihren Erfolg. Dabei gewinnen alle etwas. Vergessen Sie nicht, dass Sie nicht in einer idealen Welt leben. Die Menschen sind nicht perfekt und manche sind richtiggehend böse und wollen Sie um jeden Preis unterkriegen. Benutzen Sie Ihren Bauch, um die besten Leute einzustellen, die Sie finden können, aber trauen Sie ihnen nicht. Schaffen Sie eine Arbeitsumgebung, in der Sie Menschen belohnen, die gute Arbeit leisten und die Ihnen sowie dem Unternehmen gegenüber loyal sind. Verlangen Sie viel, dann wachsen die Menschen daran. Seien Sie nicht zu hart zu ihnen, wenn sie Fehler machen; jeder macht Fehler. Wenn sich jemand bessern will, geben Sie ihm immer eine zweite Chance.

DAS MEINT ZANKER

Sie können nur eine bestimmte Menge selbst machen. Wenn Sie im Leben wirklich große Dinge erreichen wollen, brauchen Sie andere Menschen, die Ihnen dabei helfen. Ob man die besten Leute einstellt, kann darüber entscheiden, ob ein Unternehmen Erfolg hat oder scheitert. Donald hat recht; man muss auf der Hut sein, dass man die schlechten Leute auf jeden Fall meidet und nur die besten nimmt. Hier nun ein paar Tipps für das Personalmanagement, die bei mir äußerst gut funktionieren:

Geben Sie das Trinkgeld manchmal vorher, nicht hinterher

Mein Kumpel John Goodfriend hat mich Folgendes gelehrt: „Gib dem Barkeeper beim ersten Drink ein großzügiges Trinkgeld, nicht erst wenn du gehst." Ich befolge diese Regel im Privatleben und auf der Arbeit. Meine Familie war einmal mit einer anderen Familie in einem „All Inclusive"-Hotel auf Jamaica im Urlaub. Beide Familien hatten kleine Kinder und wir waren hellauf begeistert, dass „All Inclusive" auch ein Kindermädchen für jede Familie einschloss – täglich, den ganzen Tag. Ich gab dem Kindermädchen gleich bei der Ankunft ein großzügiges Trinkgeld; sie passte sehr gut auf unsere Kinder auf, sie war begeistert und fröhlich.

Die andere Familie ging den traditionellen Weg: Sie gab dem Kindermädchen das Trinkgeld erst bei der Abreise. Das Kindermädchen benahm sich die ganze Woche lang lustlos – sie war überhaupt nicht lustig. Dass sie am Ende großzügig waren, bedeutete überhaupt nichts; dafür, dass die Großzügigkeit eine Wirkung haben konnte, war es zu spät.

Als ich beschloss, dass The Learning Annex eine Serie von Wealth Expos starten sollte, und als ich wusste, dass mein Team im nächsten Jahr 10.000 Prozent Leistung bringen musste, hielt ich ein ganzes Wochenende lang eine Mitarbeiterversammlung in dem schönen Doral Hotel in Westchester, New York, ab; ich begann die Versammlung damit, dass alle Anwesenden einen Umschlag mit einer Bonuszahlung von 10.000 Dollar bekamen. Ich sagte meinem Team: „Das ist nur ein Vorgeschmack auf die Reichtümer, die euch bevorstehen." Das wurde das produktivste Planungswochenende in der Geschichte von The Learning Annex. Mitarbeiter riefen ihre Ehemänner oder Ehefrauen an und erzählten ihnen von der Sonderzahlung. Deshalb war es nicht so, dass sich die Ehepartner beschwerten und die Mitarbeiter sich schuldig fühlten; die Ehepartner sagten zu den Mitarbeitern: „Arbeite an diesem Wochenende gut. Ich halte zu Hause die Stellung." Für manche in dem Saal waren 10.000 Dollar 25 Prozent ihres Jahresgehalts. Niemand hatte damit gerechnet und das hat die Aussichten der Teammitglieder verändert. Wenn jetzt das Team zu einer Wochenend-Tagung fährt, rechnen alle mit einem Umschlag. Und ich enttäusche sie nie, denn sie haben es verdient.

Lernen muss Spaß machen

Wir hatten mit unserer ersten Expo zwar Geld verdient, aber ich bestand darauf, dass das Team sich zusammensetzte und überlegte, wie wir die nächste Expo noch besser machen könnten. Unter anderem wurde uns klar, dass dieses Wochenende zu ernst gewesen war. Die Menschen lernten zwar das ganze Wochenende über etwas, aber es war schon immer ein Markenzeichen von The Learning Annex gewesen, dass Lernen Spaß machen sollte. Wie konnten wir für Spaß sorgen? Jemand sagte zum Spaß: „Engagieren wir doch Spaßbotschafter." Ich hörte das und sagte: „Das ist eine großartige Idee." Eine Woche vor der nächsten Expo ging ich in Los Angeles in Bars, Restaurants und Kneipen; die fröhlichsten, lustigsten Menschen, die ich fand, engagierte ich vom Fleck weg. Ich engagierte 100 lustige Männer und Frauen. Wir schickten sie in die Menge, damit sie Bonbons und Präsente verteilten, damit sie lustig waren, tanzten und Wasserbälle warfen. Und das funktionierte. Das Energieniveau war viel höher und alle hatten mehr Spaß. Inzwischen engagieren wir für jede unserer Expos originelle Männer und Frauen, die organisiert als Spaßbotschafter auftreten; viele von ihnen touren mit uns durch das Land.

Ich habe der Erwachsenenbildung in New York und später im ganzen Land ein bisschen Sexappeal gegeben, indem ich auf den Titelseiten unserer Magazine gut aussehende Frauen abgebildet habe, ähnlich wie andere Stadtmagazine das auch machen, zum Beispiel *New York, People, Us Weekly* und *Esquire*. Das machte die eher gesetzte Branche der kontinuierlichen Bildung sexy und unterhaltsam. Das kann man mit vielen Unternehmen und Branchen machen. Betrachten Sie ein Unternehmen einmal mit anderen Augen. Wie kann man es verändern, verbessern, es benutzerfreundlicher machen?

Ratschläge von Fachleuten

Wenn Sie Rat von einem Fachmann haben wollen, stellen Sie Ihre Frage und bleiben Sie still sitzen. Tun Sie nicht das, was die meisten Menschen tun, und fangen schon an, die Frage zu beantworten oder sie in Multiple Choice zu verwandeln. Damit irritieren Sie den Experten bloß; häufig spricht er dann bloß nach, was Sie seiner oder ihrer Meinung nach hören wollen. Wenn Sie wirklich einen objektiven Rat haben wollen, dürfen Sie nicht so unsicher sein, dass Sie dem Experten zeigen müssen, wie klug Sie sind, indem Sie ihm Antworten vorschlagen. Der Fachmann ist klug und der Fachmann wird dafür bezahlt. Wenn Sie den besten Rat haben wollen, lassen Sie den Experten die Antwort aufgrund seiner eigenen Erfahrung und Sichtweise finden.

Befolgen Sie den Rat, den Jim Collins in seinem hervorragenden Buch *Der Weg zu den Besten* gibt: „Holen Sie kluge Leute ins Boot."

Als ich The Learning Annex im Jahre 1980 gegründet hatte, wuchs es zuerst so schnell, dass ich sofort einen Finanzdirektor brauchte. Ich fand aber keine passende Person. Ich gab Anzeigen auf, ich fragte herum, ich engagierte sogar einen Headhunter, der eine Stange Geld kostete und mir lauter falsche Leute schickte. Eines Morgens frühstückte ich in einem Bagel-Shop im Greenwich Village und irgendwie kam mir der Kellner bekannt vor. Mir wurde klar, dass das Clive Kabatznik war, ein Bekannter vom College, und ich erinnerte mich, dass er sehr intelligent war. Ich konnte nicht verstehen, dass so ein schlauer Kerl in einem Bagel-Shop arbeitete.

Wir kamen ins Gespräch und erneuerten unsere Bekanntschaft. Er stammte ursprünglich aus Südafrika. Er zog durch die Vereinigten Staaten und wenn ihm das Geld ausging, arbeitete er in dem Bagel-Shop. Ich merkte schnell, dass er im Grunde offen für alles war. Die einzige offene Stelle, die ich hatte, war der Posten des Finanzdirektors. Ich dachte mir: „Er ist schlau. Ich vertraue ihm. Was habe ich zu verlieren?" Clive wurde ein großartiger Finanzdirektor und Jahre, nachdem er The Learning Annex verlassen hat, bekomme ich immer noch großartige Ratschläge von ihm. Er ist inzwischen ein sehr erfolgreicher Unternehmer, der mit der Gründung und dem Verkauf vieler Unternehmen Millionen verdient hat. Ich suche immer zuerst nach schlauen Menschen.

Als ich im Jahre 2001 The Learning Annex zurückkaufte, überlegte ich, wer die klügsten Menschen waren, die ich kannte und denen ich vertraute, und wie ich sie dazu bringen konnte, für mich zu arbeiten. Mein ältester Freund Andy Hyams war einer der klügsten Menschen, die ich kannte. Wir waren seit der vierten Klasse die besten Freunde. Andy hat die Harvard Law School und die Harvard School of Public Health besucht und hat im öffentlichen Dienst erfolgreich Karriere gemacht. Ich hatte immer großen Respekt für den Beitrag, den er leistete, aber ich hatte gleichzeitig das Gefühl, dass er dort keine Herausforderungen mehr fand. So wie er über seine Arbeit sprach, war er nicht mehr mit dem Herzen dabei.

Ich wollte, dass er für The Learning Annex arbeitet, aber ich wollte ihn nicht unter Druck setzen. Dann erkannte ich eine Gelegenheit. Ich sagte zu Andy: „Ich lade dich zu einem Wochenende mit Tony Robbins mit dem Titel ‚Befreie die innere Kraft' ein." Das war eine dreitägige Veranstaltung, bei der die Teilnehmer barfuß mehrere Meter weit über glühende Kohlen gehen. Ich bezweifelte zwar, dass Andy das Feuerlaufen mitmachen würde, aber Tony Robbins hatte auch ohne das viel zu bieten.

Andy war sehr skeptisch und brachte großartige Ausreden dafür vor, nicht zu dem Wochenendseminar mit Tony Robbins zu gehen. Aber schließlich vertraute er mir und ging hin.

Als das Wochenende vorbei war, rief er mich aus San Diego an. „Das verändert das Leben", sagte er. „Wirklich?" Ich freute mich ehrlich für ihn. Alles andere zählte nicht wirklich. Aber ich konnte mir die Frage nicht verkneifen: „Bist du über das Feuer gelaufen?" Er antwortete: „Ja, wenn ich wieder auf die Arbeit gehe, kündige ich gleich und mache meinen eigenen Laden auf. Ich eröffne meine eigene Anwaltskanzlei." Ich sagte: „Großartig. Ich werde mit Stolz dein erster Mandant."

Die Menschen erklärten mich für verrückt, weil ich einen Anwalt engagierte, der null Erfahrung mit Unternehmensrecht, Verträgen, Gesellschaften und Steuergesetzen hatte. Ich sagte: „Keine Sorge. Erstens ist er klug, er hat ein gutes Urteilsvermögen und er ist nicht von sich selbst eingenommen. Und zweitens, wenn er etwas nicht weiß, kann er es womöglich lernen. Und wenn er es drittens nicht lernen kann, bin ich sicher, dass er Fachleute für uns engagiert, denn er wird mit dem Geld von The Learning Annex genauso sorgsam umgehen wie mit seinem eigenen."

Das erwies sich alles als wahr. Andy arbeitet klug und fleißig und es ist toll, dass er mit mir auf die Erfolgswelle von The Learning Annex aufgesprungen ist.

Wie Donald Trump sagt:

„Schätzen Sie Loyalität mehr als alles andere."

Ich verfahre mit Einstellungen ein bisschen unorthodox und ehrlich gesagt bleiben die meisten Menschen, die für mich arbeiten, nicht sehr lange. Das liegt an meinen hohen Ansprüchen. Ich habe gelernt, dass ein Unternehmer mit gutem Beispiel vorangehen muss. Mir fällt das leicht, weil ich selbst hohe Maßstäbe an mich anlege. Ich arbeite jeden Tag sehr lange und von meinen Führungskräften erwarte ich das auch. Ich arbeite an Wochenenden und Feiertagen und von meinem Team erwarte ich das auch. Wenn jemand einen Job sucht, bei dem er von neun bis fünf arbeitet, ist dagegen nichts einzuwenden; aber bei mir klappt das nicht.

Wenn mich ein Bewerber nach den Arbeitszeiten fragt, ist das Gespräch vorbei. Es ist nicht ungewöhnlich, dass ich mit meiner Führungsmannschaft nachts um zwei per Email Ideen austausche. Damit man sozusagen rund um die Uhr arbeiten kann, braucht man mehr als nur ein gutes Arbeitsethos; man braucht Leidenschaft für die Arbeit und das Bestreben, besser als alle anderen zu sein. Ich liebe das Risiko und ich stelle gern Menschen ein, die auch das Risiko lieben.

Zum Beispiel kam im Jahre 1986 ein junger Mann wegen einer Stelle zu mir. Ich wies ihn immer wieder ab, weil er keine Erfahrung hatte. Aber er schickte immer wieder Briefe und kam ins Büro. Nach sechs Monaten Ablehnung bot er mir an, umsonst für mich zu arbeiten. Das war zwar ein verrücktes Angebot, aber das zeigte mir, dass er hungrig war. Er wollte um jeden Preis einen Fuß in die Tür bekommen. Also stellte ich ihn ein. Harry Javer ist jetzt seit 20 Jahren bei mir; er betreibt unsere Mega-Expos und andere Teile des Unternehmens.

Ein anderer toller Mensch in meinem Team ist Heather Moore. Heather hatte Erfahrung im Management von Nachtclubs und Talenten. Über Medieneinkauf wusste sie nichts, aber sie war sehr gewissenhaft und hatte die Einstellung „ich kann alles schaffen". Heute leitet Heather unsere Medienabteilung und kauft für über 20 Millionen Dollar im Jahr ein. Außerdem leitet sie unsere Verlagsabteilung und die Abteilung für Öffentlichkeitsarbeit.

Auf den Visitenkarten stehen keine Titel, vor allem weil wir bei verschiedenen Besprechungen alle unterschiedliche Rollen übernehmen.

Es gibt noch eine Handvoll Mitarbeiter und Berater, mit denen ich seit Jahren arbeite und die alle die gleichen Charakterzüge haben. Sie sind leidenschaftlich, loyal, gründlich und teilen meine Einstellung, dass nach oben keine Grenzen gesetzt sind. Es gibt ein Sprichwort: „Mittelmäßigkeit steht der Größe im Weg", und ich versuche daran zu denken, wenn ich Menschen einstelle. Wenn sie nicht das Potenzial haben durchzustarten, nehmen sie nur Platz weg. Wenn sie nicht Hervorragendes leisten können, blockieren sie den Platz von jemandem, der das kann.

Als Existenzgründer hat man nicht den Luxus riesiger Budgets und Massen an Personal. Man muss Menschen einstellen, die die Arbeit von zehn Menschen machen. Aus diesem Grund musste ich kluge, flexible Generalisten einstellen. Wenn ich einen Spezialisten brauche, engagiere ich einen Berater. Wenn man kluge Leute einstellt, die bereit sind, hart zu arbeiten, braucht man keinen riesigen, kostspieligen Personalstamm.

Teilen Sie den Wohlstand.

Und noch etwas ... ich glaube fest daran, dass man die Menschen für ihre Arbeit belohnen muss. Menschen, die bei mir bleiben, werden sehr gut entlohnt. Wir sind in der Veranstaltungsbranche, aber wir funktionieren wie eine Wall-Street-Firma: Alle haben am Wohlstand teil. Ich fahre diese Strategie mit Mitarbeitern, Beratern und allen, mit denen ich Geschäfte mache. Man muss den Menschen, mit denen man arbeitet, ein Stück von dem Kuchen abgeben. Es ist in Ordnung, wenn man Menschen überbezahlt, die es verdient haben. Und wenn jemand nicht vollen Einsatz bringt, zögern Sie nicht, ihn loszuwerden, bevor er die Krankheit im ganzen Unternehmen verbreitet – die Krankheit der Mittelmäßigkeit.

Vor vier Jahren war ein Broker bei mir angestellt ... er buchte die Redner. Er war bloß in Ordnung. Ich ging mit ihm essen, um den Fall zu besprechen, und ich stellte fest, dass er Schwierigkeiten hatte, finanziell über die Runden zu kommen. New York ist eine teure Stadt und da er einen guten Kleider- und Schuhgeschmack hatte, kam er kaum zurecht. Er verbrachte die Zeit damit, über seine Geldprobleme nachzudenken und nicht damit, Redner zu engagieren. Als wir nach dem Essen zurück ins Büro gingen, wusste ich nicht, was ich machen sollte. Auf der Fifth Avenue sah er in einem Schaufenster einen Versace-Anzug. Er sagte: „Das ist ein toller Anzug." Ich sagte: „Gehen wir doch hinein und schauen ihn an." Er probierte ihn an, und er war erstaunlich ... genau wie der Preis. Um die 7.000 Dollar.

Ich wollte damals den berühmten Hautarzt Dr. Nicholas Perricone als Redner für unsere Städtetour haben. Ich wusste, dass der Broker seit Wochen versuchte ihn zu bekommen, aber es hatte sich gezeigt, dass Perricone kaum zu fassen war. Daher sagte ich: „Holen Sie Perricone, dann kaufe ich Ihnen den Anzug." Wir gingen ins Büro zurück und nach ein paar Stunden sah ich, dass er gehen wollte. Ich fragte ihn: „Wohin gehen Sie denn?“ Er sagte: „Ich hole meinen Anzug ab.“ Ich schaute die große Tafel mit den „Buchungen“ an, und er hatte Perricone tatsächlich dingfest gemacht. Als Unternehmensbesitzer muss man sich Folgendes klar machen: Wenn man von einem Mitarbeiter ungeheure Leistungen verlangt, muss man ihm auch eine ungeheure Belohnung bieten. Dieser Mann arbeitet zwar nicht mehr für mich, aber als er ging, bedankte er sich dafür, dass ich ihn dazu motiviert hatte, über sich hinauszuwachsen. Das ist ein einfaches Rezept, aber viele Unternehmer knapsen und schaden damit sich selbst und dem Unternehmen. Wenn sich ein Mitarbeiter die Seele aus dem Leib arbeitet und wenn deshalb unterm Strich 100.000 Dollar mehr herauskommen, ist die Sonderzahlung von 25.000 Dollar doch geschenkt!

KURZ UND BÜNDIG

Die Welt ist ein fürchterlicher Ort. Löwen töten nur zur Nahrungsbeschaffung, aber Menschen töten aus Vergnügen. Die Menschen versuchen einen geistig umzubringen, vor allem wenn man ganz oben ist. Wir alle haben Freunde, die alles haben wollen, was wir haben. Sie wollen unser Geld, unser Unternehmen, unser Haus, unser Auto, unsere Frau und unseren Hund. Aber das sind nur die Freunde. Unsere Feinde sind noch schlimmer! Sie müssen sich im Leben schützen!

Die gleiche flammende Gier, die Menschen dazu bringt, bei Katastrophen wie zum Beispiel Bränden und Überschwemmungen zu plündern, wirkt auch im normalen Alltag der Menschen. Sie lauert direkt unter der Oberfläche; wenn man am wenigsten damit rechnet, hebt sie ihren bösen Kopf und beißt einen. Finden Sie

sich damit ab. Die Welt ist brutal. Die Menschen vernichten einen nur zum Spaß oder weil sie vor ihren Freunden angeben wollen. Hoffen Sie immer auf das Beste im Menschen, aber seien Sie immer auf das Schlimmste gefasst.
Nehmen Sie die rosarote Brille ab. Seien Sie paranoid. Seien Sie sehr vorsichtig, wenn Sie Mitarbeiter einstellen. Wenn Sie sich nicht den Rücken freihalten, ziehen sie Sie mit Sicherheit über den Tisch. Kümmern Sie sich nicht darum, ob Sie gemocht werden. Ob Ihre Mitarbeiter Sie mögen oder nicht ist nicht wichtig. Aber Sie sollten verdammt sicher sein, dass sie Sie respektieren. Ich habe immer gesagt: „Stellen Sie die besten Leute ein und vertrauen Sie ihnen." Jetzt weiß ich es besser und sage: „Stellen Sie die besten Leute ein und trauen Sie ihnen nicht."

ZENTRALE PUNKTE

- Machen Sie sich keine Illusionen; die Welt ist ein brutaler Ort voller bösartiger Menschen.
- Jeder will den schnellsten Schützen erschießen.
- Löwen töten um Nahrung, Menschen zum Vergnügen.
- Verschaffen Sie sich Respekt und scheren Sie sich nicht darum, ob die Menschen Sie mögen.
- Wenn Sie sich auskennen, werden Sie sofort respektiert.
- Kleiden Sie sich immer so, dass Sie respektiert werden.
- Holen Sie sich die besten Leute und trauen Sie ihnen nicht.
- Stellen Sie nur Menschen mit positiver Einstellung ein und werden Sie die „faulen Äpfel" schnell wieder los.
- Flößen Sie den Menschen einen starken Teamgeist ein.
- Stellen Sie die Loyalität über alles.
- Verzeihen Sie den ersten ehrlichen Fehler.
- Verzeihen Sie einem Gauner nie.
- Legen Sie hohe Maßstäbe an und erwarten Sie, dass die Menschen ihnen gerecht werden.

Kapitel 6

Rache

Ich übe immer Vergeltung. In den 1980er-Jahren habe ich eine Beamtin angeworben, die bloß Kleingeld verdiente. Als sie zu mir kam, hatte sie gar nichts. Ich dachte, sie wäre schlau und könnte unter meiner Anleitung sehr gut werden. In ihrem Beamtenjob war sie ein Niemand und hatte keine Aufstiegsmöglichkeiten. Ich beschloss, sie zu einem Jemand zu machen. Ich gab ihr einen tollen Job bei The Trump Organization und mit der Zeit wurde sie sehr fit in Immobilien. Sie kaufte sich ein schönes Haus.

In der schweren Zeit, die ich Anfang der 1990er-Jahre durchmachte, brauchte ich ihre Hilfe. Ich bat sie, einen sehr guten Freund von ihr anzurufen, der in einer großen Bank eine mächtige Position bekleidete und der getan hätte, worum sie ihn gebeten hätte. Sie sagte: „Donald, das kann ich nicht machen." Ich hatte sie aus einer Beamtensackgasse herausgeholt. Ich hatte sie ermutigt. Ich war ihr Mentor gewesen. Ich hatte etwas aus ihr gemacht, und jetzt sagte sie, sie könnte das nicht machen. Ich entließ sie und sie gründete ihr eigenes Unternehmen.

Ich erfuhr später, dass ihr Unternehmen Bankrott gemacht hatte. Ich freute mich ernsthaft, als ich das erfuhr. Obwohl ich so viel getan hatte, um ihr zu helfen, hatte sie sich gegen mich gewandt. Ich hatte im Gegenzug um einen Gefallen gebeten und sie hatte ihn mir glatt verweigert. Am Ende wurde sie ihr Haus los. Ihr Mann, der nur hinter ihrem Geld her gewesen

war, verließ sie, und ich freute mich. Im Laufe der Jahre wurde ich von vielen Menschen gefragt, ob ich sie empfehlen könnte. Da gebe ich stets eine schlechte Beurteilung für sie ab. Ich kann diese Illoyalität nicht verwinden.
Menschen, die loyal sind, stelle ich auf ein hohes Podest und kümmere mich sehr gut um sie. Für Menschen, die in schlechten Zeiten loyal waren, lege ich mich krumm. Diese Frau war sehr illoyal; ich habe sie mir aus dem Weg geschafft, damit sie ein unglückliches Leben hat. Sie ruft an, weil sie mit mir essen gehen will. Ich nehme ihre Anrufe nie entgegen.
Ich habe im Laufe der Jahre vielen Menschen zum Erfolg verholfen. Manche sind dafür dankbar und manche nicht. Manche haben ein langes Gedächtnis und erinnern sich auch dann noch an das, was man für sie getan hat, wenn sie nichts mehr mit einem zu tun haben, aber ich habe festgestellt, dass die meisten Menschen das vergessen.
Da ist mir vor Kurzem eine interessante Geschichte mit einem jungen Golfprofi passiert. Er war und ist ein guter Spieler, aber er hatte es nie geschafft, in die Tour zu kommen. Er hat einige Jahre die Nationwide Tour gespielt und am Ende die PGA-Tour erreicht. In den ersten Monaten der PGA-Tour lief es sehr gut für ihn, aber dann überhaupt nicht mehr.
Bevor er richtig Geld verdiente, ließ ich ihn in dem Trump International Golf Club in Palm Beach, Florida, trainieren und spielen. Er spielte dort drei Jahre lang, übte Schläge und trainierte; er hielt den Club sozusagen für seinen Heimatplatz.
Als er es in die Tour geschafft hatte und sich einen Namen gemacht hatte, fragte mich John Nieporte, der leitende Golfprofi von Trump International, ob es nach allem, was wir für ihn getan hatten, nicht in Ordnung wäre ihn zu bitten, bei einigen PGA-Turnieren das Trump-Logo zu tragen. Das war zwar nicht gerade das, was mir im Leben am wichtigsten war, aber ich

sagte zu John: „Klar, frag ihn, ich bin sicher, dass er kein Problem damit hat, nach allem was wir für ihn getan haben.“
Als John ihn darauf ansprach, sagte er: „Tut mir leid, John. Da muss ich erst mit meinem Agenten sprechen.“ John war darüber sehr überrascht und richtig schockiert und ich habe ihn angewiesen, wenn der Golfer nicht mehr in der Tour ist und auf meinem Platz eine Runde spielen will, dann soll er ihm einfach sagen: „Tut mir leid, aber da müssen wir erst Herrn Trumps Agenten um Erlaubnis fragen.“
Martha Stewart ist auch so ein Beispiel. Ich war ihr ein guter, loyaler Freund. Als sie aus dem Gefängnis entlassen wurde, half ich ihr bei der Organisation ihrer Serie *The Apprentice: Martha Stewart*.
Ich war zunächst einmal kein großer Freund der Sendung, weil mir die Grundidee nicht gefiel – zwei Versionen der gleichen Serie. Ich dachte, das würde Verwirrung stiften. NBC wollte es trotzdem versuchen. Die dachten sich, *The Apprentice* läuft ja so gut, „Machen wir doch noch so eine.“
Und dann übernahm Martha nicht die Verantwortung für das Scheitern ihrer Sendung, sondern schob sie mir zu. Dabei hatte ich ihre Sendung nur gefördert. Ich sagte, dass Martha eine mutige Frau ist und hart arbeitet. Ich sah die Sendung erst, als sie ausgestrahlt wurde. Aber als ich sie sah, wurde mir klar, dass sie es nie schaffen würde, und sie war schrecklich!
Sie sagte jedem, dass ihre Serie die einzige Apprentice-Serie werden sollte und dass ich zugestimmt hätte, mich von ihr in der Sendung feuern zu lassen. Das ist einfach Blödsinn. Welcher Trottel sollte denn glauben, dass sie den Mann feuern würde, der eine der Spitzen-Fernsehshows hatte? Es ist eine Tatsache, dass ihre Sendung nicht klappte. Aus irgendeinem Grund war Martha darin nicht besonders gut. Sie hat es versucht; sie hat sich bemüht, aber sie hatte nicht das, was man

für eine erfolgreiche Sendung braucht. Im Leben scheitert man manchmal und da ist wirklich nichts dabei, aber wenn man scheitert, darf man nicht versuchen, anderen Menschen die Schuld zu geben. Marthas Version von *The Apprentice* war ein Fehlschlag. Meine bekam tolle Quoten. Die eine hat funktioniert, die andere nicht.

Am meisten entsetzt mich an Martha allerdings ihre Undankbarkeit. Ich habe die beste Werbung für sie gemacht. Ich habe in jeder Folge Werbung für sie gemacht und gesagt, was für eine wunderbare Frau sie ist; und das glaube ich immer noch. Sie hat mir kein einziges Mal dafür gedankt. Sie hat mich nie angerufen und gesagt: „Vielen Dank, Donald." Ich habe Martha viele, viele Male verteidigt und nie eine Notiz oder einen Anruf bekommen. Ein Tipp fürs Leben: Wenn einem jemand hilft, ist es immer nett, danke zu sagen. Ich hatte genug von ihrem undankbaren Verhalten.

Und dann, als ihre Sendung durchfiel, gab sie mir zu allem Überfluss noch die Schuld dafür; aber anstatt mich tot zu stellen, ging ich zum Angriff über. Ich schrieb ihr in einem bösen Brief, dass sie die vergeigte Sendung nur sich selbst zuzuschreiben hatte. Ich schrieb: „Das war eine schrecklich schwache Leistung. Der Sendung fehlten Stimmung, Temperament und so ziemlich alles, was eine erfolgreiche Serie braucht." Dann schrieb ich noch: „Ich wusste schon, dass sie durchfällt, als ich sie zum ersten Mal sah – und deine Einschaltquoten gaben mir Recht." Mein Motto heißt: Immer Vergeltung üben. Wenn einen jemand fertig macht, zahlen Sie es reichlich heim.

Sir Richard Branson und Mark Cuban sind mit ihren schwachen Kopien von *The Apprentice* ebenfalls gescheitert. Richard Branson, der Besitzer von Virgin Atlantic Airways, ist ein netter Kerl. Er hat mich kürzlich angerufen, aber dazu muss ich Ihnen zuerst die Geschichte erzählen.

Ich habe mich letztes Jahr über ihn geärgert, weil er eine neue Sendung machte, eine Apprentice-Kopie namens *The Rebel Billionaire: Branson's Quest for the Best*. Inzwischen erinnert sich niemand mehr an den Namen der Serie. Zwei Monate bevor die Serie auf Sendung ging, fing er an, mit Heißluftballons und großem Medienrummel Werbung dafür zu machen. Sie bezeichnen ihn als Milliardär, aber wie kann man denn mit einer Fluggesellschaft Milliardär werden? Er hat tatsächlich andere gute Geschäfte, aber Flugzeuge sind teuer, die Konkurrenz ist zu stark und die Ticketpreise sind zu niedrig für große Gewinne. Ich weiß nicht, wie irgendjemand als Betreiber einer Fluggesellschaft Milliardär werden soll. Vielleicht wollte er deshalb eine Reality-Show machen. Jedenfalls wurde er vor dem Serienstart auf Fox interviewt und gefragt, was er von Donald Trump hält. Er ist mein Freund und deshalb sagte er: „Oh, er ist großartig. Donald ist ein Freund von mir. Er ist ein großer Geschäftsmann und sehr erfolgreich. Ich habe großen Respekt vor ihm."

Und dann, etwa zwei Wochen vor der Sendung, sagte irgendein bekloppter Produzent zu Branson: „Sie können doch nichts Gutes über Trump sagen." Richard fragte: „Wieso?" Der Produzent sagte: „Weil Sie unverschämte Sachen über ihn sagen müssen, damit Sie gute Quoten bekommen." Eine Woche vor der Sendung sagte er dann im Fernsehen: „Ich mag Donald Trump nicht und er gibt Menschen nicht gerne die Hand." Und dann sagte er noch andere schlechte Dinge über mich.

Es war ja schon schlimm genug, dass er meine Sendung ausschalten wollte, aber jetzt beleidigte er mich dazu auch noch. Ich schwor Rache. Damals sagte ich nichts dazu. Ich wartete, bis seine Serie auf Sendung ging. Falls sie ein großer Erfolg wurde, wollte ich ihn nicht angreifen. Ich wollte nicht dumm dastehen. Ehrlich gesagt wollte ich ihm keine Publicity und damit Quoten verschaffen.

Schließlich wurde er gesendet und fiel mit nur 4,85 Millionen Zuschauern durch. Die Kritiker hassten die Sendung. Tom Shales, der Fernsehkritiker der *Washington Post*, bezeichnete sie als dumm, dämlich und lächerlich. Der Sender setzte sie gleich wieder ab, weil sie so schlecht war. Jetzt war mein Moment gekommen. Ich fiel wie ein Verrückter über den Mann her. Ich sagte der *New York Daily News*: „Ich fand die Show schrecklich. *The Apprentice* ist die heißeste Sendung, die es gibt! Richard Branson, deine Einschaltquoten sprechen eine sehr deutliche Sprache, und jetzt bist du gefeuert!"

Als Cubans Sendung scheiterte, schrieb ich in einem Brief an die *New York Post*, dass ich ihm viel Zeit und Energie hätte sparen können, weil ich mich im Leben, im Business und im Fernsehen auskenne. Mark Cuban ist null telegen und hat null Fernsehpersönlichkeit. Er sieht aus wie ein Neandertaler und begreift es einfach nicht. Vor allen Dingen ist er kein Gewinner. Als seine Mannschaft in der vorletzten Saison die NBA-Playoffs hätte gewinnen müssen, brach sie unter der Belastung total zusammen; sie verlor gegen Miami Heat, gegen den großen Shaquille O'Neal, der ein Freund von mir ist, und Dwayne Wade. In diesem Jahr war es sogar noch schlimmer. Das Team kam in die Playoff-Runde, kündigte den Gewinn der NBA-Meisterschaft an, verlor aber in der ersten Runde gegen die überhaupt nicht favorisierten Golden State Warriors.

Als Mark auf ABC eine Sendung namens *The Benefactor* machte, fiel sie sofort mit Pauken und Trompeten durch und wurde schnell aus dem Programm geworfen. Um für ein bisschen Aufregung und Wirbel zu sorgen, erzählte er Unwahrheiten über mich. Er behauptete, er sei vor vielen Jahren in meinem Haus in Mar-a-Lago gewesen und ich hätte ihn zu mir zitiert und ich hätte Menschen heruntergemacht, die nicht auf meinem finanziellen Niveau sind. Aber das ist nicht mein Ding – genau genommen ist mein Ding genau das Gegenteil. Mir macht es viel mehr Spaß, Menschen wie Mark Cuban herunter zu machen. Außerdem mag ich keine Menschen, die Geschichten erfinden! Ich habe schon immer gesagt, das Mark Cuban ein Verlierer ist – die Zeit wird zeigen, dass ich recht habe. Branson hingegen ist ein guter Mann.

WENN DICH JEMAND SCHLÄGT, SCHLAGE FESTER ZURÜCK

Mit Rosie O'Donnell wurde es noch viel schlimmer. Rosie O'Donnell ist total degeneriert. Sie hat den wunderbaren Menschen Kelly Ripa attackiert, weil ihr Clay Aiken die Hand auf den Mund gelegt hat, damit sie still ist. Rosie griff Kelly wegen dieses Zwischenfalls an. Kelly ist nett und schlug nicht wirklich gegen Rosie zurück. Rosie hat Danny DeVito attackiert. Sie sprach über ihn wie über einen Alkoholiker, weil er am Vorabend einer Sendung mit George Clooney eins trinken gegangen war. Er ist kein Alkoholiker. Ich kenne ihn; er ist ein Freund von mir. Ich rief ihn an und sagte: „Danny, die hat dich als Alkoholiker bezeichnet, warum machst du nichts dagegen?" Das geschah, bevor ich ein Problem mit ihr hatte. Ich sagte zu ihm: „Geh doch ins Fernsehen, verkünde, dass sie nichts taugt, und dass du kein Alkoholiker bist." Er sagte: „Ach, ich will mich da nicht reinziehen lassen." Ich sagte: „Na gut, du bist halt ganz anders als ich!"

Eines Tages rief mich ein Zeitungsreporter an und sagte mir: „Rosie hat in *The View* eine zehnminütige rasende, irrsinnige Schimpftirade über Sie abgelassen." Sie hatte mich vor allem attackiert, weil ich Tara Conner, der damals amtierenden Miss USA, eine zweite Chance gab, als alle dachten, ich würde sie absetzen. Rosie beleidigte mich auf viele Arten und sagte ein paar sehr hässliche Dinge über mich.

Tara Conner ist eine sehr reizende junge Dame. Aber sie kam anfangs mit dem Druck in New York City nicht zurecht. Sie fing an, Drogen zu nehmen und Alkohol zu trinken. Das gab eine Menge Ärger. Aber nach einem Gespräch mit Tara beschloss ich, ihr eine zweite Chance zu geben. Sie war mit einer Therapie einverstanden und jetzt geht es ihr gut. Sie hat mir dafür gedankt, dass ich „ihr das Leben gerettet" habe.

Rosie O'Donnell gefiel es aber nicht, dass ich Tara eine zweite Chance gab. Sie ging ins Fernsehen und verspritzte Gift. Ein Freund von mir rief mich an und sagte: „Junge, die hasst dich ganz schön." Ich kenne Rosie schon lange. Sie hat noch nie etwas getaugt.

Sie wurde wegen schlechter Einschaltquoten aus ihrer Sendung *The Rosie O'Donnell Show* geworfen. Ihre Zeitschrift war eine komplette Katastrophe. Ihre Einmischung und ihre Bosheit machten die Moral aller zunichte, die für die Zeitschrift arbeiteten. Der Herausgeber, ein aufstrebender Star, verlor seinen Job. Ihr Broadway-Stück war ein totales Chaos. Sie ist innerlich wie äußerlich eine unattraktive Person. Tiefer als Rosie kann man kaum sinken. Sie ist ein Trampel und sie ist schon lange so.

Ich hatte nun die Wahl; ich konnte zurückschlagen oder es auf sich beruhen lassen. Ich beschloss sie so heftig anzugreifen, dass sie den Tag bedauern sollte, an dem sie beschlossen hatte mich anzugreifen. Die Medien interessierten sich sehr für meinen Gegenschlag. Und sie bekamen von mir einiges zu hören! Ich wurde von *Entertainment Tonight, Inside Edition, Access Hollywood, Extra* und anderen angerufen, die mich fragten: „Haben Sie eine Entgegnung?" Ja, ich hatte eine Entgegnung. Ich sagte: „Rosie O'Donnell ist widerlich, innerlich wie äußerlich. Sehen Sie sie mal an, sie ist eine Schlampe. Sie spricht wie ein Fernfahrer, ihre Show ist durchgefallen, ihre Zeitschrift war eine totale Katastrophe, sie wurde verklagt. Vielleicht sollte ich sie ja auch verklagen, weil das Spaß machen würde. Ich würde ihr gern ein bisschen Geld aus der Tasche ziehen." Ich fuhr fort: „Rosie ist eine sehr unattraktive Frau und ein Trampel. Rosie ist eine Verliererin und *The View* wird ihretwegen irgendwann Pleite machen. Es war ein Fehler von Barbara Walters, sie einzustellen." Und Barbara rief mich an und riet mir: „Donald, wälz dich nicht mit den Schweinen im Schlamm."

Eines Morgens war ich in *The Today Show*, um über *The Apprentice* zu sprechen, aber stattdessen fing Meredith Vieira an, mir Fragen über Rosie zu stellen. Sie fragte mich gleich am Anfang: „Donald, warum haben Sie Rosie angegriffen?" Die hatte Nerven! Rosie hatte doch mich angegriffen. Ich hatte bloß zurückgeschlagen. Dann fragte sie mich: „Stimmt es, dass Sie gesagt haben, sie sei ordinär?" Ich sagte: „Nein, das habe ich nie gesagt, das wäre zu schwach ausgedrückt, ich habe gesagt: ‚Sie ist total degeneriert!'" Dann fragte sie: „Stimmt es, dass Sie sie als fettes Schwein bezeichnet haben?" Ich sagte: „Nein, ich habe sie nur als Schwein bezeichnet."

Das ist schon lustig; ich habe sie als total degeneriert bezeichnet und niemand kümmerte sich darum, aber als sie dachten, ich hätte sie als „fett" bezeichnet, waren sie alle aus dem Häuschen! Rosie sagte, ihre Kinder seien zu ihr gekommen und hätten gesagt: „Mami, Mami, er hat das Wort mit F zu dir gesagt." Ich glaube nicht, dass ihre Kinder das jemals gesagt haben.

Ich antwortete Meredith: „Ich habe nicht gesagt, sie sei fett, weil das nicht politisch korrekt ist. Überlegen Sie mal, Meredith, ist sie fett?" Meredith wich der Frage aus: „Nun, das möchte ich lieber nicht beantworten." Ich ließ nicht locker: „Meredith, ich will wissen, ob sie fett ist." Sie umging das wieder: „Ich finde nicht, dass ich das beantworten sollte."

Dann sagte ich: „Angenommen, ich hätte sie als fettes Schwein bezeichnet, würden Sie meinen, ich hätte damit Unrecht? Ich habe das nicht gesagt, aber würden Sie meinen, ich hätte damit Unrecht?“ Darauf sagte sie: „Lassen wir dieses Thema lieber.“ Das zeigt einfach nur, dass diese Fernsehreporter wirklich keinen Mumm haben. Ich meine, ich mag Meredith sehr gern; sie ist sehr nett, aber da hat sie einen Fehler gemacht. Dann kam sie wieder mit einer dummen Frage an: „Donald, warum reden Sie dauernd über Rosie?“ Ich sagte: „Weil Sie mich danach gefragt haben!“ Ich hatte Rosie nicht auf den Tisch gebracht. Ich glaube, das war das dümmste Interview, das ich in meinem ganzen Leben gemacht habe.

Etwa um diese Zeit verkündete Rosie, sie leide unter Depressionen. Da riefen mich Reporter an und baten mich um einen Kommentar. Anstatt zu sagen, „Kein Kommentar“, oder wie es die meisten Menschen machen würden, „Ist das nicht schlimm? Ach, das ist ja schlimm“, sagte ich: „Ich glaube, ich kann ihre Depression heilen. Ich glaube, wenn sie nicht mehr in den Spiegel schauen würde, wäre sie nicht mehr so deprimiert.“ Das kam auf *Entertainment Tonight*, und der Reporter sagte: „Oh, was für ein fürchterliches Statement. Einfach fürchterlich.“ Was ist denn daran so fürchterlich? Sie greift mich an und erzählt hässliche Lügen über mich, aber ich darf nicht zurückschlagen?

Und jetzt kommt's: Ein paar Tage später wurde Rosie in Red Carpet interviewt. Der Reporter fragte: „Rosie, Donald hat gesagt, Sie sollten nicht mehr in den Spiegel schauen, das würde gegen Ihre Depressionen helfen. Haben Sie dazu etwas zu sagen?“ Sie antwortete: „Ich habe dazu keinen Kommentar. Ich will nicht über ihn sprechen!“ Und wissen Sie warum? Weil ich diese fürchterliche Frau voll zwischen die Augen getroffen habe. Das ist wahr. Sie spricht über Kelly Ripa, sie spricht über

Danny DeVito oder über Tom Selleck, aber wissen Sie, wenn man einen Trampel zurückschlägt, bricht er immer zusammen. Ich habe das auf der Highschool gelernt; einen Schlägertypen muss man richtig hart und richtig fest treffen, genau zwischen die Augen. Manche Menschen hätten ihre Beleidigungen einfach ignoriert. Ich beschloss, zurückzuschlagen und dafür zu sorgen, dass sie den Tag bereute, an dem sie beschlossen hatte, sich über mich auszulassen!

Deshalb sage ich den Menschen immer: „Übt Vergeltung!" Das ist nicht der übliche Rat, aber das ist der Rat für das richtige Leben. Wenn man nicht quitt wird, ist man ein Schlappschwanz! Ich meine das so, wie ich es sage. Aus irgendeinem Grund mögen mich Sportler und rufen mich oft an. Ich kenne viele Sportler, die ungeheuer viel Geld verloren haben. Das sind halbe Kinder, die in jungen Jahren viel Geld verdienen und das meiste wieder verlieren, bevor sie sich zur Ruhe setzen. Ihnen bleibt nichts mehr. Alles ist weg, weil sie Manager haben, Steuerberater, Anwälte, Agenten und sogenannte Finanzberater, die es ihnen wegnehmen. Das ist, wie wenn sie einem Kleinkind Bonbons wegnehmen würden.

Ein mir befreundeter Sportler rief mich eines Tages an und sagte mir, er habe Indizien dafür, dass ihm sein Manager das ganze Geld gestohlen habe. Er ist ein großartiger Sportler und hat jahrelang in der NBA gespielt. Er sagte: „Mit den Informationen, die ich gefunden habe, kann ich den Kerl dingfest machen, oder?" Dieser Sportler ist sehr berühmt, und Sie kennen alle seinen Namen, auch wenn Sie kein großer Fan von ihm sind. Ich sagte: „Kommen Sie, den kaufen wir uns, dass es sich gewaschen hat! Den kriegen wir! Ich helfe Ihnen, ihn zu kriegen. Ich habe den gerissensten Anwalt, den man sich vorstellen kann. Wir klagen Ihrem Manager den Hintern vom Leib. Wir tun ihm so weh, dass er auf Knien zu Ihnen angerutscht kommt.“ Ich fügte noch hinzu: „Ich kriege diesen Kerl für Sie und er wird leiden und Sie bekommen einen großen Teil Ihres Geldes zurück, egal wie viel sich der Typ unter den Nagel gerissen hat.“ Darauf sagte er: „Ach, Herr Trump, tun Sie es nicht, ich will nicht, dass Sie das machen.“ Ich fragte: „Wie meinen Sie das, Sie wollen das nicht? Warum nicht?“ Er sagte: „Naja, ich will mich da nicht hineinziehen lassen.“ Ich fragte: „Warum?“

Da haben wir einen großartigen Sportler, der sein ganzes Geld verloren hat, aber trotzdem will er nichts mit der Verfolgung seines Managers zu tun haben, der ihn bis aufs Hemd ausgeraubt hat. Er hat ihn nicht nur ein bisschen locker-leicht beklaut oder einen kleinen Fehler gemacht, sondern er hat ihn ausgeraubt. Ich sagte: „Hören Sie zu, Sie müssen das tun, sonst sind Sie der dümmste Mensch, der mir seit Langem begegnet ist!“ Er sagte: „Ich kann das nicht!“ Ich sagte: „Das ist in Ordnung, aber dann rufen Sie mich nie wieder an, denn Sie sind ein Schlappschwanz!“ Ich habe mit dem Mann seither nie mehr geredet. Er ruft ab und zu bei mir an, aber ich rede nie mit ihm, denn er ist ein Verlierer. Man muss den Menschen zeigen, dass man sich nicht herumschubsen lässt. Sein nächster Manager, egal wer er ist – und er hat keine lange Karriere mehr vor sich –, stiehlt ihm wahrscheinlich das Geld, das er jetzt verdient. Warum sollte er das auch nicht tun? Dieser Mann tut ihm sowieso nichts, denn er ist ein Volltrottel.

Zögern Sie daher nicht, sich über andere Menschen herzumachen. Das ist nicht nur wegen der Person wichtig, auf die Sie es abgesehen haben, sondern auch damit andere Menschen wissen, dass man mit ihnen nicht machen kann, was man will.

Wenn andere Menschen sehen, dass Sie sich keinen Quatsch gefallen lassen, und wenn sie sehen, dass Sie jemanden, der Ihnen Unrecht getan hat, wirklich fertig machen, haben sie

Respekt vor Ihnen. Sie brauchen aber immer einen guten Grund, um jemand fertig zu machen. Tun Sie das nie ohne guten Grund. Wenn Ihnen Unrecht geschieht, machen Sie sich über die betreffenden Menschen her, weil das ein gutes Gefühl ist und weil andere Menschen das mitbekommen.

Vergeltung zu üben ist nicht immer eine persönliche Angelegenheit. Es gehört einfach zum Geschäft. Ein Beispiel sind meine Händel mit Merv Griffin. Merv Griffin ist kürzlich gestorben – er war eine interessante Gestalt. Wir hatten einige Kämpfe, aber am Ende haben wir zu gegenseitigem Respekt gefunden. Er sagte den Menschen immer, Donald Trump sei ein Genie (ich glaube, das hat er sogar in seinem Buch geschrieben), aber eines hat sich nie geändert – Merv behauptete immer, er habe mich bei einem Deal besiegt, obwohl er es besser wusste und es mir gegenüber auch zugegeben hat.

Ich habe ihm ein Unternehmen namens Resorts International zu einem sehr hohen Preis verkauft. Ich besaß die Stimmrechtsmehrheit, sodass er nicht machen konnte, wenn ich nicht bereit war zu verkaufen, aber der Preis war so hoch, dass es Wahnsinn gewesen wäre, sein Angebot nicht anzunehmen. Merv erzählte sofort nach dem Deal überall herum, er habe mich geschlagen. „Ich habe Donald Trump bei dem Deal geschlagen!", rief er.

Zeitungen und Zeitschriften riefen mich an und sie verkündeten, dass Merv Donald bei einem Deal geschlagen habe. Ich werde nie vergessen, wie ich einem Reporter sagte: „Deals sind merkwürdig – reden wir in fünf Jahren nochmal darüber, aber einstweilen habe ich einen sehr hohen Preis bekommen, viel mehr, als er hätte bezahlen müssen, denn ich hätte auch viel weniger genommen."

Auf jeden Fall entpuppte sich der Deal für Merv als Desaster, und soweit ich weiß, hat er für diese Transaktion mindestens zweimal Insolvenz angemeldet. Ich glaube, dass er mich deshalb als Genie bezeichnet hat, aber ich muss auch sagen, dass er ein erstaunlicher Konkurrent war; nach außen hin sehr nett und glatt, aber im Inneren ein richtiger Tiger. Bei irgendeinem Anlass hat er einmal gesagt: „Ich hatte einmal viele Kokosnüsse." Damit spielte er scherzhaft darauf an, wie viel ihn der Resorts International-Deal mit mir gekostet hatte. Aus geschäftlichen Gründen waren Merv und ich keine Freunde – aber ich werde ihn vermissen.

Ich liebe es, quitt zu werden, wenn mich jemand über den Tisch gezogen hat – ja, es ist wahr, es gibt immer noch Menschen, die versuchen, mich zu verschaukeln, und manchmal gelingt ihnen das auch; das passiert zwar selten, aber wenn, dann mache ich mich über sie her. Und wissen Sie was? Mit mir wollen die Menschen nicht so oft ihr Spielchen treiben wie mit anderen Menschen. Sie wissen, dass ihnen wirklich ein großer Kampf bevorsteht, wenn sie es doch tun. Üben Sie immer Vergeltung. Im Geschäftsleben müssen Sie es Menschen, die Sie abgezockt haben, immer heimzahlen. Sie müssen sie dann 15-mal so schlimm abzocken. Das tun Sie dann nicht nur, um die Person dranzukriegen, die Sie über den Tisch gezogen hat, sondern auch um anderen zu zeigen, was mit ihnen passiert, wenn sie Sie über den Tisch ziehen. Wenn jemand Sie angreift, zaudern Sie nicht. Zielen Sie auf die Halsschlagader. Schlagen Sie massiv zurück!

DAS MEINT ZANKER

Das Leben ist voller Verlierer, die versuchen, andere Menschen dranzukriegen, vor allem erfolgreiche Menschen. Ich glaube, dass das immer an einem von zwei Dingen liegt: Neid oder Gier oder beides. Manchmal hat das, wie Donald sagt, gar nichts mit Geld zu tun: „Die machen das nur zum Vergnügen."

Irgendwann brachte ein Unternehmen ein komplettes Imitat von The Learning Annex und fing an, in New York City in direkter Konkurrenz zu mir zu werben. Im Grunde stahlen die unsere Kunden. Ich bat den Besitzer des Unternehmens in einem Brief, er solle aufhören, bei uns zu klauen. Er weigerte sich, und deshalb verklagte ich die Firma sofort wegen Verletzung des Urheberrechts und des Markenschutzes. Als wir vor Gericht zogen, fragte der Richter, ob das Unternehmen einen außergerichtlichen Vergleich wolle. Die sagten nein. Der Richter entschied zu Gunsten von The Learning Annex und setzte die Geldstrafe so hoch, dass die Firma sie nicht bezahlen konnte und zumachen musste. Ich fühlte mich deswegen sehr gut. Man muss etwas gegen Menschen tun, die einen ärgern.

Dafür braucht man unbedingt Ausdauer. Mein ganzes Unternehmen stand auf dem Spiel. Ich konnte mich nicht einfach hinsetzen und das auf sich beruhen lassen. Ich musste zurückschlagen. Ich führte den Kampf bis hinauf zum New York State Court of Appeals, der höchsten Instanz im Staat New York. Ich kämpfte so lange, bis ich gewann. Hören Sie nie auf, bevor Sie quitt sind.

Ein andermal, in den 1980er-Jahren, als mein Unternehmen so richtig in die Gänge kam, engagierte ich eine Bestsellerautorin und Beziehungsexpertin als Rednerin. Es war geplant, dass sie an einem Samstagmorgen bei The Learning Annex in Washington, D.C., einen Vortrag halten sollte. Sie sollte am Freitagabend mit dem Flugzeug aus Los Angeles eintreffen. Wir hatten mehrere hundert Anmeldungen für diesen Kurs.

Um elf Uhr abends rief sie mich an und sagte, ihr Flug sei gestrichen worden und sie könnte den Kurs nicht halten. Das brachte mich schwer in die Bredouille, denn diese Menschen brauchten Hilfe und freuten sich auf den Vortrag. Dafür, alle anzurufen und ihnen zu sagen, dass die Veranstaltung ausfiel, war es zu spät. Sie würden am nächsten Tag kommen und dann feststellen, dass der Kurs nicht stattfand. Das wäre für mein Unternehmen und meinen Ruf nicht gut gewesen.

Ich erkundigte mich bei den Fluggesellschaften und erfuhr, dass der Flug gar nicht gestrichen war. Da wusste ich, dass sie einfach in letzter Minute beschlossen hatte, ihrer Verpflichtung nicht nachzukommen. Lieber missachtete sie mich und die ganzen Menschen, die sich für ihren Vortrag eingeschrieben hatten.

Wenn sie zu dem gestanden hätte, was sie getan hatte, und wenn sie sich dafür entschuldigt hätte, dass sie mir Probleme bereitete, hätte ich es auf sich beruhen lassen. Aber sie behandelte mich und die Studenten so, als wären wir nicht wichtig. Nach diesem Ereignis begann ich eine Liste von Menschen zu führen, die mich verletzt haben, und trug sie auch ein. Dann lehnte ich mich zurück und wartete auf eine Gelegenheit mich zu rächen. Diese Liste ist manchmal kurz und manchmal wird sie länger. Aber ich habe immer eine Liste, und Sie können mir glauben, Sie wollen bestimmt nie darauf stehen.

Einige Zeit danach rief mich ein Fernsehproduzent an. Die erwähnte Autorin wurde für eine Fernsehsendung über Beziehungen in Erwägung gezogen. Sie hatte meinen Namen als Referenz angegeben. Ich gab dieser Frau die schlechteste Empfehlung, die man sich vorstellen kann. Ich sagte, sie sei schrecklich, äußerst unehrlich und verantwortungslos.

Später erfuhr ich erfreut, dass aus dieser Sendung nie etwas wurde. Ich weiß natürlich nicht, ob meine schlechte Referenz etwas damit zu tun hat, aber ich hoffe es. Sie hat schon oft bei The Learning Annex angerufen, weil sie Kurse halten und ihre Bücher verkaufen will, aber ich lasse sie nicht reden. Ich habe nicht vergessen, wie grob und respektlos sie mich und meine Studenten behandelt hat. Ich lasse so etwas nie einfach so durchgehen. Ich übe immer Vergeltung.

Vor Kurzem musste ich einen unfähigen Mitarbeiter entlassen. Ich hasse es, Menschen zu entlassen. Aber dieser Mensch arbeitete wirklich übelst und ich musste ihm kündigen. Ein paar Wochen danach bekam ich einen Brief von einem Anwalt, er wolle mich wegen unrechtmäßiger Kündigung verklagen. Dieser Prozess hatte überhaupt keine Berechtigung, aber die Verteidigung würde mich eine Stange Geld kosten. Deshalb beschloss ich, stattdessen Vergeltung zu üben.

Ich hatte eine Idee. Ich ließ meinen Computermenschen kommen und bat ihn, die ganzen gelöschten Dateien auf dem Computer des betreffenden Mitarbeiters durchzusehen und herauszufinden, was er in der Zeit gemacht hatte, in der er eigentlich hätte arbeiten sollen. Der Computerexperte kam mit ein paar interessanten Sachen zurück. Offensichtlich hatte dieser Mann von seinem Arbeitscomputer aus hunderte von pornographischen Internetseiten besucht. Ich ließ meinen Anwalt dem anderen Anwalt einen Brief des Inhalts schicken, dass diese ganzen Informationen öffentlich bekannt würden, wenn wir vor Gericht gehen würden (also dass mich der Hohn und die Peinlichkeit, die er erleiden würde, nicht kümmerten). Ich habe nie wieder etwas von ihm gehört. Das zeigt nur, dass man hart zuschlagen muss, wenn einen jemand prügeln will.

Führen Sie immer eine Liste der Menschen, die Sie verletzt haben. Dann lehnen Sie sich zurück und warten Sie auf den richtigen

Moment für die Rache. Und wenn sie es am wenigsten erwarten, schlagen Sie mit voller Wucht zu. Zielen Sie auf die Halsschlagader. Wenn sich jemand aufrichtig bei mir entschuldigt, wenn mir jemand Geld schuldet und es zurückzahlt, dann nehme ich es an und lasse es sein. Aber wenn nicht, warte ich auf die Gelegenheit, und wenn sie kommt, schlage ich voll zu.

KURZ UND BÜNDIG

In Ihrer Kindheit haben Ihnen Eltern und Lehrer immer gesagt, Sie sollen nicht kämpfen, sondern versuchen, mit den Menschen auszukommen. Sie meinten es zwar gut und wollten Sie vor den harten Realitäten der Welt beschützen, aber in der Welt der Erwachsenen ist das anders. Es gibt viele Schlägertypen, die einen herumschubsen wollen. Die können ganz schön garstig werden. Wenn es so ein Schläger auf Sie abgesehen hat, spielen Sie nicht den Lieben und geben Sie nicht nach. Nicht hinlegen und hinnehmen, sondern Vergeltung üben! Das ist nicht der übliche Ratschlag, aber das ist der richtige Rat für das richtige Leben. Wenn Sie keine Vergeltung üben, sind Sie ein Schlappschwanz! Die meisten Autoren von Managementbüchern sagen das nicht so offen und ehrlich. Sie wissen zwar, dass das die Wahrheit ist, aber sie sagen es Ihnen nicht, weil sie für „nette Leute" gehalten werden wollen. Ich bin mit meinen Worten nicht so zimperlich. Wenn Ihnen jemand Unrecht tut und Sie tun nichts dagegen, sind Sie nicht „nett", sondern ein Schlappschwanz.

Deswegen sage ich: Wenn Ihnen jemand Unrecht tut, machen sie ihn fertig, denn das gibt Ihnen ein gutes Gefühl und andere Menschen sehen, dass Sie das tun. Ich liebe das. Wenn mich jemand abzockt, schlage ich zurück. Und wissen Sie was? Mich ärgern die Menschen nicht so gern wie andere Menschen. Sie wissen, dass sie einen richtig heftigen Kampf vor sich haben, wenn sie es doch tun. Üben Sie immer Vergeltung.

ZENTRALE PUNKTE

- Wenn jemand Sie abzockt, zocken Sie ihn dicke ab.
- Verzeihen Sie guten Menschen, aber richtig schlechten nicht.
- Wenn jemand Sie öffentlich angreift, schlagen Sie immer zurück.
- Wenn Sie einen Schläger aufhalten wollen, treffen Sie ihn mitten zwischen die Augen. Dann überlegt er zweimal, ob er das noch einmal macht.
- Selbst unter Spitzensportlern gibt es Schlappschwänze, die sich bestehlen lassen und Angst davor haben, Vergeltung zu üben.
- Für Vergeltung braucht man immer einen guten Grund.
- Zielen Sie auf die Halsschlagader, damit die Menschen, die zusehen, Ihnen nicht mehr an den Karren fahren wollen.
- Wenn jemand weiß, dass er einen Fehler gemacht hat, und wenn er sich entschuldigt, verzeihen Sie ihm und machen Sie weiter, aber vertrauen Sie ihm nie wieder.

Kapitel 7

Der große Schwung

Es ist sehr wichtig, dass Sie wissen, wann Ihre Zeit gekommen ist. Eine wichtige Lektion über Dynamik und Timing habe ich von William Levitt gelernt, dem faszinierenden Vater der Vorstädte. William Levitt wurde so berühmt, dass er am 3. Juli 1951 auf die Titelseite der Zeitschrift *Time* kam. Angefangen hatte alles am Ende des Zweiten Weltkriegs.

Die Wohnungsbauindustrie, wie wir sie heute kennen, gab es vor dem Zweiten Weltkrieg noch nicht; es gab nur lokal begrenzte Baufirmen, die pro Jahr nur ein paar Häuser bauen konnten. Als Millionen von Männern und Frauen aus dem Krieg heimkehrten, konnte diese langsame, träge Art des Bauens nicht mit der steigenden Nachfrage nach Wohnraum Schritt halten. Die Menschen suchten derart verzweifelt nach Wohnungen, dass beispielsweise ein Ehepaar zwei Tage lang im Schaufenster eines New Yorker Kaufhauses kampierte, um auf ihre Wohnungssuche aufmerksam zu machen.

William Levitt löste die Wohnungsbaukrise nach dem Zweiten Weltkrieg, indem er Fließbandmethoden auf den Wohnungsbau anwendete. So konnte er schnell und kostengünstig große Mengen von Häusern bauen. Levitts Häuser waren so preiswert, dass Busfahrer, Lehrer und Fabrikarbeiter sie sich leisten konnten. Dieser brillante Baumeister erfand moderne Baumethoden und ist für die Entstehung der Vorstädte verantwortlich, die wir heute kennen. Er spaltete den Bauprozess in 27 einzelne Schritte auf und baute seine Häuser mit spezialisierten

Teams, die jeweils für Zimmermannsarbeiten, Fliesenlegerarbeiten, Malerarbeiten, Dachdeckerarbeiten und so weiter zuständig waren.

Bill Levitt war sehr hungrig. Er achtete auf jedes Detail. Als er in Levittown, New York, 17.000 Häuser gleichzeitig baute, sammelte er nach einem Bautag persönlich Nägel ein. Er ließ seine Arbeiter Sägemehl sammeln, weil er es an andere Unternehmen verkaufen konnte. Er senkte die Holzkosten, indem er Wälder und Sägewerke kaufte. Er sparte die Gewinnspanne des Großhandels ein, indem er Maschinen direkt vom Hersteller kaufte. Er stellte sogar seine eigenen Nägel her. Levitt war Perfektionist. Er fuhr jeden Samstag mit seinem blauen Cadillac durch die Straßen von Levittown und begutachtete den Zustand der Stadt, die er geschaffen hatte. Er lauschte nach Gerüchten und sorgte dafür, dass alles tipptopp in Ordnung war. Levitt baute in den Vereinigten Staaten und in Kanada 140.000 Häuser von der einfachsten bis zur mittleren Kategorie, und zwar unter anderem in New York, Pennsylvania, New Jersey, Maryland und Georgia. Im Jahre 1968 verkaufte Levitt seine Firma an den Großkonzern ITT, der von dem großartigen Unternehmer Harold Geneen geleitet wurde. Levitt bekam dafür 92 Millionen Dollar in Aktien, was in heutigem Geld etwa zwei Milliarden Dollar entspricht.

Levitt setzte sich zur Ruhe und heiratete eine attraktive Frau; manche Menschen würden sagen, eine Trophäe. Dann gab er den größten Teil seines Geldes für Luxus aus, unter anderem für die 72-Meter-Jacht *La Belle Simone* (nach seiner dritten Frau benannt) und eine Villa mit 30 Zimmern in Mill Neck, New York. Er lebte sehr locker und bequem. Bei dem Verkauf seines Unternehmens hatte er sich verpflichtet, zehn Jahre lang in den Vereinigten Staaten nichts zu bauen. Aber er startete ein paar Bauprojekte im Iran, in Venezuela und in Nigeria. Er benutzte

seine ITT-Aktien als Sicherheit für die Darlehen, die er für seine neuen Projekte aufnahm.
ITT managte das Hausbaugeschäft nach der Übernahme von Levitt indes nicht so gut wie dieser. Anstatt Probleme durch Einfallsreichtum zu lösen, pumpte der Großkonzern viel Geld hinein. ITT wusste nicht, was es tat. Es verschwendete viel Geld. Es ging nicht herum und sammelte Nägel ein. Es kümmerte sich nicht um Kleinigkeiten. Es vergeudete leichtsinnig Geld, indem es vielerorts Grundstücke kaufte und dann feststellte, dass sie nicht als Bauland erschlossen werden konnten. ITT machte all die Sachen, die große Unternehmen so machen; es machte dabei Verlust, ohne sich darum zu kümmern. Innerhalb von vier Jahren verlor die ITT-Aktie 90 Prozent ihres Wertes. Als die Auslandsprojekte in Schwierigkeiten gerieten, hatte das Unternehmen Millionenschulden.
Nach 15 Jahren beschloss ITT, Levitts Unternehmen zum Verkauf anzubieten. Levitt wollte wieder aktiv werden und kaufte sein Unternehmen von ITT zurück. Er fing wieder an, in den Vereinigten Staaten Häuser zu bauen, fand aber nicht mehr zu der früheren Glorie zurück; er stieß auf eine schwere Rezession und viele andere Probleme, die er nicht lösen konnte. Am Ende machte er Bankrott und verlor alles.
Im Jahre 1993 wurde ich auf eine Party für 100 ultra-erfolgreiche Unternehmer eingeladen; sie wurde von einem mächtigen Unternehmer in dessen Wohnung in der Fifth Avenue veranstaltet. Nachdem die Schwierigkeiten, die ich Anfang der 1990er-Jahre hatte, wieder abgeflaut waren, ging es mir so langsam wieder richtig gut: Ich hatte 40 Wall Street gekauft und baute Trump International Hotel and Tower; ich wurde auf die Party eingeladen, obwohl ich nicht trinke. In einer Ecke saß ein alter Mann. Ich ging zu ihm, um mit ihn zu reden, und erkannte, dass es der große Hausbauer William Levitt war.

Er war etwa 82 Jahre alt. Niemand redete mit ihm, weil alle über sich selbst und über Deals redeten. Ich war verblüfft, dass er da war.

Als Immobilienunternehmer war ich sehr an einem Gespräch mit ihm interessiert, denn ich hatte seine Arbeit immer respektiert. Ich sagte: „Hallo, Herr Levitt, wie geht es Ihnen?" Er sagte: „Nicht gut, Donald, gar nicht gut." Ich sagte: „Ich weiß, ich habe gelesen, dass es sehr hart für Sie ist." Er sagte: „Das ist sehr hart und sehr erniedrigend." Ich war neugierig und fragte: „Was genau ist denn schief gelaufen?"

Er sagte: „Donald, ich habe meinen Schwung verloren." Das sagte der gleiche brillante, dynamische Mann, der 140.000 Häuser gebaut und die Hausbaubranche revolutioniert hatte. Das war der gleiche Mann, aber er hatte seinen Schwung und damit alles verloren. Das ist das einzige Mal, dass ich diese Aussage gehört habe.

Es kann uns allen passieren, dass wir den Schwung verlieren; wenn diese Zeit kommt, muss man wissen, was man dagegen tun kann, denn es gibt keinen Grund, sich in eine solche Lage zu begeben. Ich fand seine Erkenntnis dermaßen brillant. Das war so fantastisch und so traurig. Kurze Zeit später starb er mit nichts, weil er seinen Schwung verloren hatte. Ich habe an diesem Abend von William Levitt eine großartige Lektion gelernt. Seit dieser Zeit verbringe ich viel Zeit damit, mich mit der Macht des Schwungs über mein Privat- und Geschäftsleben zu beschäftigen und sie zu nutzen. Ich will niemals meinen Schwung verlieren. Diese Lektion gilt unabhängig davon, ob man im Immobiliengeschäft tätig ist.

Wenn man sich zu einem ehrenwerten Ziel aufmacht – einen tollen Job an der Wall Street zu bekommen, Bürgermeister von New York zu werden oder das höchste Gebäude der Welt zu bauen –, hat man noch keinerlei Schwung aufgebaut. Man hat keine Kontakte und keine Erfolgsbilanz. Niemand ruft einen an und nichts passiert.

Um zu erklären, wie Schwung funktioniert, benutze ich die Immobilienbranche als Beispiel, aber das Gleiche gilt für Verkäufer, Politiker, Unternehmer, Erfinder, Führungskräfte, Anwälte und so gut wie alle Berufe. Zuerst rennt man auf der Suche nach Deals und Grundstücken erfolglos mit dem Kopf gegen die Wand. Man macht immer weiter und stellt sich dabei ein Team von Profis zusammen, auf die man zurückgreifen kann, wenn man irgendwann ein Bau- oder Umbauprojekt bekommt. Zuerst kennt einen niemand. Keiner glaubt einem, weil man so etwas noch nie gemacht hat. Niemand kann wissen, ob man wirklich etwas auf dem Kasten hat oder ob man nur ein windiger Betrieb ist, der zusammenklappt, wenn es zu eng wird. Zuerst passiert gar nichts.

Mit jedem Tag, der vergeht, und mit jedem Kontakt, den man knüpft, baut man Dynamik und Schwung auf. Man zeigt den Menschen, dass man nicht verschwindet, aber es passiert immer noch nichts. Dabei muss man bleiben. Und dann gelingt eines Tages ein Durchbruch; man bekommt einen Auftrag oder schließt einen Deal. Das sagt man all seinen Kontakten, und plötzlich steigt Ihre Glaubwürdigkeit. Man fängt an, Ihnen zu glauben. Sie arbeiten weiter und befinden sich jetzt gewissermaßen auf einer neuen Ebene. Nach einer Weile haben Sie so viel Schwung aufgebaut, dass ein Vielfaches auf Sie einströmt: Sie bekommen zwei, drei Kunden oder Aufträge auf einmal. Das erzählen Sie jedem, und Ihr Wert steigt gewaltig. Alle sehen, dass Sie in Schwung geraten sind und sie wollen daran teilhaben!

Was können Sie tun, um Schwung aufzubauen? Dafür müssen Sie sich zunächst leidenschaftlich und intensiv auf ein bestimmtes Ziel konzentrieren; das habe ich ja schon besprochen.

Nehmen Sie etwas, das Sie sehr gut können oder in dem Sie sehr gut werden können. Bringen Sie sich zunächst damit in Schwung, dass Sie auf dem von Ihnen gewählten Feld zum Experten werden.

Als ich in Wharton Finanzwissenschaft studierte, fand ich die normalen Kurse zwar großartig, aber sie befriedigten nicht meinen Durst nach echtem praktischen Wissen. Ich wusste, dass ich ein großér Bauträger werden wollte und deshalb lernte ich während der Freizeit, die mir Wharton ließ, wie man Immobilien kauft und verkauft. Das gehörte nicht zum Studienplan, aber ich studierte das trotzdem und ich entwickelte einen gewissen persönlichen Schwung.

Ein guter Mentor trägt ebenfalls zur Dynamik bei. Finden Sie jemanden, der viel über Ihr Gebiet weiß, und machen Sie ihn sich zum Freund. Fragen Sie um Rat. Wenn Sie etwas nicht verstehen, fragen Sie Ihren Mentor. Wenn Sie keinen Mentor finden, dem Sie persönlich begegnen können, suchen Sie ihn in Ihren Studien oder in Büchern. Finden Sie jemanden, der Ihnen zusagt und der etwas erreicht hat, das Sie bewundern und anstreben. Wenn Sie sich beispielsweise für Architektur interessieren, studieren Sie das Leben großer Architekten der Vergangenheit und Gegenwart. Es ist wichtig, dass Sie sich zuerst ein gutes Fundament schaffen. Viele Menschen, die es weit gebracht haben, werden wohl keine Zeit für Neulinge übrig haben. Versuchen Sie sich auf eigene Faust so viele Methoden und Wissen wie möglich beizubringen.

Für mich ist ein guter Mentor jemand, der Gelegenheiten, Herausforderungen und Lehrmittel bietet. Wir müssen unsere Schwachpunkte genauso kennen wie unsere Stärken. Wenn Sie *The Apprentice* schauen, werden Sie bemerken, dass die Kandidaten ihre persönlichen Stärken und Schwächen häufig selbst präsentieren, ohne dass ich sie darauf hinzuweisen brauche.

Stellen Sie sich selbst Herausforderungen, üben Sie Selbstkritik und entwickeln Sie sich weiter, damit Sie Selbstvertrauen und Stehvermögen gewinnen.

Mein Mentor war mein Vater. Als ich mein Studium in Wharton abgeschlossen hatte, begann ich mein Wissen in der wirklichen Welt umzusetzen, indem ich mit meinem Vater an Immobiliendeals arbeitete; das steigerte meinen Schwung erheblich. Um Schwung aufzubauen, finden Sie so schnell wie möglich Arbeit in Ihrem Bereich. Fangen Sie in der Poststelle oder mit einem Praktikum an – egal was Sie brauchen, um einen Fuß in die Tür zu bekommen und Schwung für das richtige Leben zu bekommen.

Die Arbeit bei meinem Vater war zwar großartig, aber ich wollte mehr. Es ist sehr wichtig, dass man den Schwung nur weiter wachsen lassen kann, wenn man sich ständig neuen Herausforderungen stellt. Ich habe mir eine Herausforderung im großen Stil gesetzt, als ich ins kalte Wasser sprang, nach Manhattan ging und dort meine eigene Firma gründete. Ich nahm den Schwung, den ich fünf Jahre lang bei der Arbeit mit meinem Vater in Queens und Brooklyn aufgebaut hatte, und benutzte ihn, um meine Immobilienkarriere in der großen Arena von Manhattan in Gang zu bringen. Dann nutzte ich meine zielstrebige Willenskraft und meine Begeisterung, um noch mehr Schwung aufzubauen. Der Schwung ist wie Pokerchips, die man im Spiel halten muss und in immer größere Pötte legen muss.

Der Schwung hat eine seltsame Eigenschaft: Wenn man stehen bleibt, hört er auf. Das ist mir Ende der 1980er-Jahre passiert. Ich ritt auf einer schwungvollen Welle an die Spitze der New Yorker Immobilienszene. Ich hatte gut vorgearbeitet und der Zeitpunkt war perfekt. Ich trat exakt dann auf den Plan, als der Immobilienmarkt in New York City den Tiefpunkt erreicht hatte. Ich trat in das Spiel ein, als die unterbewerteten, spottbilligen

Grundstücke von Penn Central an der Westside auf den Markt kamen und sich außer mir niemand dafür interessierte. Ich bekam diesen Deal ohne Geld. Danach hob der New Yorker Immobilienmarkt in einem 16-jährigen Boom ab. Ich erlebte nur gute Zeiten. Ich dachte, das würde immer so bleiben. Ich war in diesen 16 Jahren immer nur auf eines aus: mehr und immer mehr Schwung aufzubauen. Dann hörte ich damit auf.

Business Week schrieb in einem Artikel über mich: „Alles, was er anfasst, verwandelt sich in Gold." Ich glaubte, dass der Artikel die Wahrheit sagte, und begann mich so zu verhalten als sei das wahr. Ich ging nach Paris und genoss die zweite große Liebe meines Lebens: schöne Frauen – Supermodels. Ich hatte die Wirklichkeit aus den Augen verloren. Ich dachte, Immobilien seien leicht. Ich hatte mir nicht vorstellen können, dass der Schwung, der mit jedem Deal größer geworden war, je aufhören könnte. Doch genau das passierte und vernichtete mich fast. Das ist die zweite große Wahrheit über den Schwung: Wenn man ihn nicht weiter verstärkt, bleibt er nicht einfach nur stehen; er wendet sich vielmehr gegen einen und reißt alles ein, was man aufgebaut hat. Das ist Bill Levitt so gegangen und beinahe wäre es mir auch so gegangen.

WAS UNS NICHT UMBRINGT, MACHT UNS NUR NOCH HÄRTER

Ein Rückschlag kann einen entweder (1) vernichten oder (2) stärker machen. Ich glaube an das alte Sprichwort: „Was uns nicht umbringt, macht uns nur noch härter." Ich habe die größte Achtung vor Menschen, die Notzeiten durchgemacht haben und wieder hochgekommen sind. Anfang der 1990er-Jahre gehörte ich zu diesen Menschen. Ich machte eine harte Zeit durch und lernte viel über mich selbst; dann kehrte ich besser und stärker zurück. Das war so ähnlich wie das, was Frank Sinatra Anfang der 1950er-Jahre passierte. Er verlor genau wie ich die Zielstrebigkeit. Er ließ den Ball aus den Augen und traf schlechte Entscheidungen (wie bei mir hatten auch seine Probleme ein bisschen mit schönen Frauen zu tun, aber das ist eine andere Geschichte).

Sammy Davis Jr. erzählt in seinem Buch *Yes I Can* eine wunderbare Geschichte. Sammy, der gerade auf dem Weg nach oben ist (nicht zuletzt dank Sinatras Protektion) sieht Frank ganz allein und völlig niedergeschlagen den Broadway entlang laufen. Frank befand sich zu diesem Zeitpunkt auf dem absteigenden Ast; er war vom größten Sänger aller Zeiten zu einer Lachnummer abgerutscht und war darauf angewiesen, Schlager zu singen. Diese Erfahrung rüttelte Frank wach. Danach konzentrierte er sich wieder und wurde wieder erfolgreich.

Der Umgang einer Person mit verschiedenen Situationen sagt mir viel über diese Person. Ich habe es schon bei vielen scheinbar harten Männern erlebt, dass sie unter Druck zusammenklappen. Ich habe festgestellt, dass es darauf ankommt, wie man den Rückschlag oder die Herausforderung für sich definiert: Wenn man die Niederlage eingesteht, unterliegt man. Wenn man zwar akzeptiert, dass die Situation schlecht ist, aber entschlossen ist, sie zu bewältigen, stehen die Chancen viel besser. Sie haben die Wahl. Es ist erschreckend, wenn schlimme Dinge passieren. Ich weiß das aus eigener Erfahrung. Ich ließ mir davon das Selbstvertrauen nicht zerstören.

Man weiß nie genau, wie schlimm eine Situation noch wird. Man weiß nie genau, worauf sie hinausläuft. Ich war in der schlimmsten Lage, die man sich vorstellen kann, aber als alles vorbei war, klappte es großartig. Ich wusste damals nicht, dass es ein ganz gutes Ende nehmen würde, aber in meinem Herzen

und in meinem Verstand hatte ich die Situation als Rückschlag definiert, den ich überwinden kann.
Ich hatte Freunde, die sich dafür entschieden, sich aufzugeben und sich offiziell geschlagen zu geben. Welch ein dummes Verhalten! Natürlich sind sie nicht durchgekommen. Geben Sie sich niemals geschlagen. Wenn Sie mit etwas scheitern, in Ordnung. Das liegt vielleicht außerhalb Ihrer Kontrolle, aber werfen Sie nie freiwillig das Handtuch. Kämpfen Sie immer weiter! Sie wissen ja nie im Voraus, ob nicht gleich hinter der nächsten Ecke die nächste große Chance oder Gelegenheit auf Sie wartet.

ROLLEN SIE DEN FELSBROCKEN DEN BERG HINAUF

Ich hatte die Konzentration verloren und sofort war ich mit schweren Rückschlägen konfrontiert. Die Banken waren mächtig hinter mir her. Mein Schwung war zum Stillstand gekommen. Das war schrecklich, aber ich gab nicht auf. Ich ging weiter vorwärts und versuchte, aus meinen Fehlern zu lernen. Ich konzentrierte mich weiter auf meine Arbeit, auf Pläne für neue Deals und neue Grundstücke, denn das gab mir ein gutes Gefühl. Die Beschäftigung mit neuen Projekten half mir, langsam wieder den Schwung zurückzugewinnen, und nach einer Weile wendete sich das Blatt kräftig zu meinen Gunsten.
Ich habe aus meinem Rückschlag gelernt, dass man jederzeit sein Ziel im Auge behalten muss und weiter Schwung aufbauen muss. Wenn Sie den Schwung am Laufen halten, sind Ihre Probleme vielleicht nur vorübergehender Natur. Wie gesagt, es kommt vor allem darauf an, wie Sie die Dinge betrachten und wie Sie Ihre Situation definieren. Wenn Sie das Gefühl haben, alle Hoffnung sei vergebens, dann ist das auch so. Wenn Sie

einen Rückschlag als vorübergehende Flaute betrachten, die sich wieder belebt, wenn Sie weiter an dem arbeiten, was Sie lieben, dann wird das für Sie auch Wirklichkeit.

Wir alle erleben Schwierigkeiten. So ist das Leben. Ihr wahrer Charakter zeigt sich im Umgang mit niederschmetternden Situationen. Die Zeit heilt alle Wunden; bleiben Sie nur positiv und machen Sie weiter. Bei jedem Projekt, das ich in Angriff nehme, weiß ich, dass es Probleme geben wird. Ich rechne damit. Ich weine deswegen nicht, denn ich weiß, dass es mein Job ist sie zu lösen. Seien Sie jemand, der schwere Probleme löst, dann sind Sie auch jemand, dem die Menschen viel Geld bezahlen.

Leichte Sachen kann jeder machen. Menschen, die große Probleme in den Griff bekommen, findet man hingegen selten. Wenn Sie dazu gehören, heben Sie sich von der Masse ab. Ich habe festgestellt, dass es sich gewöhnlich gar nicht lohnt, zu leichte Dinge zu machen. Das machen nämlich schon ganz viele andere Menschen und normalerweise bringen leichte Jobs keinen großen Profit. Mein Geschäft ist so hart, dass ich mir manchmal vorkomme wie Sisyphus, der dazu verdammt war, ewig und immer wieder einen Felsbrocken auf einen Berg hinaufzurollen.

So ist es eben manchmal, und ich mache einfach weiter. Ich gebe nicht auf. Ich konzentriere mich so intensiv auf eine Sache, dass sich die Mühe lohnt, und mein Schwung sorgt dafür, dass diese Mühen nicht vergeblich sind. Ich habe aus Situationen, die mich vor Herausforderungen stellten, viel gelernt.

PFLÜGEN SIE MITTEN DURCH DIE PROBLEME

Es passieren täglich Fehler, also rechnen Sie damit und lernen Sie damit umzugehen. Es läuft nicht immer alles nach Plan.

Wenn Sie mit Fehlern rechnen, sind Sie kein Pessimist oder Miesmacher, sondern Sie sind nur realistisch und aus Selbstschutz darauf vorbereitet, jede Herausforderung im Leben zu überleben. Probleme, Rückschläge, Fehler und Verluste gehören zum Leben einfach dazu. Das muss man akzeptieren. Sie dürfen nicht erschrecken, wenn so etwas passiert. Seien Sie darauf gefasst. Je mehr Sie darauf vorbereitet sind, umso unwahrscheinlicher ist es, dass Probleme Sie aus dem Gleichgewicht bringen.

Wenn unerwartet etwas Überraschendes passiert, bleiben Sie cool. Sagen Sie zu sich selbst: „Ich hätte es wissen müssen." Seien Sie flexibel und passen Sie sich dem Ereignis unverzüglich an. Fragen Sie sich hinterher, wie Sie sich im Voraus auf das Problem hätten vorbereiten können. Lernen Sie aus der Situation so viel wie möglich und machen Sie dann weiter. Dann ist es unwahrscheinlich, dass Sie den gleichen Fehler wieder machen. So muss man mit Fehlern und Problemen umgehen. So kann man wachsen und zu einem Meister seines Geschäfts, seiner Karriere und seines Lebens werden.

Es gibt allerdings bei manchen Unternehmungen im Geschäftsleben, im Beruf oder in einer Beziehung einen Punkt, an dem man aufgeben muss. Bei manchen Dingen, die passieren, stellt man sich die Frage, ob man wirklich weitermachen sollte. Solange Ihnen das, was Sie machen, gefällt, und so lange Sie Fortschritte machen – machen Sie weiter. Lassen Sie sich von nagenden Zweifeln und Unsicherheiten nicht aufhalten. Selbstzweifel sind normal. Wenn Sie für Ihre Karriere keine Leidenschaft mehr empfinden, dann müssen Sie etwas finden, für das Sie Leidenschaft empfinden.

Mein Motto lautet: „Gib nie auf." Ich befolge das sehr streng. Ich gebe nur auf, wenn absolut klar ist, dass es keine andere Möglichkeit mehr gibt. Ich lasse mich von Problemen und Herausforderungen nicht aufhalten; sie treten bei allen Unternehmungen auf, aber wenn sich in eine Unternehmung Unehrlichkeit und regelrechte Grausamkeit einschleichen, dann überprüfe ich erneut ganz gründlich, ob es sinnvoll ist, sich dabei weiter zu engagieren.

Als ich im Jahre 1975 mit der Stadt und den Banken an einem Deal arbeitete, der das Gebiet um das Grand Central Terminal und die 42nd Street vor dem Ruin bewahren sollte, hatte ich es sehr schwer. Ohne Steuernachlass vonseiten der Stadt wollten mir die Banken kein Darlehen geben. Ohne Darlehen von einer Bank wollte mir die Stadt keinen Steuernachlass geben. Beide Seiten rückten keinen Zentimeter von ihrer Position ab. Ich verhandelte monatelang hin und her, um der Stadt und den Banken zu beweisen, dass dieser Deal funktionieren würde und dass alle mit dem Grand Hyatt glücklich sein würden, das ich an dem Standort des alten Commodore Hotel neu errichten wollte.

Schließlich sagte mir die Stadt einen sehr großzügigen Steuernachlass zu. Als ich das der Bank sagte, wollte sie sich trotzdem noch aus der Finanzierung winden. Dann bekamen viele große New Yorker Bauträger Wind von dem Steuernachlass und protestierten dagegen. Das Projekt bestand aus einer Verzögerung nach der anderen und stellte meine Entschlossenheit auf eine harte Probe. Als ein Verhandlungsversuch nach dem anderen scheiterte, war ich schon drauf und dran aufzugeben; aber ich weigerte mich. Ich setzte immer wieder nach und schließlich schloss ich den Deal ab. Er entpuppte sich als großer Erfolg; er war gut für die Stadt, für die Bank und für mich.

Diese Erfahrung hat mich gelehrt, dass man auf Rückschläge immer gefasst sein muss, dass man sie einen nach dem anderen lösen muss und dass man nie aufgeben darf, bevor die Aufgabe nicht erledigt ist. Sie müssen das genauso machen. Haben Sie keine Angst vor Fehlern und Rückschlägen, denn das sind Ihre besten Lehrer. Lernen Sie daraus. Bauen Sie aus Wissen etwas Großes für sich auf.

WENN SIE DEN GIPFEL ERREICHEN, GEBEN SIE ETWAS ZURÜCK

Eine Möglichkeit, sich in Schwung zu halten, besteht darin, sich immer größeren Herausforderungen zu stellen. Aber wenn man einmal den Gipfel erreicht hat, was macht man dann? Wenn Sie den Gipfel erreicht haben, ist es an der Zeit, etwas zurückzugeben. Spenden Sie an gemeinnützige Organisationen, geben Sie Ihren Kindern etwas, geben Sie anderen Ihr Wissen weiter und geben Sie Ihrer Kultur etwas. Ich habe viel Geld verdient und ich spende viel Geld für gute Zwecke.
Warren Buffett ist ein großartiges Beispiel dafür: Der Milliardeninvestor vermacht der „Bill and Melinda Gates Foundation" Aktien im Wert von mehr als 30 Milliarden Dollar. Diese Stiftung kümmert sich um Gesundheitsthemen – zum Beispiel die GAVI Alliance, die Impfstoffe für Kinder in armen Ländern bereitstellt – und um Ausbildungsthemen, zum Beispiel das United Negro College Fund's Gates Millenium Scholars Program. Buffett möchte, dass sein Geld dafür verwendet wird, komplexe, schwierig zu lösende Probleme in den Griff zu bekommen. Seine Kinder waren mit der Stiftung hundertprozentig einverstanden.
Es ist außerdem wichtig, dass man sein Wissen und seine Erkenntnisse jedem freigebig zur Verfügung stellt, der danach fragt. Ich glaube, dass die Menschen durch „Learning by Doing" effizienter und schneller lernen, und ich bin bereit, den Menschen das Wissen zu geben, das sie für ihren Erfolg brauchen. Zu diesem Zweck halte ich bei den The Learning Annex

Wealth Expos zweistündige Vorträge und ich spende einen großen Teil meines Rednerhonorars für gute Zwecke.
Um Ihren Schwung aufrecht zu erhalten, brauchen Sie sowohl innere Werte als auch finanzielle Werte, und Sie müssen merken, wann es Zeit ist, etwas zurückzugeben.

DAS MEINT ZANKER

Ich gehe immer mit meinem Schwung. Nach den Titelseitenberichten über den Versuch von The Learning Annex im Jahre 1982, 10.000 Dollar vom Empire State Building herunterzuwerfen (siehe die Geschichte in Kapitel 4: *Glück schaffen*), habe ich den Schwung, der durch diesen sensationellen Glücksfall entstanden war, genutzt, um das Unternehmen schnell weiter nach oben zu bringen. Wir haben auch den Schwung unserer Redner zur Förderung unseres Wachstums genutzt. Uns haben viele Redner Schwung verliehen, unter anderem Tony Robbins, George Foreman, Robert Kyosaki, Jim Cramer und viele andere. Die Verbindung mit Donald Trump hat unserem Unternehmen einen Platz auf der Landkarte verschafft und uns Hyper-Dynamik verliehen. Wir haben uns an die Rakete namens Donald festgeklammert und uns daran festgebunden. Das war ein unglaublicher Flug. Man kann sich gut in Schwung bringen, wenn man einen Partner findet, mit dem man sich verbünden kann.

Apropos Schwung, im vergangenen Jahr fegte ein kaum bekannter Film namens *The Secret* über die Weltbühne und fesselte die Aufmerksamkeit von Millionen Amerikanern. Er breitet sich immer noch wie ein Lauffeuer über die ganze Welt aus. In hunderten von Foren und auf hunderten von Internetseiten wird darüber diskutiert. Millionen begeisterter Fans kaufen die DVD von *The Secret* und das gleichnamige Buch; damit sorgen sie dafür, dass *The Secret* an die Spitze aller Bestsellerlisten aufrückt.

Experten aus *The Secret* sind in der *Oprah Winfrey Show*, in *The Ellen DeGeneres Show*, in *Larry King Live* und in der *Montel Williams Show* aufgetreten. Die *Los Angeles Times* hat *The Secret* als „kulturelles Phänomen“ bezeichnet. Kurz gesagt zeigt einem *The*

Secret, wie man sich mithilfe von Turbogedanken im Beruf und in allen Aspekten des Lebens zum Erfolg katapultiert.
Ich habe schon immer eine Leidenschaft für Selbstverwirklichung. Ich erkannte, dass *The Secret* einen enormen Schwung beinhaltet. Ich begann, ein paar der gefeierten Experten, die auf der DVD erscheinen, als Redner für The Learning Annex und für die Wealth Expos zu engagieren – Menschen wie Jack Canfield, James Ray, Loral Langmeier und Lisa Nichols. Das war ein Riesenerfolg und ich habe beschlossen, diesen Schwung noch weiter auszunutzen. The Learning Annex hat sich mit Jack Canfield für die Produktion einer PBS-Sondersendung über *The Secret* zusammengetan, die den Menschen beibringen soll, wie man allein dank einer bestimmten Denkweise bekommt, was man will. Der erstaunliche Autor, aufgeklärte Lehrer und gewiefte Geschäftsmann Jack Canfield ist eine der treibenden Kräfte, die hinter der Buchreihe *Hühnersuppe für die Seele* ... stehen; davon wurden schon mehr als 100 Millionen Bücher verkauft. Er hat als Vortragsredner Millionen Menschen seine einzigartigen Erfolgsrezepte beigebracht. In der PBS-Sondersendung von The Learning Annex erklärt Jack, wie man mehr Geld verdient, wie man so fit wie nie zuvor wird, wie man die verwandte Seele seines Lebens findet und noch viel mehr – indem man seine geistige Haltung ändert und seine eigene Wirklichkeit schafft.
Das gehört alles zu meinem Plan, The Learning Annex zu einem Milliardenunternehmen zu machen. Ich habe schon mit Fernsehmanagern und Produzenten wie Mark Burnett und Peter Gruber über den Aufbau eines Programms für einen Learning-Annex-Fernsehkanal gesprochen. Wenn die Menschen an Selbsthilfe denken, sollen sie an The Learning Annex denken. Die Selbsthilfe-Branche hat ein Volumen von 19 Milliarden Dollar. Wenn jemand daran denkt, in irgendeiner Weise sein Leben zu verbessern, dann

will ich, dass er denkt: „The Learning Annex." Schon jetzt sind wir die größte Marke, und dabei fangen wir gerade erst an.

Die Selbsthilfebranche wartet nur darauf, von einem Unternehmen beherrscht zu werden. Ich habe vor, dass das The Learning Annex sein wird. The Learning Annex hat Schwung. Es wächst schnell und durchschaut den Markt. Wir sind leidenschaftlich bei der Sache und unser Timing ist perfekt. Die Babyboomer sind die größten Verfechter des lebenslangen Lernens. Menschen aller Altersklassen wollen weiter an sich arbeiten und sich verbessern. Unser Programm muss für alle Bevölkerungsgruppen attraktiv sein, die wir bedienen wollen. Wir nutzen den bestehenden Schwung, um die nächste Stufe zu erreichen.

Wenn Sie einmal in Schwung sind, müssen Sie in Bewegung bleiben. Springen Sie auf einen wirtschaftlichen Trend mit schwungvoller Dynamik. Dann tun Sie sich mit anderen Menschen zusammen, setzen sich große Ziele und lassen sich von dem Schwung auf ein immer höheres Niveau heben.

Jeder Tag bringt eine neue Möglichkeit. Sie können sich jeden Tag verbessern und wachsen. Ergreifen Sie etwas Schwungvolles, für das Sie Leidenschaft empfinden. Arbeiten Sie kontinuierlich daran, dann werden erstaunliche Dinge passieren.

Wenn man auf irgendeinem Gebiet erfolgreich sein will, muss man Schwung aufbauen. Schwung beruht auf Energie und Timing. Wenn man etwas Neues anfängt, hat man noch keinen Schwung. Da ist es noch schwer. Niemand ruft einen an. Man scheint nicht vorwärtszukommen, aber wenn man am Ball bleibt und einen Tag um den anderen weiter auf seine Ziele hinarbeitet, gerät man schon bald in den Fluss der Menschen und Ereignisse. Man bekommt Kontakte, man erlangt Glaubwürdigkeit, man baut sich eine Erfolgsbilanz auf und dann wird alles viel leichter. Wieso? Weil man dann in Schwung gerät; aber nehmen Sie den Schwung nicht für selbstverständlich. Wenn Sie Ihren Schwung verlieren, hört der ganze Erfolg auf, und alles wird viel schwieriger. Es ist gefährlich, irgendetwas zu machen, wenn man seinen Schwung verloren hat. Das Timing stimmt dann nicht mehr, Menschen und Ereignisse sind einem nicht mehr günstig gesinnt. Passen Sie also auf, dass Sie nie Ihren Schwung verlieren.

ZENTRALE PUNKTE

- Wenn Sie etwas Neues anfangen, haben Sie keinen Schwung.
- Mit jeder Handlung und mit jeder Aufgabe, die Sie erledigen, bauen Sie Schwung auf.
- Wenn der Schwung ein kritisches Niveau erreicht, sind alle in Habachtstellung und haben Sie auf ihren Radarschirmen.
- Wenn die Menschen Schwung sehen, wollen sie daran teilhaben.
- Um in Schwung zu kommen, konzentrieren Sie sich leidenschaftlich und intensiv auf ein bestimmtes Ziel.
- Spezialkenntnisse bauen Schwung auf.
- Ein erfahrener Mentor verstärkt den Schwung.
- Setzen Sie sich immer wieder Herausforderungen, um den Schwung aufrecht zu erhalten.
- Denken Sie daran, immer in Bewegung zu bleiben; wenn Sie anhalten, hört der Schwung auf.
- Nutzen Sie widrige Ereignisse und monumentale Veränderungen, um stärker zu werden.
- Geben Sie niemals von sich aus auf.
- Wenn Sie am Gipfel ankommen, lassen Sie den Schwung weiter laufen, indem Sie der Gesellschaft etwas zurückgeben.

Kapitel 8

Immer am Ball bleiben

Im Jahre 1990 steckte ich tief in Schwierigkeiten. Ich hatte geglaubt, was *Business Week* über mich geschrieben hatte: „Alles, was er anfasst, verwandelt sich in Gold." Ich sagte mir: „Die haben recht. Ich bin der Größte. Ich bin der Größte." Das war ein großer Fehler, denn wenn man meint, man könnte nicht scheitern, dann geht man früher heim. Man meint, man bräuchte nicht zu arbeiten und Geld verdienen sei leicht.

In Wirklichkeit ist das nicht leicht. Nach dem Artikel konzentrierte ich mich nicht mehr und ich arbeitete nicht mehr so viel. Als die Märkte zusammenbrachen, war ich nicht darauf vorbereitet. Viele Jahre lang hatte ich in schlechten Marktlagen mehr Geld als in guten Marktlagen verdient – immer. Doch dieses Mal war ich nicht konzentriert. Ich war wie der Kämpfer, der alle Kämpfe gewinnt. Nach einer Weile nimmt er seine Kämpfe nicht mehr so ernst, er konzentriert sich nicht und er trainiert nicht mehr so hart, weil er denkt, dass er sowieso gewinnt. Und dann bekommt er aus dem Nichts einen Arschtritt.

In den 1990er-Jahren haben viele gute Leute Bankrott gemacht. Ich habe zwar nicht Bankrott gemacht, aber ich bin durch die Hölle gegangen. Mein Unternehmen hatte Milliardenschulden und war zu stark fremdfinanziert. Ich war privat mit 900 Millionen verschuldet. Eines Tages ging ich mit meiner damaligen Frau Marla an der Straße entlang und sagte zu ihr: „Der Bettler da drüben hat 900 Millionen Dollar mehr als ich." Sie fragte:

„Wie meinst du das?" Ich antwortet: „Ich habe 900 Millionen Schulden und er hat wenigstens Geld in der Tasche."
Ich sagte zu mir selbst: „Mein Gott, ich sitze in der Patsche. Mit mir geht es abwärts." Das war die Oberliga. Ich hatte mir nicht genug Mühe gegeben. Dennoch gab ich mir nicht selbst die Schuld, denn seit dem Tag im Jahre 1968, als ich meinen Abschluss in Wharton machte, war es mir immer gut gegangen. Seit 21 Jahren lief alles fantastisch. Ich dachte, ich hätte das Recht, alles locker zu nehmen. Ich dachte wirklich, nach 21 Jahren stünde es mir zu, mich nicht zu konzentrieren.
Die Wirklichkeit erteilte mir eine wichtige Lehre: Ich konnte nicht beides haben. Wenn ich der Größte sein wollte, der fantastische Donald Trump, der alles in Gold verwandelt, was er anfasst, dann musste ich mich auch konzentrieren. Ich konnte das eine nicht ohne das andere haben. Ich beschloss, dass ich immer noch der alte Donald Trump sein wollte und fing an, mich mehr denn je zu konzentrieren. Im Jahre 1991 stürzte die Welt zusammen. Die Lage am Immobilienmarkt war so schlecht, dass wir es schon als Anzeichen für die Wende betrachteten, wenn überhaupt jemand kam, um ein Gebäude zu besichtigen. Er brauchte gar nichts weiter zu tun, nur hereinzukommen. Er brauchte nichts zu kaufen und nichts zu mieten. Ich prägte einen Spruch: „Überleben bis 1995." Das war der Schlachtruf, der mir half, engagiert bei der Stange zu bleiben, auch wenn es wirklich schlimm wurde. Danach fing ich an, mich wirklich wund zu arbeiten. Heute ist mein Unternehmen um ein Vielfaches größer und steht besser da als je zuvor.
Mich hat einmal jemand gefragt: „Wie sah Ihre geistige Haltung aus, als Sie Milliarden Dollar Schulden hatten?" Ich antwortete: „Meine geistige Haltung war die gleiche wie jetzt." Tatsächlich hatte ich eine sehr positive Einstellung. Ich fing an, neue Deals auszuhandeln, obwohl ich nicht in der Lage war sie

zu machen, aber das gab mir ein gutes Gefühl. Die meisten meiner Immobilienfreunde waren deprimiert. Sie funktionierten nicht mehr. Sie konnten nicht mehr denken und sie verloren das Selbstvertrauen. Sie waren alle ruiniert. Das Beste an den schweren Finanzproblemen war, dass ich merkte, dass ich damit umgehen konnte, weil ich mich auf positive Dinge konzentrierte, die mir ein gutes Gefühl gaben und dank deren ich eine ähnliche geistige Haltung bewahren konnte wie jetzt. Denken Sie immer daran. Wenn Sie je in große Schwierigkeiten geraten, konzentrieren Sie sich auf Dinge, die Ihnen ein besseres Gefühl geben. Natürlich müssen Sie auch die schlechten Dinge bewältigen, mit denen Sie umgehen müssen, aber lassen Sie sich davon weder demoralisieren noch von der Verfolgung Ihrer Ziele ablenken. Machen Sie sich klar, dass das nur ein Moment im Laufe der Zeit ist und dass er vorübergeht. Richten Sie Ihren Blick auf eine bessere Zeit in der Zukunft, der ganz gewiss kommt, wenn Sie konzentriert bleiben. Es kann und wird nicht ewig abwärts gehen; das Blatt wendet sich immer. Ich habe das schon viele Male erlebt und deshalb konnte ich 1973 das Grundstück von Penn Central kaufen, als es in New York sehr schlecht lief. Auf diese Art war ich so vorausschauend, 40 Wall Street zu kaufen, als sich das alle Immobilienexperten entgehen ließen. Auf diese Art war ich in der Lage, vom Rande der schieren Pleite aus ein Comeback zu starten.
Sicher, ich hatte ein paar schlaflose Nächte. Aber nicht so schlimm wie andere Menschen, denn ich konnte immer noch schlafen gehen und behielt meine Fähigkeiten. Ich war in der Lage zu tun, was ich tun musste. Das war für mich eine fürchterliche Phase. In den 1980er-Jahren war ich der heißeste Typ gewesen. Dann wurde ich quasi über Nacht vom Supergenie zum Trottel. Das war ein ganz schön schwerer Schlag, aber mir war klar, dass ich gar nicht der Trottel war, zu dem mich die

Medien machten. Ich war immer noch die gleiche Person. Ich hatte immer noch das, was man braucht, um großartig zu sein. Ich habe das nie vergessen.

In Wirklichkeit erwischte mich der Zusammenbruch des Marktes genauso wie viele andere. Dazu muss man der Gerechtigkeit halber sagen, dass der Staat damals die Steuergesetze im Hinblick auf Immobilien änderte und dass diese Änderungen auch für Gebäude galten, die schon Jahre vorher unter der alten Steuergesetzgebung gekauft worden waren. Das war unfair. Das war für viele Bauträger der Untergang. Ich will niemandem die Schuld geben. Ich hätte das kommen sehen müssen. Der Zusammenbruch war auch wieder nur eine Marktflaute und ich hatte mein Leben lang in Marktflauten Geld verdient. Ich gebe mir selbst dic Schuld daran, dcnn ich war nicht so konzentriert wie in der Vergangenheit. Ich habe aus diesem Fehler etwas gelernt. Ich hielt an dem starken Glauben an mich selbst fest, den weder Banker noch Anwälte noch Medien erschüttern konnten. Ich war superkonzentriert. Ich machte mich an die Arbeit und arbeitete härter denn je. Ich arbeite immer noch und ich liebe es.

Es wirkt sich auch stark auf die Konzentrationsfähigkeit aus, wen man heiratet. Ich gebe Ihnen dafür ein Beispiel: Der große Tennisspieler Andre Agassi war für seine kräftige Vorhand und für seinen aggressiven Stil bekannt. Andres Vater Mike, ein ehemaliger Boxer, hatte angefangen ihn zu trainieren, sobald er einen Schläger halten konnte. Er gab dem kleinen Andre schon einen Holzschläger und einen Gummiball, als er noch im Hochstuhl saß. Als Andre anfing Tennis zu spielen, schlug er täglich 5.000 Bälle. Als er fünf Jahre alt war, trainierte er schon mit Profis wie Jimmy Connors und Roscoe Tanner.

Im Jahre 1986 wurde er Profi und im Jahre 1987 gewann er seinen ersten Toptitel im Einzel. Im April 1995 kam er auf

Platz 1 der Weltrangliste und hielt diesen Platz 30 Wochen am Stück. Im Jahre 1997 heiratete er Brooke Shields, die ich für einen fantastischen Menschen halte. Sein Tennisspiel litt darunter. Abgelenkt durch den ganzen Medienwirbel um die Prominentenhochzeit mit Brooke verlor er die Konzentration auf das Tennisspiel. Er spielte nur noch 24 Matches, er gewann keine Titel mehr und auf der Weltrangliste rutschte er auf den abgrundtiefen Platz 141. Es schien, als wäre er abgehalftert und seine Karriere beendet. Ich erinnere mich noch, dass ich damals bei einem Match zuschaute. Seine neue Frau Brooke Shields war auch da und er verlor. Noch bevor das Match vorbei war, ging sie auf einmal weg. Ich sagte: „Was zum Teufel ist denn das?“ Ich dachte mir, sie wird schon wiederkommen, aber sie kam nicht mehr zurück.

Später erfuhr ich, dass Andre und Brooke eigentlich nicht viel Zeit miteinander verbrachten. Brooke verbrachte ihre Zeit in Los Angeles, während Andre in Las Vegas wohnte. Es kursierten Gerüchte, dass Brooke eine Familie gründen wollte und Druck auf Andre ausübte, auf dem Tennisplatz ein bisschen herunterzufahren, dass aber Andre nicht nachgeben wollte. Er widmete sich wieder dem Tennis. Er begann ein straffes Trainingsprogramm. Er gewann fünf Titel und sprang innerhalb eines Jahres von Nummer 141 auf Nummer 6. Er ließ sich von Brooke Shields scheiden und fing 1999 an, sich mit Steffi Graf zu treffen, die seine Tenniskarriere unterstützte. Kurz danach gewann er die French Open – und wurde damit zum fünften männlichen Tennisspieler der Tennisgeschichte, der alle fünf Grand-Slam-Titel gewann. Später heiratete er Steffi Graf und wurde wieder Nummer 1 – sie war die richtige Frau hinter diesem Mann.

Ein weiteres Beispiel ist meine ehemalige Mitarbeiterin Carolyn Kepcher. Als sie ihren Fokus verlor, musste ich sie entlassen, aber das war nicht wie eine der dramatischen Szenen im Vor-

standszimmer. Eigentlich mag ich Carolyn nämlich. Sie hat elf Jahre lang für mich gearbeitet und als Managerin meines Trump National Golf Club in Briarcliff Manor in New York gute Arbeit geleistet. Als ich sie auch bei *The Apprentice* einsetzte, begann sich ihr Ruhm auf ihre Arbeit auszuwirken. Sie machte ihren Job nicht mehr so wie üblich und wie sie es konnte. Als die Serie ein Erfolg wurde, kam niemand mehr mit ihr zurecht. Das stieg ihr zu Kopf. Ich finde nicht, dass daran etwas falsch ist, denn ich glaube, das liegt in der Natur des Menschen. Das ist nicht das erste Mal, dass so etwas passiert, und auch nicht das letzte Mal. Sie sollte eigentlich den Golfplatz managen. Sie sollte eigentlich Mitgliedschaften verkaufen, aber das tat sie nicht. Sie wurde zur Primadonna. Sie war unterwegs, hielt Vorträge und machte Werbung für Produkte – das ist gut für sie, aber nicht gut für mich.
Ich versuchte sie ans Telefon zu bekommen, aber sie hielt immer Reden oder war nicht an ihrem Platz. Wenn ich sie ans Telefon bekam, fragte ich sie: „Was kosten die Gürtel? Was kosten die Hemden? Was kosten die Krawatten?“ Aus ihrer Stimme war herauszuhören: „Ich kann nicht glauben, dass Sie mir solche langweiligen Fragen stellen.“ Bevor ihr der Ruhm zu Kopf gestiegen war, fragte ich sie: „Was kosten diese Hemden?“ Und sie sagte es mir sofort auf den Cent genau. Doch auf einmal interessierten sie die Details des Geschäftsbetriebs – genauer gesagt meines Geschäftsbetriebs – nicht mehr.
Es war ganz klar, dass ich etwas unternehmen musste. Ich musste jemanden finden, der meinen Club leitet. Es war unvermeidlich. Ich überlegte ernsthaft, ob ich sie nicht live auf Sendung in der letzten Staffel von *The Apprentice* feuern sollte. Aber das fand ich dann doch zu hart. Es war meine Pflicht, jemanden zu finden, der verantwortungsbewusst war, und als sie den Fokus auf ihren Job verlor, musste ich eben jemand

anderen finden, der seine Zeit und seine Gedanken vollständig dem Club widmen würde.

Carolyn verlor ihren Job, weil sie ihre Konzentration verlor! Ich habe es mir zur Regel gemacht, niemals zu glauben, was jemand Gutes oder Schlechtes über einen sagt, vor allem nicht den Medien. Glauben Sie das Schlechte nicht und lernen Sie unbedingt, das Gute nicht zu glauben. Ziehen Sie Ihre eigenen Schlüsse über sich selbst. Hören Sie auf Ihren eigenen Rat. Niemand kennt Sie besser als Sie selbst. Jetzt hat mein Club, Trump National, eine neue Leitung und er läuft großartig – das Leben geht weiter!

Im Jahre 2006 war Ohio State die beste College-Footballmannschaft des Landes und der Liebling der Medien. Sie war „unaufhaltsam"; „niemand kann sie schlagen"; sie war „die beste Mannschaft aller Zeiten". Als bekannt wurde, dass Ohio State im BCS Bowl gegen Florida spielen sollte, sagten alle, Florida würde „hoch verlieren", es habe „keine Chance" und habe „es nicht einmal verdient, mit Ohio State auf einem Platz zu stehen".

In Wirklichkeit waren die Mannschaften ziemlich gleichwertig, aber es gab einen großen Unterschied: Ohio State glaubte den Medien, Florida aber nicht. Ohio State glaubte, es sei ohne Zweifel die bessere Mannschaft. Die Mannschaft glaubte, sie habe das Spiel in der Tasche und sie würde mit Pauken und Trompeten gewinnen. Im Kopf ernteten alle schon vor dem Anstoß den Ruhm für das gewonnene Spiel. Sie sahen sich schon als Landesmeister. Sie verloren die intensive Konzentration, die man braucht, um in der Oberliga des College-Football zu gewinnen.

Florida hingegen weigerte sich, den Medien zu glauben, es sei eine zweitklassige Mannschaft und sei es nicht wert, gegen Ohio State zu spielen. Die Spieler hatten Respekt vor Ohio State und wussten, dass ihnen der Kampf ihres Lebens bevorstand, und sie machten sich darauf gefasst. Sie lebten und trainierten für ein ganz bestimmtes Ziel: Ohio State zu besiegen und Meister zu werden – und es klappte. Florida ging schnell in Führung und hatte die Dynamik auf seiner Seite. Ohio State konnte nicht mehr aufholen. Florida überraschte alle mit einem spektakulären Sieg über Ohio State.

Wenn Sie erfolgreich werden und es auch bleiben wollen, müssen Sie lernen, sich auf eine Sache zu konzentrieren. Der Comedian Tim Allen ist inzwischen sehr erfolgreich. Vor ein paar Jahrzehnten war er nicht so erfolgreich. Allen hatte ein Drogenproblem. Er saß sogar eine Weile im Gefängnis. Heute hat er eine eigene Produktionsfirma, er kann sich die Drehbücher aussuchen und ist ein Star. Sein System ist also mehr als nur Theorie. Jedenfalls bringt es bei ihm konkrete Ergebnisse.

Er sagt, dass er drei Listen benutzt, um seine Konzentration aufrecht zu erhalten: Die erste Liste enthält die größten Ziele, die er im Leben erreichen will. Die zweite Liste enthält die Dinge, die er in diesem Jahr schaffen muss, damit er seine Lebensziele erreicht. Und die dritte Liste hilft ihm, sich auf die Dinge zu konzentrieren, die er heute machen muss, damit er seine Lebensziele erreicht. Das ist ganz einfach, und der Schlüssel, der dafür sorgt, dass dieses System funktioniert, ist Disziplin. Der ultimative Gewinner ist der Mann oder die Frau, der oder die genug Disziplin besitzt, das unfehlbar an jedem Tag seines oder ihres Lebens zu machen.

Der Schachmeister Bobby Fischer konzentrierte sich leidenschaftlich auf seine Schachstrategie. Als er nach seiner Methode gefragt wurde, sagte er: „Ich glaube nicht an Psychologie. Ich glaube an gute Züge.“ Er prahlte außerdem damit, dass er 98 Prozent seiner geistigen Energie in das Schachspiel investiere, während es bei anderen nur zwei Prozent seien. Das erklärt

seinen Erfolg. Er genoss die Herausforderung, seine geistige Energie zu fokussieren.
Jede erfolgreiche Person muss mit Problemen zurecht kommen. Ich kenne Menschen, die Probleme als Spiel betrachten, das sie gewinnen müssen, und sie konzentrieren sich auf die Lösung. Ich kenne andere Menschen, die jedes Problem als Last betrachten, und sie haben schon verloren, bevor sie angefangen haben. Manche Menschen schleppen eine Menge geistiges Gepäck mit sich herum, das ihre Konzentration zunichte macht. Werden Sie das los! Das steht Ihnen nur im Weg und bremst Sie.
Als ich die erste Staffel von *The Apprentice* machte, war ich neu im Fernsehen und ich hatte kaum Ahnung, wie Fernsehsendungen funktionieren, wie die Sender arbeiten und wie die Einschaltquoten ermittelt werden. Ich schleppte nicht den Fernseh-Ballast mit mir herum, den viele andere Fernsehpersönlichkeiten haben. Ich machte mir keine Sorgen, dass ich im Fernsehen unbekannt war, dass ich eine Unternehmenssendung machte und dass es noch nie eine erfolgreiche Unternehmenssendung gegeben hatte. Ich machte mir keine Sorgen um Einschaltquoten und Sponsoren. Ich bedachte überhaupt nicht, dass 95 Prozent aller neuen Sendungen durchfallen. Mein Mangel an Erfahrung war eigentlich eine gute Sache, denn dadurch war ich frei von geistigem Ballast und Sorgen. Ich setzte einfach die gesamte Konzentration an das, was ich machte; und wenn Probleme auftauchten, bewältigte ich sie.
Viele Menschen denken zu viel über ihre momentane Situation nach anstatt an das zu denken, was sein könnte. Sie sind so von dem Problem gefesselt, dass sie die Fähigkeit verlieren, eine Lösung ins Auge zu fassen. Wenn Sie zum Beispiel ein Problem mit einem schwierigen Mitarbeiter haben und sich darauf konzentrieren, wie schlimm dieser Mensch ist und dass er die Arbeitsmoral des ganzen Büros stört, dann verlieren Sie

die Konzentration. Dann gehen Sie geistig immer und immer wieder die Fehler dieser Person durch und quälen sich damit, wie schlecht es jetzt im Moment ist. Auf diese Art finden Sie nie eine Lösung. Sie haben die Konzentration auf Ihre Ziele verloren, weil Sie sich nur auf Ihre Schwierigkeiten konzentrieren.

Lassen Sie sich von dem ganzen Mist nicht fangen. Erkennen Sie das Problem an und verlagern Sie dann Ihre Aufmerksamkeit sofort auf mögliche Lösungen. Fangen Sie damit an, dass Sie daran denken, was an der bestehenden Situation gut ist. Dann erträumen Sie sich Szenarien, in denen es besser ist. Dann bringen Sie so viele Ideen wie möglich, wie Sie die gewünschten Ergebnisse erzielen können. Schreiben Sie diese Ideen ohne Wertung auf. Lassen Sie Ihren Verstand keine Gründe vorbringen, wieso Ihre Ideen nicht funktionieren könnten. Nehmen Sie dann die besten Ideen und setzen Sie sie um. Ihr konstruktives Handeln führt schließlich zur Lösung des Problems. Das ist die Trump-Methode, Probleme durch Konzentration zu lösen.

Denken Sie über Probleme nicht in solchen Formen nach: „Wie konnte das nur passieren?“ oder „Warum ist das passiert?“ Oder „Das ist so schwierig.“ oder „Das ist unmöglich zu lösen.“ Oder „Was passiert, wenn ich das nicht lösen kann?“ Akzeptieren Sie lieber, dass Sie ein Problem haben und dass Sie vor eine große Herausforderung gestellt wurden. Nehmen Sie die Herausforderung an. Machen Sie sich klar, dass Sie alles haben, was Sie brauchen, um die Herausforderung zu überwinden. Dann suchen Sie nach Lösungen. Studieren Sie mögliche Lösungen. Sammeln Sie Wissen. Fragen Sie Experten um Rat und Erkenntnisse. Formulieren Sie einen Plan. Fangen Sie an, mögliche Lösungen auszuprobieren. Wenn eine Idee misslingt, gehen Sie zur nächsten über und wieder zur nächsten, bis Sie Erfolg haben.

Es stimmt, dass nur wenige Menschen zum Erfolg geboren sind. Sie besitzen eine besondere Begabung, die ihnen den Erfolg leicht macht – der begnadete Musiker, das sportliche Naturtalent oder der begabte Geschäftsmann. Die überwältigende Mehrheit der erfolgreichen Menschen bekam ihren Erfolg nicht auf einem silbernen Tablett präsentiert. Sie haben hart dafür gearbeitet. Sie haben sich Ziele gesetzt und haben sich so lange darauf konzentriert, bis sie sie erreicht haben.

Konzentration und Disziplin sind Gewohnheiten und Fähigkeiten, die jeder lernen kann. Ich war das undiszipliniertestе Kind, das man sich überhaupt vorstellen kann. Meine Eltern bekamen mich nicht in den Griff, also schickten sie mich schon in jungen Jahren auf eine Militärschule, auf der ich Disziplin lernte. Ohne dieses Training wäre ich nie dort hingekommen, wo ich heute stehe.

Sorgen, Angst und Unentschlossenheit zerstören die Konzentration. Wenn man sein Leben in die Hand nehmen will, muss man die Angst besiegen. Ich rate, einfach jeden negativen Gedanken auszuschalten, sobald er sein hässliches Gesicht zeigt. Stoppen Sie den unentschlossenen inneren Dialog, bevor er angefangen hat. Er ist Ihr größter Feind. Es können Feinde vor Ihrer Tür stehen, Sie können gegen Finanzkrisen angehen, juristische Schlachten ausfechten und vor den größten Schwierigkeiten des Lebens stehen – nichts davon wirkt sich auf Sie aus, wenn Sie Ihren inneren Dialog unter Kontrolle haben.

Wenn mich Menschen ablenken wollen oder wenn sie mir Angst machen wollen und sagen: „Und was ist, wenn der Markt schlecht wird?“ Oder: „Was, wenn die Banken die Kredite einfordern?“ Oder: „Was, wenn alles schlecht läuft?“ Ich sage dann nur: „Ich will nicht darüber nachdenken.“ Die schlimmste Hölle, mit der Sie je konfrontiert werden, ist die Hölle, die Sie in Ihrem eigenen Geist erschaffen. Sie ist viel schlimmer als die Hölle, die andere Mensche Ihnen bereiten. Verweilen Sie also nicht bei dem ganzen Negativen, sondern denken Sie an das, was Sie wollen. Denken Sie über die ganzen guten Dinge nach, die Sie im Leben noch machen wollen. Konzentrieren Sie sich auf Ihr Ziel und geben Sie nie auf. Übrigens bringen schlechte Zeiten große Chancen mit sich.

Konzentration ist eine tückische Sache. Konzentration bedeutet nicht, dass man seinen Geist verengt und unflexibel wird. Das hieße die Konzentration viel zu weit treiben. Erst kürzlich war ich bei der Verleihung der Emmys in Los Angeles, weil *The Apprentice* in der Kategorie der besten Reality Show nominiert war. Ich wurde außerdem gebeten, zusammen mit Megan Mullally den Titelsong von *Green Acres* zu singen – im Overall, mit Strohhut und einer Heugabel.

Das liegt mir eigentlich gar nicht. Ich bin weder Tony Bennett noch Frank Sinatra noch Elton John. Ich konzentrierte mich damals darauf, *The Apprentice* als Star und Koproduzent zu einem Erfolg zu machen. Ich hätte locker nein sagen können, weil ich eigentlich kein Sänger bin. Ich machte es trotzdem und gewann dafür den Talentwettbewerb des Abends gegen fünf große Filmstars, unter anderem gegen den wundervollen William Shatner. Wenn ich nicht flexibel gewesen wäre, hätte ich diese wundervolle Erfahrung nicht machen können.

Ich brüste mich damit, dass ich dickköpfig, stur und knallhart bin. Ich halte das für wichtige Eigenschaften von erfolgreichen Menschen. Doch manchmal muss man ein bisschen locker sein und entspannen, aber trotzdem auf das umfassende Ziel konzentriert bleiben. Verwechseln Sie Konzentration nicht mit Steifheit und Inflexibilität. Sie müssen flexibel sein. Wenn Sie die harten Kämpfe des Geschäfts und des Lebens gewinnen wollen, müssen Sie in der Lage sein, sich stets wechselnden Umständen anzupassen. Wenn Sie in Ihrem Denken und in

Ihren Gewohnheiten übertrieben streng sind, kommen Sie nicht an die Spitze. Wenn Sie sich einem festen Muster unterwerfen, beschränken Sie sich und Ihre Zukunft.

Es gibt mehr Wege, den Lorbeerkranz zu erringen, als Sie denken. Das ist nicht immer eine gerade Straße zum Erfolg. Die Welt befindet sich in einem faszinierenden Zustand des ständigen Flusses und Wandels. Die Straße, die Sie an die Spitze führt, muss eine große Zahl von Umwegen, Richtungswechseln, Kurven und Kehren beinhalten. Rechnen Sie damit, dass Ihre Fahrt an die Spitze aufregend und abenteuerlich wird. Das ist interessant, das macht Spaß und das ist definitiv nicht vorhersehbar! Wenn Sie das auf etwas Vorhersehbares und Verständliches eingrenzen wollen, beschränken Sie damit Ihr Wachstum. Sie müssen lernen, wie ein Surfer auf den Wellen zu reiten.

Machen Sie Ihre tägliche Routine, aber halten Sie sich für angenehme Überraschungen bereit und seien Sie immer bereit, auf der Stelle kehrt zu machen, wenn das Glück winkt. Als Mark Burnett mit der Idee für *The Apprentice* zu mir kam, hätte ich ihn abservieren können, ohne ihm überhaupt zuzuhören, denn ich war sowieso schon schwer beschäftigt. Als er das Thema ansprach, war ich auch wirklich nicht daran interessiert, weil mir schon vorher Fernsehsendungen angetragen worden waren und ich sie immer abgelehnt hatte. Doch nachdem ich ihm zugehört hatte, wurde mir klar, dass seine Idee anders war; und sie gefiel mir wirklich. Ich bin auf jeden Fall froh, dass ich flexibel genug war, mir seine Idee anzuhören.

Außerdem muss man immer daran denken – während man auf die aktuelle Aufgabe konzentriert bleibt –, dass es Ereignisse gibt, die wir nicht kontrollieren können. Es gibt Naturkatastrophen, Terroranschläge und Kriege. Seien Sie nicht so starr, dass Sie brechen können; weiser ist es, biegsam zu sein. Halten Sie das Gleichgewicht, indem Sie das Positive und das Negative

wahrnehmen und indem Sie so flexibel sind, dass Sie sich dem Geschehen anpassen können. Mit *The Apprentice* passierte etwas Negatives. Die Sendung war mehr als einmal für einen Emmy nominiert und bei der ersten Nominierung für die erste Staffel war leicht vorauszusehen, dass sie gewinnen würde. Alle sagten, dass sonst niemand eine Chance hatte. NBC, Mark Burnett und alle anderen wollten, dass ich nach Kalifornien fliege, um den Emmy entgegenzunehmen. Ich fand das wirklich cool, denn wer hätte wohl gedacht, dass Donald Trump, ein Immobilienunternehmer, der zufällig eine Fernsehserie machte, einen Emmy bekommen würde?
Auf jeden Fall hatte die Sendung den Emmy absolut verdient; sie war gut gemacht und sie war in aller Munde. Sie war eine der heißesten Serien im Fernsehen, die erfolgreichste Reality Show in der Geschichte von NBC und so ganz nebenbei auch noch der absolute Liebling der Werbekunden. Bei der Emmy-Verleihung wurden die vier oder fünf Mitbewerber von *The Apprentice* vorgelesen und der Gewinner verkündet – eine Sendung, die noch nie besonders gut war, die aber scheinbar immer einen Emmy bekommt, nämlich *Amazing Race*. Das Publikum war wie vor den Kopf geschlagen, und ich auch. Das war sogar ein bisschen peinlich, denn kurz vor der Bekanntgabe war ich schon halb aufgestanden, damit ich gleich auf die Bühne gehen konnte. Ich wusste genau, was ich sagen wollte. Was mir aber von diesem Abend am meisten im Gedächtnis bleibt, ist Folgendes: Ein großer Mann namens Howard Stringer, der Leiter von Sony, saß drei Reihen hinter mir; er stand auf, kam durch den Gang zu meinem Platz gelaufen und flüsterte mir ins Ohr: „Donald, die haben Sie reingelegt." Dann setzte er sich sofort wieder hin.
Ich war zwar enttäuscht, aber dann wurde mir klar, dass ich nicht zum Emmy-Establishment gehöre und dass es diesen

Menschen verständlicherweise schwer fällt, den Emmy mir zu geben anstatt dem etablierten Team von *Amazing Race*, das sich wahrscheinlich intensiv um den Emmy bemüht hatte. Ich weiß nicht wieso, aber das war ein peinlicher Moment für mich. Ich benahm mich aber trotzdem so als wäre nichts passiert, und nach zwei Tagen war alles vergessen. *The Apprentice* wurde noch öfter für den Emmy nominiert, aber gewann auch dann nicht – nicht dass die Sendung das nicht verdient hätte, aber so funktioniert eben das System.

Als ich Anfang der 1980er-Jahre den inzwischen berühmten Trump Tower baute, wollte ich ihn eigentlich Tiffany Tower nennen, weil er neben Tiffany's in der Fifth Avenue steht. Ein Freund fragte mich, wieso ich mein Gebäude nach einem berühmten Schmuckgeschäft benennen wollte, wo es doch eigentlich mein Gebäude war. Das war ein gutes Argument und deshalb änderte ich den Namen. Jetzt ist der Trump Tower eine der wichtigsten Touristenziele New Yorks. Es zahlt sich aus, wenn man zuhört und bereit ist, seine Meinung zu ändern.

Das Leben ist nicht vorhersehbar, die Welt ist nicht vorhersehbar und es gibt keinen Grund, weshalb uns unsere Ziele daran hindern sollten, uns entsprechend zu verändern und zu wachsen. Konzentrieren Sie sich auf die sich entwickelnde Welt, dann bleiben Sie auf Tuchfühlung mit dem gegenwärtigen Geschehen. Schränken Sie sich nicht selbst ein! Machen Sie sich klar, dass Ziele keine festgelegten Muster sind, verhalten Sie sich entsprechend, und Ihre Vielseitigkeit wird Ihnen gute Dienste leisten.

DAS MEINT ZANKER

Sie müssen die Konzentration halten und dürfen nie aufgeben. *USA Today* hat im Jahre 1985 in allen fünf Bezirken von New York und in New Jersey tausende von Zeitungsboxen aufgestellt, aus denen sich die Menschen täglich die Zeitung holen können. Dagegen gab es zwar keine Verordnung, aber Bürgermeister Koch sagte: „Diese Boxen müssen weg." Gannett, der Besitzer von *USA Today*, klagte gegen die Stadt, damit die Boxen bleiben durften. Eines Tages las ich in der Zeitung, dass Gannett den Prozess gewonnen hatte. Der Richter hatte entschieden, dass Gannett die Boxen gegen eine Gebühr von einem Dollar stehen lassen durfte. Ich wollte solche Boxen aufstellen, um das Kursprogramm von The Learning Annex zu verteilen. ALs ich diesen Artikel las, erkannte ich meine Chance. Schnell verteilte ich genau wie USA Today tausende Boxen in ganz New York City und schickte einen gedeckten Scheck über einen Dollar. Darauf hin rief die Stadt bei mir an und sagte: „Das können Sie nicht machen." Ich fragte: „Warum nicht?" Ich weigerte mich, die Boxen zu entfernen. Dann wurde mir mitgeteilt, dass mich die Stadt New York gerichtlich zwingen wollte, die Boxen zu entfernen. Aber ich wich nicht von meiner Position ab.

Wir gingen durch alle Instanzen bis hinauf zum höchsten New Yorker Gericht, dem Court of Appeals. Und als wir dort angelangt waren, gewann ich den Prozess. Ich durfte meine Boxen genauso stehen lassen wie Gannett. Sie stehen immer noch, und inzwischen haben wir solche Boxen auch in anderen großen Städten wie Chicago, Los Angeles, San Diego, Minneapolis, San Francisco und Toronto. Ich blieb auf die Sache konzentriert, ich weigerte mich aufzugeben und es zahlte sich ganz groß aus!

Da unsere Wealth Expos so erfolgreich waren, bekamen wir Angebote. Alle Angebote, die man sich vorstellen kann. Und da wir Donald als Hauptredner hatten, wollte jeder etwas mit uns machen. Zuerst waren wir total begeistert und eine Idee jagte die andere. Nach all den Jahren der harten Arbeit ohne Anerkennung war das einfach faszinierend. Aber dann bemerkte ich, dass das Team abgelenkt war. Wir rannten alle wie die Wilden verschiedenen Gelegenheiten hinterher und achteten nicht auf unser eigentliches Geschäft. Also rief ich das Team nach einer riesigen Expo in San Francisco zusammen und fragte: „Wo wollen wir in 30 Monaten stehen?" Wir beschlossen, unseren eigenen Learning-Annex-Fernsehkanal zu machen. Dann sagte ich, dass wir uns zu 80 Prozent auf unser Kerngeschäft konzentrieren müssten, während wir das neue Geschäft verfolgten. Alle anderen Gelegenheiten müssten einfach warten. Das war eine schmerzhafte Entscheidung, aber ich wusste, dass wir unseren Fokus halten mussten.

Jeder meint, für 100 Millionen Dollar Jahresumsatz bräuchte man eine große Organisation. Da wir alle am Gewinn teilhaben, soll sie aber nicht zu groß sein. Und tatsächlich haben wir fast noch die gleiche Größe wie zu der Zeit, als wir zehn Millionen Umsatz hatten. Offensichtlich sind wir eine sehr profitable kleine Organisation.

Als wir mit den The Learning Annex Wealth Expos anfingen, traf ich mich mit dem Präsidenten eines großen Unternehmens, das an der New York Stock Exchange gehandelt wird und das auf der ganzen Welt Expos veranstaltet. Dieser Präsident war so sehr von sich eingenommen, dass er laut auflachte, als ich ihm erklärte, was wir vorhatten. Er sagte: „Sie wollen zu sechst 10.000 Menschen herbringen, und Sie haben keine Erfahrung. Unmöglich." Er bezeichnete uns als „Desperados". Ich ging zurück ins Büro, versammelte die „Desperados" in unserem winzigen Konferenzraum und sagte ihnen, wie uns dieser fette Fiesling von Präsident genannt hatte.

Das war einfach großartig. Das wurde zu unserem Schlachtruf und einte uns gegen dieses größere Unternehmen.
Als der erwähnte Präsident sah, dass wir keine 10.000, sondern 30.000 Teilnehmer anlockten, wollte er uns in die Pfanne hauen. Er versuchte auch eine Money Show zu veranstalten und bekam nicht einmal 2.000 Menschen zusammen. Er hatte keine Leidenschaft und sein Unternehmen war genauso aufgeblasen wie er selbst. Ich erfuhr kürzlich, dass er entlassen wurde; der neue Präsident schrieb mir einen netten Brief und fragte mich, ob wir irgendwie zusammenarbeiten könnten.
Es gibt da ein Lied, das ich immer vor mich hin summe, wenn es nicht so gut läuft. „Just when you think you're hot, you're not." Ich erlaube mir keine Selbstzufriedenheit. Wir sind immer „almost hot – fast heiß".

KURZ UND BÜNDIG

Wenn Sie erfolgreich werden und es auch bleiben wollen, müssen Sie lernen sich zu konzentrieren. Erfolgreich zu werden ist sehr schwer. Sie werden auf viele Probleme und Hindernisse stoßen. Doch anstatt bei den negativen Dingen zu verweilen, denken Sie lieber an das, was Sie wollen. Denken Sie an die ganzen guten Dinge, die Sie in Ihrem Leben machen wollen. Bleiben Sie auf Ihr Ziel konzentriert und geben Sie nie auf. Sie dürfen niemals ruhen, egal wie gut es gerade läuft. Ihre jetzigen „guten Zeiten" sind nur das Ergebnis Ihrer harten Arbeit und Ihrer Hingabe.
Wenn Sie weiterhin erfolgreich sein wollen, müssen Sie weiterhin die Dinge machen, die Sie an diesen Punkt gebracht haben. Wenn Sie sich von den Verlockungen des Erfolgs ablenken lassen, legen

Sie den Keim für Ihren eigenen Untergang. Hören Sie daher nie auf, sich auf Ihre Ziele zu konzentrieren, egal wie erfolgreich Sie schon sind.

Es stimmt, dass nur wenige Menschen zum Erfolg geboren sind. Sie besitzen eine besondere Begabung, die ihnen den Erfolg leicht macht – begnadete Musiker, sportliche Naturtalente oder begabte Geschäftsleute. Aber der überwältigenden Mehrheit der erfolgreichen Menschen wurde der Erfolg nicht auf einem silbernen Tablett präsentiert. Sie haben hart dafür gearbeitet. Sie haben sich Ziele gesetzt und sich so lange darauf konzentriert, bis sie sie erreicht haben.

Es kann tatsächlich sein, dass Sie locker in den Erfolg rutschen, weil Sie eine besondere angeborene Begabung oder Fähigkeit besitzen. Aber in den meisten Fällen muss man hart arbeiten und konzentriert bleiben, um an die Spitze zu gelangen – und dann noch härter arbeiten, damit man auch dort bleibt. Fangen Sie mit der natürlichen Begabung an, mit der Sie geboren wurden. Und dann nutzen Sie Ihre Entschlossenheit in guten wie in schlechten Zeiten, um Ihre Ziele zu erreichen und in Ihrem Leben Erstaunliches zu vollbringen.

ZENTRALE PUNKTE

- Bedenken Sie, dass Erfolg nie leicht ist.
- Nehmen Sie Ihre Arbeit immer ernst.
- Konzentrieren Sie sich stets auf das, was Sie lieben, auch wenn die Zeiten schwer sind.
- Erkennen Sie Ihre Probleme an, aber konzentrieren Sie sich auf das, was gut tut.
- Die Zeit ist auf Ihrer Seite; es geht nicht für alle Zeiten abwärts.
- Die Wahl des Ehepartners kann sich auf die Konzentrationsfähigkeit auswirken.
- Wer sich am längsten konzentriert, gewinnt.
- Konzentration und Disziplin sind Fähigkeiten, die jeder lernen kann.
- Sorgen machen die Konzentration zunichte.
- Seien Sie flexibel konzentriert. Konzentriert sein bedeutet weder engstirnig noch starr sein.
- Seien Sie so biegsam, dass Sie sich veränderten Umständen anpassen können.

Kapitel 9

Ich liebe dich. Und jetzt unterschreib das!

Machen Sie immer einen Ehevertrag. Ich habe Menschen und Unternehmen zu Grunde gehen sehen, weil es keinen Ehevertrag gab. Ich will ehrlich zu Ihnen sein: Wenn ich mit Ivana und Marla keine Eheverträge gehabt hätte, dann hätte ich jetzt nichts. Sie haben mich ziemlich brutal attackiert. Zum Glück hatte ich Eheverträge. Ich habe mein Ding durchgezogen und heute ist mein Unternehmen viel größer, viel stärker und viel reicher als je zuvor. Wenn ich keine Eheverträge gehabt hätte, wäre das nicht so. Wahrscheinlich hätte ich dann alles verloren.

Eigentlich komme ich mit meinen Exfrauen sehr gut aus. Ich finde, man ist seinen Kindern gegenüber verpflichtet, gut auszukommen. Ivana und Marla sind fantastische Frauen. Ich gebe ihnen keinerlei Schuld. Dass die Ehen gescheitert sind, war mein Fehler. Was passiert ist, war mein Fehler. Erfolgreich zu sein ist anstrengend, egal ob man ein eigenes Unternehmen oder einen stressigen, gut bezahlten Job hat. Ehrlich gesagt ist das für die Familie sehr hart. Ivana und Marla waren beide großartig, aber mit meinem Unternehmen konnten sie nicht konkurrieren. Mein Unternehmen nimmt mich völlig in Beschlag. Ich liebe es! Ich gehe morgens früh aus dem Haus. Ich komme abends spät heim. Ich habe meine Exfrauen nicht so oft gesehen, wie sie es verdient hatten.

Wenn man heiratet, denkt man ja vor allem an Liebe. Niemand denkt: „Ich heirate, aber ich weiß genau, dass ich mich irgendwann scheiden lasse." Ich weiß, dass Sie verliebt sind, aber lassen Sie sich davon nicht das Urteilsvermögen trüben. Die Wahrheit ist, dass 58 Prozent der Ehen mit Scheidung enden. Sie wollen sich aufmachen und ein tolles Unternehmen aufziehen, ein paar Immobilien kaufen oder ein Vermögen aufbauen. Das geht nicht, wenn man weiß, dass sich die Menschen in 58 Prozent der Fälle scheiden lassen. Wenn Sie ohne Ehevertrag heiraten, besteht eine 58-prozentige Wahrscheinlichkeit, dass Sie geschieden werden und alles verlieren, sogar wenn Sie zum Zeitpunkt der Eheschließung wahnsinnig verliebt waren. Ein Scheidungsanwalt hat einmal gesagt: „Im Himmel geschlossen, vor Gericht geregelt." Das ist traurig und unschön, aber wahr! Ich habe schon schlechte Deals und schlechte Unternehmenspartnerschaften gesehen. Ich habe viele Prozesse über Verträge erlebt – und ein Prozess ist nicht schön. Aber es gibt nichts Schlimmeres als einen Mann und eine Frau, die gegeneinander kämpfen, vor allem wenn sie um ihr Vermögen kämpfen, um ihre Kinder, ihr Unternehmen, ihr Haus, ihre Autos und alles andere. Das ist schrecklich. Man liebt jemanden, und dann stellt man fest, dass man sich in einem Krieg befindet. Diese Schlacht ist so erbittert, viel erbitterter als in Geschäftsdingen. Es gibt nichts Bösartigeres als eine Mann oder eine Frau, der oder die eine Scheidung durchmacht. Das ist die pure Hölle, schlimmer als alles, was ich je gesehen habe. Sie brauchen einen Ehevertrag. Sie brauchen Gewissheit.

Als Geschäftsmann habe ich schon viele schreckliche Prozesse erlebt. Deals gehen schief, Partnerschaften zerbrechen und die Hölle bricht los. Die Menschen kämpfen brutal um Deals und Grundstücke. Aber das ist nichts im Vergleich zu dem Kampf zwischen einem Mann und einer Frau, die sich einmal geliebt haben und das manchmal immer noch tun. Der Hass ist dort intensiver als in jedem geschäftlichen Prozess, den ich je erlebt habe.

Die Liebe macht die meisten Paare für die Wahrheit blind und sie weigern sich, der Tatsache ins Auge zu sehen, dass zwischen ihnen etwas Schlimmes passieren könnte. Das Paar muss schon außergewöhnlich sein, das sich dieser harten Realität stellt und einen Ehevertrag unterzeichnet. Wenn Sie vorhaben zu heiraten, seien Sie die Ausnahme. Es ist einfach dumm, sich nicht vor der leibhaftigen Hölle zu schützen, durch die man wahrscheinlich geht, wenn man keinen Vertrag hat. Sie brauchen immer einen Ehevertrag.

Manchmal geraten die Dinge total außer Kontrolle. Ich kenne ein paar Fälle, wo der eine Ehepartner überhaupt nichts getan hat, während der andere Ehepartner jahrelang 18 Stunden am Tag gearbeitet hat. Und am Ende klagt der Ehepartner, der nichts getan hat, das ganze Geld ein – hunderte Millionen Dollar. Ich sage dazu: „Verschon mich!"

Ein Freund von mir ist der härteste Bursche, den ich kenne, aber was Frauen angeht, ist er ein totaler Schlappschwanz. Wenn er die Straße entlang geht, wechseln andere Männer die Straßenseite. Er ist ganz einfach ein harter Typ. Eine 1,65 m große Frau kann ihn wie ein Gummibändchen um den Finger wickeln. Er war viermal verheiratet und hatte nie einen Ehevertrag. Er einigte sich bei jeder Scheidung auf 50 Millionen Dollar. Er hat sich von vier verschiedenen Frauen scheiden lassen und hat jeder 50 Millionen Dollar bezahlt. Es war immer der gleiche Betrag.

Letztes Jahr hat er mich angerufen und gesagt: „Donald, ich muss dir etwas erzählen. Ich habe die unglaublichste Frau kennen gelernt, und wir wollen heiraten." Ich erwiderte: „Willst du einen Ehevertrag machen?" Er meinte: „Ich glaube nicht, dass ich einen brauche, Donald. Diese Frau ist fantastisch. Sie ist die große Liebe meines Lebens." Ich hielt dagegen: „Das hast du mir schon viermal erzählt." Er entgegnete: „Nein, diesmal ist das anders." Ich fragte: „Wo hast du sie denn kennen gelernt?" Er sagte: „In Las Vegas. Sie ist ein Showgirl." Er ist ein brutaler Killer, ein geschäftliches Genie, ein absolutes Tier, das Menschen in Stücke reißt, aber was Frauen angeht, ist er ein vollkommener Idiot. Ich sagte: „Die Chance, dass diese Ehe hält, ist gleich null."

Noch sicherer war ich, als ich diese Frau kennen lernte und sie hinter mir her war. Sie ist mir nachgestiegen, und er hält sie für eine tolle Frau, für die große Liebe seines Lebens, mit der er verheiratet sein wird, bis dass der Tod sie scheidet. Was für ein Witz! Sie fand mich attraktiver als ihn, und er erzählt mir, was er für eine großartige Ehe haben wird. Da steht ihm großer Ärger bevor, denn er hat keinen Ehevertrag. Man braucht einen Ehevertrag. Ich bezeichne das als Sicherheitsabkommen. Er gibt einem Gewissheit. Wenn man ein Unternehmen aufbaut, braucht man ein Sicherheitsabkommen, das festlegt, wer im Falle einer Trennung was bekommt.

Sehen Sie sich nur einmal Paul McCartney an, den armen Kerl. Der Ex-Beatle ist einer der größten Musik-Stars aller Zeiten. Er hat Millionen und Abermillionen von Schallplatten verkauft und ist vielfacher Multimillionär. Er besitzt schätzungsweise 1,5 Milliarden Dollar. Nachdem seine Frau Linda an Brustkrebs gestorben war, hat er Heather Mills geheiratet. Hat schon einmal jemand etwas von Heather Mills gehört? Manche sagen, sie sei in den 1980er-Jahren Aktmodell gewesen und habe für einen Begleitservice gearbeitet. Wer kennt schon die Wahrheit? Auf jeden Fall war sie ein Niemand. Da sie inzwischen in *Dancing with the Stars* war, ist sie besser bekannt. Wenn sie nicht Paul McCartney geheiratet hätte, wäre sie immer noch niemand. Ich weiß noch, wie Larry King in einer Show vor der Hochzeit fragte: „Sir Paul, wollen Sie einen Ehevertrag machen?" Er sagte: „Ich hatte noch nie einen, Larry. Ich will keinen haben, weil wir uns lieben und ich einfach keinen will." Ich dachte mir: „Was für ein Fehler. Der Typ ist ein Trottel." Ich habe sogar gehört, dass Heather einen Ehevertrag angeboten hat und dass er ihn abgelehnt hat.

Es ist sicher wie das Amen in der Kirche, dass sie ihm drei Jahre das Leben zur Hölle gemacht hat und dass sie ihn dann auf 400 Millionen Dollar verklagt hat. Ich glaube, sie hat 60 Millionen Dollar und dazu sein Haus in St. John's Wood bekommen. Das ist für drei Jahre nicht schlecht. Ich sagte mir: „Ist das nicht ganz schön lächerlich?"

Wissen Sie noch, wie Paul und Heather letztes Jahr verkündet haben, dass sie sich scheiden lassen und dass sie sich um ihrer dreijährigen Tochter Beatrice willen „freundschaftlich" trennen wollen? Ich sagte „auf keinen Fall" und behielt recht. Die Handschuhe wurden gezückt und es wurde so richtig übel. Danach tauschte Paul in seiner Londoner Villa die Schlösser aus und fror das gemeinsame Bankkonto ein. Er gab sogar ein offizielles Schreiben heraus, in dem er behauptete, seine baldige Exfrau habe drei Flaschen Putzmittel aus seinem Haus entwendet. Ich weiß nicht genau, warum das so wichtig ist, aber diese Anschuldigung wurde öffentlich bekannt.

Laut den gerichtlichen Unterlagen behauptet Paul, Heather sei während ihrer Ehe „streitlustig" und „grob gegen das Personal" gewesen. Da es keinen Ehevertrag gab, versuchte sie aus der Scheidung 400 Millionen Dollar herauszuholen.

Es gibt Berichte, wonach Heather mit einem Camcorder herumgelaufen sein soll und alles gefilmt haben soll, was ihr passiert ist. Angeblich will sie die Bänder gegen Paul verwenden, damit sie mehr Geld bekommt. Oder sie macht daraus ein Dokumentationsvideo darüber, dass sie bei dieser ganzen Tortur das arme Opfer war, dem Unrecht geschehen ist, und versucht damit, die öffentliche Meinung auf ihre Seite zu ziehen. Unter dem Strich bleibt, dass sie es auf einen großen Batzen von Pauls

Geld abgesehen hatte. Sie hat mit ihren Verunglimpfungen sogar den Mythos oder die Tatsache zerstört, dass Paul und Linda eine großartige Ehe geführt haben.
Ich weiß, dass ich mich anhöre wie eine Schallplatte, wenn die Nadel hängt, aber wenn Menschen Geld haben – egal ob sie berühmt sind oder nicht –, müssen sie dieses Geld schützen, ganz egal wie sehr sie ihrer Meinung nach verliebt sind. Machen Sie einen Ehevertrag. Es ist mir egal, wie sehr Sie Ihre Verlobte oder Ihren Verlobten lieben; es ist einfach idiotisch, ohne Vertrag zu heiraten. Sie glauben mir nicht? Fragen Sie mal Paul McCartney, was er dazu meint. Ich wette, er wünscht, er hätte einen.
Letztes Jahr habe ich für The Learning Annex in Atlanta vor 20.000 Menschen gesprochen. Da kam eine sehr attraktive Frau her und fragte mich, ob sie sich für *The Apprentice* bewerben könnte. Nennen wir sie Jennifer. In der Sekunde, als ich sie sah, wusste ich, dass sie heiß, heiß, heiß war! Ich sagte: „Kommen Sie auf die Bühne, Jennifer, Sie sind engagiert."
Sie kam auf die Bühne und brachte ihre Schwester mit, die genauso klasse aussah. Ich fragte: „Sind Sie beide aus Atlanta? Sind Sie beide verheiratet?" Jennifer war verheiratet und ihre Schwester war ledig. Ich fragte Jennifer: „Ist Ihr Mann auch da?" Sie sagte nein. Ich sagte: „Okay, hier sind 20.000 Menschen und er wird es nie erfahren. Haben Sie Ihren Mann jemals betrogen?" Jennifer sagte: „Ehrlich gesagt ja. Ich muss sagen, das war das Schlimmste, was ich je in meinem Leben getan habe, und ich hoffe, dass er mir verzeiht."
Die Menge tobte und der Schwester stand vor Überraschung der Mund offen. Sie sagte, dass sie von der Affäre ihrer Schwester nichts gewusst hatte. Ich sagte: „Sie geben vor all diesen Menschen zu, dass Sie ihn schändlich betrogen haben." Jennifer sagte: „Ich lüge nicht." Ich sagte: „Sind außer Ihrer Schwester noch Freunde von Ihnen hier? Wenn ja, dann sagen Sie

ihnen bitte, dass sie Sie nicht verraten sollen, denn das wäre das Ende Ihrer Ehe. Weiß Ihr Mann davon?" Sie antwortete: „Nein." Ich sagte: „Haben Sie einen Ehevertrag?" Sie sagte: „Nein. Ich verdiene mehr Geld als mein Mann." Ich sagte: „Sie werden einen brauchen." Die nächste Frage aus dem Publikum war: „Wohin gehen die Zinsen?" „Wie langweilig", sagte ich. Ich rede schon seit vielen Jahren darüber, wie wichtig ein Ehevertrag ist, und vielleicht hören die Menschen so langsam hin. Ich habe gelesen, dass das Equality in Marriage Institute derzeit im Monat 5.000 Anfragen wegen Eheverträgen bekommt; noch vor ein paar Jahren waren es nur 1.500.

Eines von zehn Paaren, die zum ersten Mal heiraten, macht einen Ehevertrag. Neun von zehn Paaren leben in einem Narrenparadies und erwarten das ewig währende Eheglück. Nach der ersten Scheidung werden Viele schlauer. Vor der zweiten, dritten oder vierten Ehe schließt jedes fünfte Paar einen Ehevertrag. Das ist eigentlich erstaunlich: Nach drei Scheidungen weigern sich immer noch ganze 80 Prozent, einen Ehevertrag zu machen.

Offenbar wollen eine ganze Menge Leute nie einen Ehevertrag haben. Und warum? Kaum zu glauben, was 43 Prozent als Grund angeben, weshalb sie keinen Ehevertrag wollen: „Sie haben nicht vor, sich je scheiden zu lassen." Das ist Dummheit. Wer plant denn, sich scheiden zu lassen, wenn er zum ersten Mal heiratet? Niemand.

Fünf Prozent der Menschen, die keinen Ehevertrag machen, haben Angst, ihren Ehepartner darum zu bitten. Sie meinen, der oder die Verlobte würde die Unterschrift verweigern und die Hochzeit absagen. Ich weiß, dass es fürchterlich ist, wenn das passiert, aber es gibt noch schlimmere Dinge, zum Beispiel dass man sein ganzes Geld verliert.

Als ich hörte, dass sich Nick Lachey und Jessica Simpson trennen, war ich nicht überrascht. Die Menschen verändern sich

schnell, vor allem wenn sie noch in den Zwanzigern sind. Sie entdecken dann immer noch, wer sie eigentlich sind. Als sich Nick und Jessica kennen lernten, war seine Karriere größer als ihre. Doch nach ihrer Reality-Sendung hob ihre Karriere so richtig ab; seine zwar auch, aber weniger als ihre.
Nick und Jessica hatten keinen Ehevertrag geschlossen. Jessicas Vater hat ihre Karriere eigentlich großartig gemanagt und ich verstehe nicht, wieso er nicht darauf bestanden hat, dass das Paar einen Ehevertrag schließt.
Jessica und Nick hofften auf eine nette, freundschaftliche Scheidung. Überraschung! Es kam anders. Nick verlangte Unterhalt, und zwar viel. Er wollte 50 Prozent von Jessicas Geld. Allein im Jahre 2005 verdiente sie schätzungsweise 35 Millionen Dollar. Das war nicht lustig. Ich bin sicher, dass Nick einen dicken Batzen Geld bekam, als im Dezember 2006 alles vorbei war.
Sie sollten einen Ehevertrag haben. Ich weiß, das klingt schrecklich und das hat überhaupt nichts Romantisches an sich. Da muss man mit jemandem, den man liebt, über ein hartes Thema sprechen. Wenn es um viel Geld und andere Vermögenswerte geht, ist das unerlässlich. Was aus der Liebe wird, weiß man nie, aber eines weiß man: Wenn die Liebe weg ist, gibt es um das Vermögen einen Kampf mit Zähnen und Klauen. Das passiert immer, es sei denn, man hat einen Ehevertrag.
Im Geschäftsleben legen Sie doch immer im Voraus fest, was passiert, wenn die Geschäftsbeziehung endet. Damit handeln Sie verantwortlich. Warum machen Sie es mit Ihrer persönlichen Beziehung nicht genauso? Gewiss, das ist nicht angenehm, aber es ist sehr sinnvoll, die Aufteilung der Dinge für den Fall festzulegen, dass einer die Beziehung aufkündigt. Ein Ehevertrag kann einem die schmutzigsten und unangenehmsten Aspekte einer Scheidung ersparen.

Heutzutage ist der Ehevertrag für Frauen genauso wichtig wie für Männer. Ich habe in letzter Zeit viele Fälle mitbekommen, in denen die Frau viel Geld verdient und der Mann nicht; dann muss die Frau dem Mann viel Geld bezahlen.
Tatsache ist, dass Sie Gewissheit brauchen, egal ob Sie ein Mann oder eine Frau sind. Das ist wirklich wichtig. Mit Problemen muss man immer rechnen. Mit der Gewissheit eines Ehevertrages können Sie dieses Problem im Voraus lösen. Einigen Sie sich, während Sie Freunde sind, nicht erst, wenn Sie Feinde sind.
Aber ganz ehrlich gesagt ist das nicht schön. Ein Ehevertrag ist ein fürchterliches Instrument. Ich habe Melania kennen gelernt, wir haben uns verliebt und wir beschlossen zu heiraten. Ich sagte: „Melania, du bist wunderschön, ich liebe dich und wir werden die großartigste Ehe führen, die es je gab. Das wird einfach wunderbar. Hör mal, nur für den Fall, dass es nicht klappt: Unterschreib auf der gestrichelten Linie." Das ist zwar nicht unbedingt das Romantischste, was man tun kann, aber das muss sein – glauben Sie mir.

DAS MEINT ZANKER

Es gibt viele Menschen, mit denen ich Geschäfte auf Handschlag mache. Ich vertraue ihnen und sie vertrauen mir. Wir schreiben dann trotzdem noch auf, was wir vereinbart haben, und wenn es nur in einer Email ist. Wir schreiben die Grundzüge der Vereinbarung auf, damit sich keiner von uns übervorteilt fühlt, damit er hinsichtlich der Beziehung nicht durcheinander kommt und damit er sich nicht ärgert, weil der andere einen wichtigen Punkt vergessen hat. Ich bezeichne das als „Email-Handschlag". Der Grund dafür ist, dass man so leicht vergisst, was man abgemacht hat. Es ist nicht so, dass wir uns je über etwas streiten würden, und in solchen Situationen ist es nicht nötig, einen großen, formellen Vertrag zu machen, mit Anwälten und allem Drum und Dran und in dem steht, die Gesetze welches Bundesstaates gelten sollen, wenn einer von uns den anderen verklagt.
Wie wichtig das ist, habe ich auf die harte Tour gelernt. Ich habe einmal in einer Anzeige in *The Wall Street Journal* gelesen, dass mehrere Ski-Ferienwohnungen versteigert wurden. Ich erkundigte mich und fand, dass das ein gutes Geschäft wäre. In jener Woche ging ich mit einem Freund – nennen wir ihn Howard – essen und erwähnte ihm gegenüber, dass ich am nächsten Tag zu der Auktion fliegen würde. Er sagte: „Wenn das ein gutes Geschäft ist, kauf mir auch eine." Er gab mir auf der Stelle einen Scheck als Anzahlung. Ich sagte sofort zu ihm: „Okay, aber da ich ja die ganze Arbeit mache, versprich mir, dass du mir das Vorkaufsrecht gibst, wenn du je verkaufen solltest." Er war einverstanden. Ich machte für uns beide alles gründlich fertig und ersteigerte am nächsten Tag zwei Wohnungen. Ein paar Jahre später wollte ich in meiner Ferienwohnung einen Skiurlaub verbringen und rief Howard an,

weil ich seine Wohnung ein paar Freunden vermieten wollte, die mit uns kamen. „Die Ski-Wohnung?", sagte er. „Die habe ich vor ein paar Monaten verkauft. Ich habe einen guten Preis dafür bekommen." Ich sagte nichts dazu; ich gratulierte Howard einfach zu dem guten Geschäft. Innerlich kochte ich. Wahrscheinlich hat er es einfach vergessen, und wenn dem so ist, dann wahrscheinlich weil wir unseren kleinen Deal nicht schriftlich festgehalten hatten. Ich hätte wenigstens einen „Email-Handschlag" machen sollen.

Ende der 1980er-Jahre habe ich einen sehr guten Freund von mir mit einem Bekannten von mir bekannt gemacht. Zuerst verstanden sie sich nicht besonders gut, aber ich beharrte darauf, dass sie miteinander auskommen und zusammen ein großartiges Geschäft aufziehen sollten. Genau genommen schlug ich vor, dass wir zu dritt einen mächtigen Deal machen sollten. Aber egal wie sehr ich mich bemühte, sie mochten einander nicht. Dann begegneten sich die beiden bei einer Wohltätigkeitsveranstaltung und wurden Freunde. Ein paar Monate später musste ich erleben, dass sie zusammen Geschäfte machten und mich völlig außen vor ließen. Sie hatten mir nicht einmal etwas davon gesagt. Ich erfuhr es durch Zufall. Ich war fuchsteufelswild. Ich rief meinen Freund deswegen an und er besaß tatsächlich die Frechheit zu sagen: „Aber wir haben doch keinen schriftlichen Vertrag gemacht." Ich ärgerte mich tot. Ich legte einfach auf. Ich habe mit meinem Freund nie wieder gesprochen, und neun Monate später ist er relativ jung an einem Herzinfarkt gestorben. Ich frage mich die ganze Zeit, ob es sich für ihn gelohnt hat, mich über den Tisch zu ziehen, und ob der Stress, den es bedeutet, Menschen so zu behandeln, zu seinem Herzinfarkt beigetragen hat. Vielleicht war das nur das schlechte Karma, das ich ihm schickte.

KURZ UND BÜNDIG

Viele Menschen gehen mit Scheuklappen in die Ehe und meinen, es würde nie etwas schief gehen. Es würde ihnen nicht im Traum einfallen, ein Haus zu kaufen und von dem Vorbesitzer keine Garantien für den Fall zu verlangen, dass etwas schief geht. Wenn es um das Heiraten geht, gilt immer noch der alte Spruch: „Liebe macht blind." In Wahrheit besteht eine 58-prozentige Wahrscheinlichkeit, dass Ihre Ehe scheitert und am Ende geschieden wird. Nur sehr wenige Menschen planen dafür voraus, denn wenn sie so verliebt sind, haben sie Angst, sich diesem Thema zu stellen. Ein Ehevertrag ist ein fürchterliches Dokument; daran ist überhaupt nichts Schönes, aber er ist immer noch besser als die Alternative.

ZENTRALE PUNKTE

- Das Leben von Menschen wird zerstört, weil sie keinen Ehevertrag haben.
- 58 Prozent der Ehen enden mit Scheidung.
- Lassen Sie sich von der Liebe nicht das Urteilsvermögen trüben.
- Es gibt nichts Schrecklicheres als einen Mann und eine Frau, die sich einmal geliebt haben und die mit Zähnen und Klauen um Geld und Besitz streiten.
- Männer und Frauen brauchen Eheverträge.
- Niemand plant, sich scheiden zu lassen.
- Ein Ehevertrag ist ein Sicherheitsabkommen, das bestimmt, was im Falle einer Scheidung passiert.
- Ein Ehevertrag ist zwar nicht besonders romantisch, aber Sie brauchen ihn wirklich.

Kapitel 10

Nicht kleckern, klotzen

Egal was Sie tun, denken Sie in großen Dimensionen. So zu denken ist die treibende Kraft, die alle großen Errungenschaften der modernen Welt geschmiedet hat – von den turmhohen Wolkenkratzern über die faszinierenden Entdeckungen in Wissenschaft, Technik und Medizin bis hin zu den großen industriellen und militärischen Leistungen. „In großen Dimensionen zu denken" steht hinter jedem erfolgreichen Unternehmen, hinter jeder erfolgreichen Kirche oder politischen Organisation. So zu denken schafft liebevolle und dauerhafte Beziehungen.

Ich glaube, dass man an die Spitze gelangt, wenn man sich nur darauf konzentriert. Manche Menschen haben die angeborene Fähigkeit, an die Spitze zu gelangen. Sie sind geborene Champions. Andere Champions haben sich selbst dazu gemacht. Zu ihnen gehört Tiger Woods. Dazu gehören auch Michael Jordan, Derek Jeter, Tom Brady, Big Ben Roethlisberger und andere. Sie überwinden Hindernisse und besiegen die Chancen durch Disziplin und Entschlossenheit. Sie fassen etwas Großes ins Auge, das sie erreichen wollen. Normal wäre nicht genug. Sie denken übergeordnet und arbeiten auf große Ziele hin.

Viele Dinge fallen im großen Stil leichter. Es ist leichter in Manhattan einen Wolkenkratzer zu bauen, als in der Bronx einen Bungalow zu kaufen. Zunächst einmal dauert der Abschluss eines großen Deals genauso lange wie der Abschluss eines kleinen Deals. Stress und Ärger sind dabei gleich groß; man hat die gleichen Bauchschmerzen und Probleme. Die Finanzierung eines großen Deals ist leichter. Die Banker leihen lieber Geld für ein großes Projekt her als für ein kleines. Sie fühlen sich wohler, wenn sie Geld in ein großes prestigeträchtiges Projekt investieren als in ein heruntergekommenes Haus in einem schlechten Teil der Stadt. Wenn einem ein großes Projekt gelingt, verdient man sicher viel mehr Geld.

Der erste Schritt zum Erfolg ist der Sprung vom Niemand zum Jemand. Die meisten Menschen haben Angst, in großen Dimensionen zu denken. Sie können es einfach nicht. Warum? Weil sie sich nicht vorstellen können, dass sie große Dinge tun; sie haben weder das nötige Wissen noch die Erfahrung noch etwas vorzuweisen. Ihnen fehlen die äußeren Kennzeichen einer Person, die übergeordnet denkt. Wenn es darum geht, so zu denken, ist man selbst sein größter Feind.

Meinen Sie etwa, in großen Dimensionen zu denken sei Menschen mit Geld, mit College-Abschluss, mit verwandtschaftlichen Beziehungen oder gar mit Intelligenz vorbehalten? Das stimmt nicht. Jeder kann so denken. Das Wichtigste ist die Größe des Denkens. Wie großzügig man denkt, entscheidet darüber, wie groß der Erfolg wird. Alles andere ist zweitrangig. Der einfache Akt des übergeordneten Denkens hebt Sie sofort aus der großen Mehrheit der Menschen heraus. Fangen Sie also gleich damit an. Finden Sie zuerst ein großes Ziel für sich und dann machen Sie sich zu der Person, die dieses Ziel erreichen kann.

Ich habe beschlossen, ein großer Bauträger zu werden. Also arbeitete ich darauf hin, die Person zu werden, die mit großen Bauprojekten umgehen kann. Ich ging nach Wharton und lernte alles über Geld und Finanzen. In meiner Freizeit befasste ich mich mit Immobilien. Ich arbeitete fünf Jahre lang mit meinem Vater zusammen; ich lernte, wie man Deals macht und wie man hochwertige Gebäude schneller und günstiger baut als alle anderen.

Dann hatte ich das Gefühl, dass ich für größere Herausforderungen bereit war. Also ging ich nach Manhattan und gründete mein Unternehmen. Ich hatte ein großes Ziel und unternahm alle Schritte, um der Jemand zu werden, der dieses Ziel erreichen konnte.

GEHEN SIE AUFRECHT UND MIT HALTUNG DURCHS LEBEN

Zu Ihrem neuen übergeordneten Denken benötigen Sie auch die entsprechende Haltung. Machen Sie alles, was Sie im Leben tun, mit Haltung. Ich sehe mich selbst immer als den bestaussehenden Mann und es ist kein Geheimnis, dass ich schöne Frauen liebe. Deshalb habe ich die Schöheitswettbewerbe *Miss USA* und *Miss Universe* gekauft. Ich liebe es, mich mit schönen Frauen zu umgeben. Meine Frau hat nichts dagegen, weil sie die schönste Frau von allen ist – und sie weiß, dass ich sie geheiratet habe, weil ich sie liebe und weil ich sie heiraten wollte. Ich hatte die Wahl, Single zu bleiben oder zu heiraten, und habe mich für das Heiraten entschieden. Ich will kein Single sein. Es stimmt zwar, dass ich eine schlechte Ehebilanz habe, aber bin lieber verheiratet als alleinstehend. Und deshalb habe ich die richtige Frau getroffen. Ich habe aus meinen früheren Fehlern gelernt. Ich bin entschlossen, in meiner Ehe mit Melania alles viel besser zu machen.

Viele Menschen überrascht es, dass schöne Frauen mich lieben. Für die erste Staffel von *The Apprentice* bezahlte mir NBC fast nichts und niemand rechnete damit, dass das klappen würde. Die wollten nicht einmal die Tinte für einen Optionsvertrag mit mir verschwenden. Ein Verantwortlicher von NBC sagte: „Wenn das ein Erfolg werden soll, müssten viele Frauen zuschauen, und warum sollten sich Frauen Donald Trump anschauen?" Ich sagte: „Ich komme bei Frauen gar nicht so schlecht an." Es stellte sich heraus, dass mit Abstand die meisten Zuschauer von *The Apprentice* Frauen sind.

Die Frauen, mit denen ich im Laufe der Jahre Verhältnisse hatte, hätten jeden Mann haben können, den sie wollten; sie sind Topmodels und die schönsten Frauen der Welt. Ich konnte mit ihnen gehen (sie flachlegen), weil ich etwas habe, das viele Männer nicht haben. Ich weiß nicht, was das ist, aber den Frauen gefällt das schon immer. Also los Männer, seid großspurig, zuversichtlich, schlau und humorvoll, dann bekommt Ihr jede Frau, die Ihr wollt.

Geraldo Rivera ist ein Freund von mir, aber er hat etwas getan, was ich absolut schrecklich fand, und er gibt zu, dass das cin Fehler war. Er hat ein Buch geschrieben, in dem er die Namen vieler berühmter Frauen nennt, mit denen er geschlafen hat. Ich würde das nie tun, denn grundsätzlich habe ich dafür zu viel Respekt für Frauen, und wenn ich es täte, würde die Welt das ernstlich registrieren. Schön, berühmt, erfolgreich, verheiratet – ich habe sie alle heimlich gehabt, die bekanntesten Namen der Welt, aber im Gegensatz zu Geraldo spreche ich nicht darüber. Wenn ich das täte, würde sich dieses Buch zehn Millionen Mal verkaufen (das tut es vielleicht sowieso). Eines habe ich über Frauen im Laufe der Jahre gelernt – sie wollen es (Sex!) mehr als wir.

Wir mögen in Vorstadthäusern wohnen, aber unser Verstand und unsere Emotionen sind nur einen Schritt vom Dschungel entfernt. In der Urzeit hängten sich die Frauen an die stärksten Männchen, damit sie sie beschützten. Sie probierten es auf keinen Fall bei einem Männchen mit niedrigem Rang, das ein Niemand war, das ihnen keinen Wohnraum bieten, sie nicht beschützen und sie und ihre Nachkommen nicht ernähren konnte. Männchen, die in der Rangordnung hoch standen, stellten ihre Tapferkeit und ihr Können unmissverständlich zur Schau. Sie hatten keine Angst, auf ihre Weise zu denken und ihre eigenen Entscheidungen zu treffen. Sie scherten sich einen Dreck um das, was andere Stammesmitglieder dachten. Diese Haltung gehörte und gehört immer noch zu der Art Mann, die Frauen anziehend finden. Diese Aussage ist vielleicht nicht politisch korrekt, aber das ist mir wurscht. Das sagt einem der gesunde Menschenverstand und sie ist wahr – und wird es immer sein.

Wenn ich mit einer der schönsten Frauen der Welt schlief, dachte ich oft an den kleinen Jungen aus Queens, der ich einst war, und sagte zu ihm: „Kannst du dir vorstellen, was ich gerade bekomme?"

Das Gleiche gilt für Frauen. Wenn man eine attraktive Frau sein will, ist das Aussehen unleugbar wichtig. Doch das Aussehen allein bringt einem nicht den erstklassigen Mann, den man will, jedenfalls nicht für sehr lange. Das Aussehen ist erst die halbe Miete. Zu dem Aussehen muss noch eine selbstbewusste Haltung dazukommen. Die Attraktivität einer Frau hat viel mit ihrer Einstellung zu sich selbst zu tun. Glauben Sie, dass Sie etwas wert sind, und vermitteln Sie diesen Glauben in Ihrer Art zu stehen, zu gehen, sich zu bewegen und Ihre Augen einzusetzen. Mein Rat an Männer und Frauen: Glauben Sie an sich selbst und zeigen Sie das in Ihrer Haltung, dann sind Sie für das andere Geschlecht viel attraktiver; und wenn Sie homosexuell sind, ändert das nichts – die Haltung ist alles!

Strahlen Sie das aus – klotzen Sie! – bei der Arbeit, in Ihrer Freizeit und bei allem, was Sie im Leben so tun. Was immer Sie tun, tun Sie es, so gut Sie können und zeigen Sie es. Manche Menschen beschweren sich, ihr Leben sei langweilig. Mein Leben ist nie langweilig. Wenn Sie in Ihrem Leben mehr Aufregung haben wollen, dann müssen Sie sie sich eben holen. Nehmen wir an, Sie möchten eine Einladung geben. Sie haben die Wahl: Sie können eine bescheidene Veranstaltung oder etwas Großes planen. Wenn Sie etwas Bescheidenes, Unspektakuläres planen, dann bekommen Sie das auch. Planen Sie ein gesellschaftliches Ereignis und krachen Sie richtig auf. Hauen Sie dabei auf den Putz! Geben Sie alles, machen Sie es überdimensional und spitzenmäßig.

Sie sind das, wofür Sie sich halten. Die meisten Menschen denken zu gering von sich und werten ihre eigenen Fähigkeiten ab. Sie erkennen an, dass andere Menschen klüger sind als sie wirklich sind, und spielen ihre eigene Intelligenz herunter. Kehren Sie das um: Erkennen Sie an, dass Sie klüger sind als die meisten Menschen, denn so ist es auch. Und das muss sich in Ihrer Einstellung zu sich selbst widerspiegeln.

Alle reden über George Clooney und wie gut er aussieht. Doch kürzlich lernte ich ihn kennen, als ich mit dem großartigen Bauträger George Perez aus Florida einen Drink nahm. Da war ich überrascht, wie klein und schmächtig George ist. Er sah wirklich gut aus, aber seine Statur war ganz anders, als ich erwartet hatte, ganz anders als sein Image. Auf der Leinwand sieht er viel größer aus. Völlig anders als ihr Image ist auch Angelina Jolie. Aus irgendeinem Grund finde ich sie überhaupt nicht gut aussehend, aber die Presse scharwenzelt um sie herum. Ich weiß genau, wann jemand gut aussieht. Angelina sieht bestimmt nicht schlecht aus, aber sie ist keine Schönheit. Die Wahrnehmung ist sehr wichtig – und die Leute nehmen sie als große Schönheit wahr; was nicht den Tatsachen entspricht. Häufig ist die Wahrnehmung wichtiger als die Tatsachen. Wie im Fall von Angelina Jolie.

Die Menschen lesen von Ihnen ab, was sie von Ihnen halten sollen. Ihre Haltung sich selbst gegenüber ist für alle sichtbar.

Entwickeln Sie die innere Einstellung, dass Sie viel wert sind, dann werden andere Sie wertschätzen. Gehen Sie flott und zielstrebig, mit geradem Blick, wie jemand, der weiß, wohin er oder sie geht. Machen Sie sich bloß nicht klein. Jeder von uns hat eine Definition von sich selbst. Ihre sollte großartig sein. Definieren Sie sich nicht als Marketingmanager, sondern als Marketingmanager auf dem Weg zum Marketingvorstand. Definieren Sie sich nicht als jemand, der Einfamilienhäuser baut, sondern als jemand, der Einfamilienhäuser baut und auf dem Weg dazu ist, Mehrfamilienhäuser zu bauen. Definieren Sie sich selbst nicht als Anwalt, sondern als Anwalt auf dem Weg zum Teilhaber. Definieren Sie sich nicht als Bilanzbuchhalter, sondern als Bilanzbuchhalter auf dem Weg zum Finanzvorstand.

Machen Sie deutlich, dass Sie in großen Dimensionen denken. Das zeigt, dass Sie ein aktiver, begeisterungsfähiger, zielstrebiger, effizienter, engagierter und wichtiger Mensch sind, der an sich glaubt. Sie sind jemand, der Beförderungen bekommt, der Kunden und Freunde gewinnt; jemand, der im Leben aufsteigt und der wegen seiner kreativen Ideen begehrt ist. Ihre Haltung ist viel wichtiger als Ihr IQ.

Wer in großen Dimensionen denkt, zieht positive Schlüsse. Gewöhnen Sie sich an, positive Schlüsse zu ziehen. Fangen Sie jeden Tag mit dem Gedanken an: „Heute ist ein großartiger Tag. Ich lebe im tollsten Land der Welt. Ich habe einen tollen Beruf. Es ist großartig, am Leben zu sein. Ich habe heute massenhaft Gelegenheiten, erfolgreich zu sein." Dann findet Ihr Verstand auch Gründe dafür, dass das stimmt. Wer kleinkariert denkt und negative Schlüsse zieht, wird merken, dass der Verstand viele negative Gedanken vorbringt. Sie haben die Wahl. Wählen Sie positiv.

FAHREN SIE DIE GANZE STRECKE ERSTER KLASSE

Verankern Sie Ihre neue Persönlichkeit. Denken Sie immer in großen Dimensionen, indem Sie die ganze Strecke erster Klasse fahren. Ihre Schuhe, Anzüge, Hemden, Krawatten, Mäntel und Accessoires wie Uhren und Schmuck sollen der Welt sagen, dass Sie etwas von Qualität verstehen und sie zu schätzen wissen. Wenn Sie im Moment nicht viel Geld haben, kaufen Sie weniger, aber dafür bessere Qualität. Alles, was Sie tun und besitzen, soll das Image der Wichtigkeit vermitteln. Fahren Sie ein erstklassiges Auto, tragen Sie erstklassiges Gepäck, gehen Sie in erstklassige Restaurants und kaufen Sie in erstklassigen Geschäften ein.

Ich habe diese Lektion gelernt, als ich eine Footballmannschaft aus New Jersey kaufte. Die New Jersey Generals spielten in einer unbedeutenden Liga namens United States Football League (USFL). Ich nahm für die Spielsaison 1985 Doug Flutie und Herschel Walker unter Vertrag. Im Jahre 1986 strengten wir ein Kartellverfahren über 1,5 Milliarden Dollar gegen die NFL an; wir behaupteten, die NFL würde versuchen, den Footballsport zu monopolisieren. Wir gewannen den Prozess, aber wir bekamen nur einen Dollar, was mit Zinsen 3,76 Dollar ergab. Später bekamen wir noch sechs Millionen Dollar Prozesskosten. Ich hatte gedacht, das wäre eine kostengünstige Möglichkeit, in die NFL zu kommen. Ich gab nicht viel Geld aus und probierte es einfach. Am Ende wäre ich besser bedient gewesen, wenn ich gleich mehr bezahlt hätte, in die erste Klasse eingestiegen wäre und einfach eine NFL-Mannschaft gekauft hätte. Das ist, als ob man eine Immobilie in der Fifth Avenue kauft. So muss man das nämlich machen. Das habe ich aus dieser USFL-Erfahrung gelernt – immer erster Klasse fahren!

Als ich im Januar 2005 Melania heiratete, sagten die Menschen: „Donald, du hast immer große Hochzeiten gefeiert, warum machst du nicht einfach eine kleine private Zeremonie mit ein paar engen Freunden und Verwandten?" Sicher, ich war beschäftigt und hatte viel am Laufen, aber das Leben dreht sich nicht nur um das Geschäft. Man muss sich auch Zeit für das Leben nehmen. Ich lebe im großen Stil. Deshalb antwortete ich: „Auf keinen Fall. Das ist eine Gelegenheit zu feiern und Spaß zu haben. Das ist Melanias großer Tag, und meiner auch; ich will daraus etwas Besonderes und Aufregendes für sie und für alle Freunde und Verwandten machen."

WERFEN SIE IHRE **ZWEIFEL** WEG

Wer in großen Dimensionen denkt, besiegt seine Zweifel. Zweifel führen direkt zum Versagen. Wenn Sie nicht wissen, wie etwas ausgeht, sind Sie damit nicht allein. Niemand weiß das wirklich. Sie könnten von einem Bus überfahren werden, wenn Sie über die Straße gehen. Wenn Sie zweifeln, glauben Sie an sich selbst und gehen Sie davon aus, dass Sie Erfolg haben. Das kann Ihnen niemand abnehmen. Wenn Sie sich einer Sache nicht gewachsen fühlen, holen Sie sich keine Versicherung bei anderen. Entwickeln Sie den Glauben an sich selbst. Sie werden es oft erleben, dass jemand wahrscheinlich keinen Erfolg hat, aber doch erfolgreich wird, weil er oder sie die Fähigkeit besitzt, in großen Dimensionen zu denken. Ein Fall, der das belegt, ist der ehemalige Präsident Jimmy Carter. Er ist ein sehr netter Mensch, aber er war kein Präsident, wie ich ihn mir vorstelle. Ich neigte mehr zu den Ronald Reagans dieser Welt. Als seine Amtszeit vorbei war, bat er nichtsdestotrotz um ein Gespräch mit mir und ich sagte natürlich zu. Ich wusste nicht, was er von mir wollte, denn ich hatte ihn nie unterstützt und hatte mich sogar deutlich dazu geäußert, wie schlecht er mit den Geiseln im Iran umgegangen war. Nur so als Beispiel: Als gemeldet wurde, dass Ronald Reagan die Wahl gewonnen hatte, lieferten die Iraner sie sofort aus. Wenn Jimmy Carter gewonnen hätte, wären sie vielleicht heute noch dort.

Trotzdem unterhielten wir uns wunderbar, bis er zum Punkt kam, nämlich ob ich mir vorstellen könnte, 50 Millionen Dollar für die Jimmy Carter Library zu spenden. Da saß dieser Mann, den ich nicht unterstützt hatte, den ich nicht gewählt hatte, trotzdem im Büro und bat mich um eine Spende von 50 Millionen Dollar! Ich sagte mir – und habe die Geschichte schon oft erzählt –, dass Jimmy Carter entgegen seinem gegenteiligen Image in der Lage ist, in großen Dimensionen zu denken. Deshalb hat er für die Präsidentschaft kandidiert und andere nicht. Es stellte sich heraus, dass Jimmy Carter zu den wenigen Menschen gehört, die nach ihrer Präsidentschaft bessere Arbeit geleistet haben als während der Amtszeit.

Ein Beispiel für das Gegenteil ist Mario Cuomo. Ich habe ihn viele Jahre lang unterstützt. Als ich ihn jedoch nach seiner Amtszeit um einen kleinen, vollkommen positiven Gefallen bat, tat er ihn mir nicht. Das war sehr illoyal von ihm, denn ich war ihm gegenüber loyal gewesen. Damals trat er gegen den ersten Präsidenten Bush um die Kandidatur an. Wenn er kandidiert hätte, dann hätte er zum Nachteil unseres Landes wahrscheinlich gewonnen. Er wäre ein schrecklicher Präsident gewesen, aber er war eben nicht in der Lage, übergeordnet zu denken, und Bush hatte damals sehr gute Umfrageergebnisse. Aber dann kam es, dass ein brillanter Bursche und Freund von mir namens Bill Clinton aus Arkansas kandidierte und gewann. Er besitzt die Fähigkeit, in großen Dimensionen zu denken, und seine Ehefrau Hillary Clinton ebenfalls.

Deshalb hat Bill Clinton die Wahl gewonnen. Während andere nicht bereit waren, gegen die enorm guten Umfrageergebnisse von George Bush anzutreten, hatte Bill Clinton keine Angst. Als Bushs Beliebtheit wie ein Stein absackte, war er in der Position zu gewinnen und er nutzte diese Position auch. Bill Clinton ist ein toller Mensch mit Courage, Mario Cuomo ist ein illoyaler Mensch ohne Courage.

Die Menschen ziehen ihre Schlüsse aus Ihrem Verhalten. Wenn Sie glauben, dass Sie etwas schaffen, dann glauben andere Menschen das auch. Tragen Sie die Haltung nach außen, dass Sie wichtig sind und dass es sich lohnt, Ihnen zuzuhören. Die Menschen sind mit Gedanken über sich selbst beschäftigt. Sie schauen Ihnen kurz ins Gesicht, und wenn sie sehen, dass Sie sich selbst für wertvoll und wichtig halten, dann akzeptieren sie Ihre Meinung über sich selbst. Sie sehen an Ihrem Gesicht und an Ihrem Gebaren, dass Sie aus eigener Kraft arbeiten und dass Sie ein Führer sind, der etwas bewegt.

Wenn Sie sich selbst etwas wert sind, respektieren und wertschätzen Sie auch andere Menschen. Der Löwe hat vor dem kleinen Löwenbändiger Angst, aber nicht vor dem großen starken Mann, der Angst vor ihm hat. Suchen Sie nicht Bestätigung bei anderen. Das ist ein eindeutiges Zeichen von Schwäche. Viele Menschen werden neidisch sein oder empfinden Sie als Bedrohung. Viele Menschen verstecken sich und stellen lieber ihr Licht unter den Scheffel, als sich dem Druck zu stellen, Haltung anzunehmen und in großen Dimensionen zu denken. Geben Sie nicht auf.

Ihr Glaube erzeugt die Kraft, die Fähigkeit und die Energie, Ihre Ziele zu erreichen. Der Zweifel saugt Ihren Erfolgswillen aus und signalisiert allen Beteiligten, dass Sie scheitern werden. Legen Sie alle Zweifel ab! Ich rede hier nicht von Allüren oder Arroganz. Glauben Sie einfach an Ihre Fähigkeiten und an

Ihren Wert. Schätzen Sie Ihre Stärken und Fähigkeiten korrekt ein und passen Sie Ihre Haltung Ihren Fähigkeiten an.

EIN GROSSES EGO IST EINE GUTE SACHE

Mich hat einmal jemand gefragt: „Was ist der Unterschied zwischen einem Wichtigtuer oder Angeber und einem Macher?" Ich erinnere mich noch an die Zeit, als Mohammed Ali zu seinen Gegnern immer sagte: „Ich bin der Größte. Ich mache dich fertig und ich werde dich vernichten." In dem berühmten „Rumble in the Jungle" boxte er gegen George Foreman. George war damals unbesiegbar. Er war einfach unschlagbar. Er war der härteste Boxer, gegen den Ali je gekämpft hatte. Er schlug fester zu als Joe Frazier oder Sonny Liston. Er konnte die schwersten Schläge einstecken und ging nie zu Boden. Außerdem war er viel jünger als Mohammed.
George Foreman war ein derart großer Kämpfer, dass er Joe Frazier k.o. schlug, und zwar sechsmal. Mohammed Ali hatte seine Blütezeit hinter sich. Was er in jener Nacht vorhatte und machte, war einfach erstaunlich. Ali war klug. Er hatte sich Videos von Foremans früheren Kämpfen angeschaut, aber niemandem davon erzählt, nicht einmal seinem Trainer. Er sah ein Video, in dem Foreman am gleichen Abend gegen drei Gegner boxte. Den ersten schlug er sofort k.o. Das waren alles Rummelboxer. Der Kampf mit dem zweiten war schon knapper, aber er schlug ihn nach vier Runden k.o. Den Kampf gegen den dritten hätte Foreman fast nicht gewonnen. Er hatte große Mühe. Mohammed sah das und erkannte Foremans Schwäche – er wird müde.
Fünf Runden lang platzierte Ali keinen einzigen Schlag. Er machte „Rope-a-dope": Er lehnte sich einfach in die Seile und

ließ Foreman auf seinen Körper schlagen. Foreman hatte aber Schwierigkeiten, sein Gesicht zu treffen. Alis Trainer Angelo Dundee sagte: „Champ, Champ, wir können dich das nicht mehr länger durchmachen lassen." Ali sagte: „Bist du verrückt? Das läuft doch prima." In der fünften Runde war Foreman am Ende. Und dann, in der sechsten Runde, begann Ali ganz plötzlich, auf Foreman einzuschlagen, der keine Kraft mehr hatte. Foreman war vollkommen wehrlos und Ali schlug ihn in der achten Runde k.o. Das war der größte Kampf aller Zeiten! Mohammed Ali ist zwar ein Großmaul, aber er hält auch, was er sagt. Mein Rat an Sie: Ja, haben Sie ein großes Ego, aber seien Sie nicht egoistisch. Ein großes Ego ist etwas Positives.

Ein paar andere großartige Beispiele für Menschen, die etwas auf die Reihe bekommen, sind George Steinbrenner, Bob Kraft und Bob Tisch. George hat die New York Yankees zu gewaltigen Erfolgen geführt; genauso haben es Bob Kraft als wahrhaft großer Manager und Denker mit den New England Patriots und der inzwischen verstorbene Bob Tisch mit den New York Giants gemacht. Bob war ein großartiger Geschäftsmann und er hat die New York Giants gegen eine Flut von Zweifeln preiswert gekauft und dann fantastische Arbeit geleistet. Seine Familie führt das jetzt zusammen mit der Familie Mara gut weiter. Champions gibt es in der Sportindustrie auf allen Ebenen, im Hinblick auf sportliche Leistungen und auf der geschäftlichen Seite.

Ein heutiger bemerkenswerter Champion ist Tom Brady von den New England Patriots. Tom ist einer der größten Quarterbacks der Footballgeschichte und er spielt auch nicht schlecht Golf. Tom und ich spielen in meinem Trump National Golf Club in Westchester zusammen und er ist nicht nur ein großer Champion, sondern auch ein toller Kerl. Wenn er mehr Golf spielen würde, wäre er der beste Golfer. Er hat ein erstaunliches Talent.

GEWÖHNEN SIE SICH AN, ZU SAGEN, WAS SIE DENKEN

Sprechen Sie wie jemand, der in großen Dimensionen denkt. Oft verschließt die Furcht den Menschen den Mund, wenn sie eigentlich etwas sagen wollen. Gewöhnen Sie sich an, bei geschäftlichen Besprechungen und bei gesellschaftlichen Versammlungen etwas zu sagen. Achten Sie darauf, dass Sie wissen, was Sie sagen wollen. Dann sprechen Sie laut und deutlich wie jemand, der meint, er habe etwas Wichtiges zu sagen. Fürchten Sie sich nicht davor, was andere Menschen denken. Erinnern Sie sich daran, dass andere Menschen nicht so klug sind, wie Sie meinen oder wie sie selbst meinen.

Ich habe Kristi Frank in der fünften Woche der ersten Staffel von *The Apprentice* vor allem gefeuert, weil sie den Mund nicht aufmachte. In Folge 5 hatte Kristi die Aufgabe, in New York einen Basar zu veranstalten. Sie leistete hervorragende Arbeit, aber ihr Team verlor, weil Omarosa Manigault-Stallworth einen Teil des Geldes verlor. Omarosa nahm die Schuld dafür aber nicht auf sich. Die Schuld an dem Verlust wurde Kristi zugeschrieben und sie sagte nichts zu ihrer Verteidigung. Wenn sie einfach den Mund aufgemacht und ihre Fähigkeiten verteidigt hätte, dann hätte ich sie behalten und stattdessen Omarosa gefeuert.

Jeder, der etwas tut, wird kritisiert. Rechnen Sie damit. Hören Sie darauf. Und dann schieben sie es weg. Ich bin für alles kritisiert worden, was ich je gemacht habe. Ich lasse das nicht an mich heran. Wie ich schon gesagt habe, im Wilden Westen sind alle hinter dem schnellsten Schützen her. Wenn Sie an der Spitze stehen, sind Sie die natürliche Zielscheibe für die ganzen Kleingeister. Diese kritisieren gerne diejenigen, die etwas wa-

gen und auf die Beine stellen. Lassen Sie sich davon nicht aufhalten. Machen Sie den Mund auf und heben Sie sich ab.
Bei einem Vortrag für The Learning Annex saß kürzlich auch der hoch geachtete Wirtschaftsautor Joe Queenman im Publikum. Joe ist als knallharter, strenger Typ bekannt und er schrieb in seiner Kritik am Schluss: „Trump ist eine legendäre Präsenz, ein amerikanischer Finanz-Volksheld, der eine geheimnisvolle Verbindung zu Millionen gewöhnlicher Amerikaner aufgebaut hat. Und dabei stammt seine Popularität schon aus der Zeit vor seinem Fernseherfolg mit The Apprentice. Sein dreistes, auf die Halsschlagader zielendes Vorgehen hat die Fantasie der Nation schon vor über zwei Jahrzehnten gefangen genommen und sie nie mehr losgelassen." Joe Queenman kam zu dem Schluss: „30 Millionen hin oder her, vielleicht bezahlt ihm Zanker noch zu wenig."

LEUTE MIT BISS TUN SICH ZUSAMMEN

Verkehren Sie mit Leuten, die so denken wie Sie. Die Menschen in Ihrer Umgebung haben großen Einfluss auf Sie. Wir sind alle Produkte unserer Umwelt. Treten Sie in Clubs, Vereine und Organisationen ein, in denen sich erfolgreiche Menschen versammeln. Sehen Sie sich als jemanden, den man unbedingt kennen muss. Bei jedem Zusammentreffen ist diejenige Person die wichtigste, die am aktivsten Bekanntschaft mit anderen macht. Wenn Sie eine neue Person kennen lernen, schauen Sie ihr auf jeden Fall in die Augen; achten Sie darauf, dass Sie ihren Namen erfahren und dass Sie ihr Ihren sagen.
Freunden Sie sich mit Menschen an, die übergeordnet denken, und treffen Sie sich regelmäßig mit ihnen zum Mittag- oder Abendessen, um Ideen auszutauschen, Meinungen zu formu-

lieren und um Träume und Ziele miteinander zu teilen. Seien Sie wählerisch, was Ihre Freunde angeht. Verkehren Sie nur mit Menschen, die wirklich Ihren Erfolg wollen. Schaffen Sie alle sogenannten Freunde ab, die negativ sind und kleinkariert denken. Sie saugen nur an Ihrer Energie. Manche versuchen vielleicht, Ihnen den Weg zu versperren, und geben Ihnen ein schlechtes Gefühl dabei, dass es Ihnen gut geht. Suchen Sie nur bei Menschen Rat, die wissen, was sie tun.

Einer meiner Freunde, die so denken wie ich, ist John Mack, der Chef von Morgan Stanley. John ist unwahrscheinlich klug, ein absolut brillanter Wall-Street-Taktiker. Er hat einen unübertroffenen unternehmerischen Blick. Er ist ein guter Freund von mir, und er tut extrem viel Gutes. Er ist Boardvorsitzender von New York Hospital.

Kürzlich lud mich John zum Essen ein, weil er etwas von mir wollte. Nachdem er die ganzen schönen Dinge erklärt hatte, die New York Hospital macht (ein Krankenhaus, mit dem ich nichts zu tun habe, aber eines von vielen, die zumindest finanziell etwas mit mir zu tun haben möchten), fragte er mich, ob ich eine Spende von 25 bis 50 Millionen Dollar machen könnte. Ich schaute ihn an und sagte: „Mensch, du bäckst aber große Brötchen!“ Und genau das macht Johns Erfolg aus.

Kurz danach ging ich wieder mit John essen. Dabei gab ich ihm einen Scheck über eine Million Dollar, was normalerweise keine kleine Spende ist. John war sehr froh, dass er ihn bekam, und sehr dankbar, aber ich bin mir bei der Übergabe einer Spende von einer Million Dollar noch nie so kleinlich vorgekommen. John leistet hervorragende Arbeit im Geschäft und wenn es darum geht, anderen zu helfen, die weniger Glück haben. Er ist ein unglaubliches Vorbild für die Leser dieses Buches.

GROSSE TATEN ERZEUGEN GROSSE ZUVERSICHT

Verwandeln Sie Ihre Gedanken, die sich in großen Dimensionen bewegen, schnellstmöglich in eben solche Taten. Lassen Sie sich nicht von Ausreden wie den folgenden zurückhalten: „Ich bin nicht intelligent genug, ich habe nicht genug Erfahrung, ich bin zu jung, ich bin zu alt, zu weiblich, zu schwarz, zu dick, zu dünn, zu glatzköpfig, zu sportlich oder eigenartig. Das sind alles faule Ausreden. Legen Sie sie ab.

Ausreden sind ein Symptom von Angst. Stürzen Sie sich hinein und tun Sie das, was Sie am meisten fürchten; dann verschwindet Ihre Angst. Niemand wird mit Selbstvertrauen und Zuversicht geboren. Alles Selbstvertrauen ist erworben. Gewöhnen Sie sich an zu handeln, dann wächst Ihr Selbstvertrauen.

Verbringen Sie nicht zu viel Zeit damit zu planen oder Probleme vorwegzunehmen und zu lösen, bevor sie auftreten. Das ist nämlich nur eine andere Art von Ausrede, etwas aufzuschieben. Bevor Sie angefangen haben, wissen Sie nicht, welche Probleme auftreten. Sie werden nicht die Erfahrung haben sie zu lösen. Schreiten Sie stattdessen zur Tat und lösen Sie die Probleme, wenn sie auftauchen.

Hören Sie auf zu denken und fangen Sie an zu machen. Fangen Sie mit kleinen Dingen an und stellen Sie sich nach und nach immer größeren Herausforderungen, damit Sie Selbstvertrauen aufbauen. So gelangen olympische Athleten an die Spitze. Sie treiben sich zu immer größeren Zielen an, einen Schritt nach dem anderen.

Eigentlich kommt es gar nicht auf das an, was Sie wissen, wenn Sie anfangen, sondern auf das, was Sie lernen, wenn Sie weitermachen. Wenn Sie etwas Neues, Schwieriges anfangen, denken

Sie sich immer: „Klappt schon." Ihre Fähigkeit, etwas zu schaffen, ist einfach nur ein Geisteszustand. Wie viel Sie schaffen können, hängt davon ab, was Sie glauben, wie viel Sie schaffen können. Viele Menschen gewöhnen sich daran, auf einem bestimmten Effizienzniveau zu arbeiten. Wenn es die Umstände erfordern, schaffen sie viel mehr, als sie glauben. Fangen Sie an zu denken, dass Sie mehr schaffen können. Bauen Sie kein Einfamilienhaus ohne daran zu denken, wie viel mehr es kosten würde, ein Mehrfamilienhaus zu bauen oder ein ganzes Siedlungsprojekt zu übernehmen. Versuchen Sie, alles, was Sie machen, größer, besser und gewagter zu machen.

Verpflichten Sie sich, etwas Großes zu machen, dann finden Sie auch einen Weg, es zu schaffen. Ich meine damit nicht ein vages Versprechen, irgendwann irgendetwas zu machen. Ich meine damit einen rechtsgültigen Vertrag, der Ihnen Feuer unterm Hintern macht. Unterschreiben Sie auf der gestrichelten Linie, dann bekommen Sie ein Feuer unter den Hintern, das Sie anspornt, sich aufzuraffen wie nie zuvor.

Trainieren Sie Ihren Geist, immer größere Ziele anzunehmen. Ihr Geist muss bereit sein, größere Schritte zu machen. Sie kommen nicht auf eine höhere Ebene, wenn Ihr Geist nicht bereit ist. Nehmen wir an, Sie gründen ein Unternehmen, das 100 Dollar im Monat bringt, und Sie wollen auf 10.000 im Monat kommen. Die meisten Menschen können nicht über Nacht von 100 auf 10.000 Dollar hinaufschießen. Der Geist muss sich daran gewöhnen. Fangen Sie mit kleineren Schritten an, damit Ihr Geist dafür bereit wird, und um Brücken von Ihrem jetzigen Standort zu dem Ort zu bauen, an den Sie gelangen wollen.

Um eine Ebene höher zu springen, ist es hilfreich, einen Mentor zu finden. Deshalb gibt es auf jedem Gebiet Meister-Lehrer und -Coaches. Aus irgendeinem Grund sind wir alle empfänglich für Rat von Autoritätspersönlichkeiten. Finden Sie eine Autorität in Ihrem Umfeld und holen Sie sich bei ihr Rat und Ansporn, größere und mutigere Schritte zu machen. Deren Selbstvertrauen gibt Ihrem Selbstvertrauen einen Schub.

SETZEN SIE HEBELWIRKUNGEN EIN, UM SPITZENBEZAHLUNG FÜR IHRE ARBEIT ZU BEKOMMEN

Übergeordnet zu denken ist der Hebel, den Sie brauchen, damit Sie eine Bezahlung bekommen, die Ihrem Wert entspricht. Im richtigen Leben drücken Ihnen die Menschen nicht einfach Geld in die Hand. Die Menschen kämpfen und töten für Geld. In der Fantasiewelt bekommt man automatisch, was man wert ist. Die wirkliche Welt funktioniert aber nicht so. Man bekommt nur bezahlt, was man wert ist, wenn die Person, mit der man zu tun hat, keine andere Wahl hat.

Ärzte werden gut bezahlt, denn entweder man bezahlt oder man stirbt. Zahnärzte werden gut bezahlt, denn entweder man bezahlt oder man hat Zahnschmerzen. Anwälte bekommen ein dickes Honorar, sonst machen sie einem einen Strich durch den Deal. Es gibt ein altes Sprichwort: „No pain, no gain – kein Gewinn ohne Schmerzen." Das gilt normalerweise für Bodybuidling, aber das passt auch auf Verhandlungen. Sport-Superstars können hohe Gehälter und saftige Vertragsgelder verlangen, weil Profimannschaften sie brauchen.

Filmstars können ein riesiges Stück vom Kuchen verlangen, weil die Filmgesellschaften sie brauchen, um Publikum anzulocken. Das Gleiche gilt für Top-Trainer, Supermodels und Rockstars. Sie verlangen viel Geld, denn wenn man sie nicht bezahlt, gehen sie sofort zur Konkurrenz und man hat verloren.

Das ist eine Art legaler Bestechung. Und genau deshalb werden Anwälte so reich.
Wenn man super-erfolgreich sein will, muss man Hebelwirkungen einsetzen, um eine Spitzenbezahlung zu bekommen. Damit man Gewinn bekommt, muss man mit Schmerzen drohen. Ich musste bei jedem erfolgreichen Immobiliendeal meinen Gegner den Schmerz dessen spüren lassen, was er verlieren würde, wenn er den Deal nicht mit mir machen würde, und die Freude, die er haben würde, wenn er es durchziehen und mir geben würde, was ich wollte.
Das weiß eigentlich jeder, aber nur wenige Menschen sprechen darüber. Sehen Sie sich einmal Gehaltsverhandlungen an. Die meisten Menschen bekommen die größten Gehaltserhöhungen, wenn sie den Arbeitsplatz wechseln oder mit Arbeitsplatzwechsel drohen. Wenn Sie um mehr Geld verhandeln, betonen Sie den Wert, den Ihre Gegenwart in dem Unternehmen darstellt, und übertreiben Sie den Verlust, den es für das Unternehmen bedeuten würde, Sie zu verlieren. Seien Sie immer bereit zu gehen. Benutzen Sie die Drohung zu kündigen als Hebel, um eine größere Gehaltserhöhung zu bekommen.

KNÜPFEN SIE IHRE KARRIERE AN EINEN GROSSEN TREND

Nutzen Sie große Trends aus. Viele Ereignisse kommen für die meisten Menschen überraschend, sind aber in Wirklichkeit unvermeidlich und vorhersehbar. Blicken Sie unter die Oberfläche der sich schnell wandelnden Tagesnachrichten und erkennen Sie die großen, umfassenden Wandlungen, die über Jahrzehnte verlaufen. Dort können Sie große Ideen finden. Momentan gibt es demographische, kulturelle, finanzielle, technische und medizinische Trends, die in mehreren Jahren vorhersehbare Ergebnisse zeitigen werden. Ärzte und Pflegepersonal sind knapp, und gleichzeitig altert die Bevölkerung schnell. Die spanischsprachige Bevölkerung wächst, es findet eine Wanderung von den Vorstädten in die äußeren Vorstädte – die so genannten „Exurbs“ – statt, die Anzahl der alleinstehenden Menschen nimmt zu und im Rahmen eines kulturellen Wandels denken die Menschen ökologischer.

Wenn man in großen Dimensionen denken und große Lösungen für die menschlichen Bedürfnisse schaffen kann, die aus diesen Trends entstehen, hat man riesige Gewinnmöglichkeiten. Obwohl ich einer der größten Bauträger der Welt bin, sah ich in Jersey City großes Potenzial. Ich kann Trends gut voraussagen und ich sehe für Jersey City eine große Zukunft. Deshalb habe ich Trump Plaza Jersey City gebaut, ein 415-Millionen-Wohnungsbauprojekt, das aus zwei 50-stöckigen Hochhäusern mit 862 Luxus-Eigentumswohnungen besteht. Ich habe mir dafür auch einen großartigen Partner ausgesucht, der das ermöglicht hat, nämlich Dean Geibel.

MACHEN SIE NICHT AUF HALBEM WEG SCHLAPP

Bleiben Sie nicht auf halbem Weg zum Erfolg stecken. Manche Menschen fangen mit großen Zielen an. Sie fangen mit großartigen Ideen an und es klappt. Sie haben einen gewissen Erfolg, einen guten Job, Geld auf der Bank, ein hübsches Einkommen, eine Altersvorsorge und ein paar nette Spielzeuge, zum Beispiel ein Boot oder einen Luxuswagen. Dann hören Sie auf, übergeordnet zu denken; sie fangen an, auf Sicherheit zu spielen und zu bewahren, was sie haben. Tappen Sie nicht in diese Falle.

Regen Sie Ihren Geist immer wieder mit großen Ideen an. Sammeln Sie große Ideen. Füllen Sie Ihren Geist ständig mit neuen Informationen auf und benutzen Sie diese Informationen, um neue Ideen hervorzubringen. Setzen Sie diese Ideen zu großen Ideen zusammen, um Probleme zu lösen, Geld zu verdienen, Dinge schneller und preiswerter zu erledigen und komplexe Dinge zu vereinfachen.

LEGEN SIE DIE MESSLATTE IMMER HÖHER

Versuchen Sie sich immer selbst zu übertreffen und legen Sie die Messlatte immer höher. Als ich den Trump Tower baute, wollte ich nicht einfach noch einen Wolkenkratzer haben, ich wollte einen Wolkenkratzer haben, wie es noch keinen gegeben hatte. Ich wollte ein gewagtes Äußeres aus Glas und Bronze haben, das den Trump Tower zu einer Klasse für sich machte. Einige Menschen rieten mir, in der Lobby schöne Gemälde aufzuhängen. Ich fand das unoriginell und langweilig. Ich wollte etwas absolut Atemberaubendes und Spektakuläres, das man in Manhattan noch nicht gesehen hatte. Im Jahre 1980 gab ich zwei Millionen Dollar für den Bau des 24 Meter hohen Wasserfalls in der Lobby des Trump Tower aus, und er ist für New York-Besucher zu einer großen Touristenattraktion geworden. Als der Trump Tower fertig war, wusste ich, dass ich noch größere Herausforderungen wollte, und so baute ich viele große Gebäude und Projekte. Vor Kurzem habe ich den Trump World Tower an der United Nations Plaza gebaut. Dieses 90-stöckige Hochhaus ist das höchste Wohngebäude der Welt und steht insgesamt auf Rang 48 der höchsten Gebäude. Es war ein spektakulärer Erfolg und es ist ein Beispiel dafür, was man schaffen kann, wenn man versucht, sein Bestes noch zu übertreffen. Und jetzt setze ich mit einem 92-stöckigen Gebäude in bester Lage von Chicago noch eins drauf.

GROSSE VISIONEN

Wenn Sie mit einer großen Herausforderung konfrontiert sind, schauen Sie nicht auf das, was ist, sondern konzentrieren Sie sich auf das, was sein kann. Als ich 40 Wall Street kaufte, sahen alle anderen nur ein riesiges Gebäude, das enorm viel Geld verbrauchen würde. Ich sah darin die Gelegenheit, eine bedeutende Immobilie, ein Wahrzeichen, zu einem Bruchteil seines Wertes zu bekommen. Ich sah, was daraus werden konnte. Was ich sah, war viel mehr wert als der Preis. Das Gleiche machte ich mit dem Mar-a-Lago Club in Palm Beach. Bevor ich kam, war dieses Haus eine unnötige Last, denn niemand wollte gern in einem Monstrum mit 128 Zimmern direkt am Strand wohnen. Ich hatte die Vision eines exklusiven Clubs; die Möglichkeit, sich in einer solch prachtvollen Umgebung zu begegnen, schien mir von hohem Wert.

Die Columbia University hatte die großartige Möglichkeit, einen der schönsten und spektakulärsten Campusse der Welt zu bauen. Einer der erfolgreichsten Unternehmer der Vereinigten Staaten namens Al Lerner, nebenbei Besitzer der Footballmannschaft Cleveland Browns, gehörte dem Board der Columbia University an und wollte einen Teil eines riesigen Erschließungsprojekts an der West Side von Manhattan kaufen, an dem ich beteiligt war. Damit hätte die Columbia University eine große Fläche am Hudson River zwischen der 59th und der 62nd Street bekommen, direkt hinter dem Lincoln Center. Al hatte die Vision, dort die Business School und die School of Performing Arts der Columbia University zu bauen. Und was für eine Vision das war!

Der Deal war fast schon abgeschlossen, da rief mich Al an und sagte: „Donald, ich habe gerade die Diagnose bekommen, dass ich Krebs habe. Ich habe nicht mehr lange zu leben." Es ist schon erstaunlich, was Krankheiten bewirken können; schon wenn man eine Erkältung hat, sind Deals nicht mehr so wichtig, aber in Als Fall war es ja viel schlimmer. Er war stark und tough – ein wundervoller Mensch mit einer brillanten Vision. Mit dieser Vision und seiner Hartnäckigkeit hatte er sein Unternehmen aufgebaut.

Jedenfalls starb Al, und dem neuen Präsidenten der Columbia University – Lee Bollinger, der von der University of Michigan gekommen war – gefiel die Idee nicht. Er wollte die neuen Gebäude lieber an einer scheußlichen Stelle bauen, und zwar zum Teil auf Grundstücken, die der Universität nicht einmal gehörten. Als das Projekt bekannt gegeben wurde, war es fast unmöglich, sie zu bekommen, denn alle wollten jetzt Spitzenpreise. Er hatte das Projekt tatsächlich bekannt gegeben, bevor er die Grundstücke gekauft hatte – so ein Dummkopf!

Auf jeden Fall war Columbia Prime eine großartige Idee gewesen, erdacht von einem großen Mann; aber sie zerbröselte wegen der schlechten Leitung der Columbia University. Die Columbia University wird das gleiche Glück haben wie die University of Michigan und Bollinger loswerden – irgendwann in der Zukunft!

SEIEN SIE AUF SCHWERE RÜCKSCHLÄGE GEFASST

Machen Sie sich klar, dass Denken im großen Stil manchmal auch große Rückschläge bedeutet. Im Leben gibt es keinen mühelosen Erfolg. Jeder erleidet Rückschläge. Das gehört zum

Leben dazu. Wenn Sie übergeordnet denken, müssen Sie hin und wieder auch schwere Rückschläge einstecken. Wirklich wichtig ist, wie Sie darauf reagieren. Jeder große Künstler, Arzt, Anwalt, Wissenschaftler, Erfinder, Sportler, Musiker, Politiker, Bauträger, Manager, Unternehmer und Verkäufer nutzt Fehlschläge zu seinem Vorteil. Die Großen auf allen Gebieten müssen aus Fehlschlägen lernen, damit sie groß werden. Sie analysieren die Fehlschläge und entdecken erfinderische neue Möglichkeiten, zum Erfolg zu gelangen.

Fehlschläge und Rückschläge sind keine Niederlagen. Die Niederlage ist eine Geisteshaltung. Man ist nur geschlagen, wenn man sich geschlagen gibt und den hoffnungslosen Geisteszustand einer geschlagenen Person annimmt. Lernen Sie aus Ihren Fehlern und sehen Sie Ihre Rückschläge als Preis für das Gelernte. Konstruktive Selbstkritik ist sehr gesund. Das hilft einem, besser zu werden. Akzeptieren Sie keine Niederlage. Lassen Sie sich von einem Rückschlag niemals so sehr emotional niederschlagen, dass Sie daraus negative selbstentwertende Schlüsse ziehen: „Ich schaffe das nie. Ich bin ein Verlierer. Da kann ich genauso gut aufgeben. Die Kritiker hatten alle recht."

Das ist der Punkt, an dem Selbstkritik ungesund und gefährlich wird. Tun Sie das nicht, denn das kann Ihr ganzes Leben ruinieren. Als ich in den 1990er-Jahren einige Rückschläge durchmachte, sah ich, dass sich viele meiner Freunde einer derart mächtigen Selbstkritik hingaben, dass sie sich nie mehr davon erholten. Das tötete ihren Kampfgeist. Man hat nie wieder etwas von ihnen gehört. Manche Menschen begehen sogar Selbstmord, weil die Selbstbeschuldigung so schmerzhaft ist.

Betrachten Sie einen Rückschlag nie als das Ende. Lernen Sie Ihre Lektion schnell und machen Sie dann weiter. Halten Sie sich nicht beim Scheitern auf. Fangen Sie wieder an, in großen Dimensionen zu denken. Füllen Sie Ihren Geist mit Gedanken, die Ihnen ein gutes Gefühl geben, mit Zukunftsplänen, mit früheren Erfolgen, mit Gutem, das Ihre Freunde über Sie gesagt haben, mit irgendetwas, das Ihrem inneren Dialog einen positiven Drall gibt.

Erlernen Sie die Kunst des Vergessens. Machen Sie weiter und verschwenden Sie keine Gedanken auf die schlimmen Dinge, die Ihnen passiert sind. Seien Sie kein Idealist, der wünscht, die Dinge wären anders, der wünscht, die schlimmen Dinge wären nie passiert und der wünscht, er würde in einer Märchenwelt leben, in der sich immer alles zum Guten wendet. Warten Sie mit dem erneuten Handeln nicht ab, bis alles perfekt ist. Seien Sie Realist. Es wird nie perfekt sein. Beschließen Sie einfach, es besser zu machen, machen Sie weiter und vergessen Sie die Vergangenheit. Betrachten Sie jedes Scheitern als Schritt auf dem Weg zum abschließenden Erfolg. Erinnern Sie sich: Zähigkeit plus Lernen aus Fehlern ist gleich Erfolg.

Denken Sie in großen Dimensionen, aber bleiben Sie mit den Füßen auf dem Boden und mit den Fingern an der Kasse. Sie müssen wissen, was Sie schaffen können. Es sind immer Kräfte am Werk, die einen zu Fall bringen können – neidische Bürokraten, geldgierige Anwälte, betrügerische Baufirmen oder Banker mit kalten Füßen.

Lassen Sie sich von Ihren großen Träumen und Ihren gewagten Ideen nicht so sehr gefangen nehmen, dass Sie die einfachsten Grundregeln vergessen. Denken Sie immer daran, dass Sie in erster Linie ein Qualitätsprodukt anbieten müssen und dass Sie die nötigen Vorkehrungen getroffen haben, damit Sie bezahlt werden. Denken Sie in großen Dimensionen, aber kümmern Sie sich auch um die Grundlagen.

DAS MEINT ZANKER

Ich habe mit The Learning Annex vor 28 Jahren in meinem winzigen New Yorker Studio-Appartment angefangen. Ich musste sparsam anfangen, denn als Startkapital hatte ich nur die 5.000 Dollar von meiner Bar Mitzwa. Ich habe immer versucht, uns größer aussehen zu lassen, als wir waren. Ich gab dem Hausverwalter ein paar Dollar, damit er mir erlaubte, an der Tür des Hausmeisterzimmers, das sich auf dem Flur direkt neben meiner Tür befand, ein Schild anzubringen: „The Learning Annex – Eingang Zimmer 101." Und ein Pfeil zeigte auf meine Tür. Dadurch sah mein Büro doppelt so groß aus wie es war. Ich ließ meine Wohnung mehr nach Büro aussehen, indem ich das Bett jeden Tag zur Couch zusammenklappte.

Dann wurden wir größer und brauchten mehr Platz. Das Geld, einen zusätzlichen Raum anzumieten, hatten wir nicht. Ich musste also improvisieren und Möglichkeiten finden, mit geringem Kapital großen Eindruck zu schinden. Ich fand eine Frau, die einen Stock höher wohnte und die bereit war, mir tagsüber ihren Esstisch als „Büro" zu vermieten, während sie auf der Arbeit war. Ich ließ eine Learning-Annex-Telefonleitung in ihre Wohnung legen, mit einer riesigen Anschlussdose, mit der fünf Mitarbeiter die gleiche Leitung nutzen konnten. Aber sie hatte nur erlaubt, dass eine Person das Zimmer benutzte. Ich achtete jeden Abend darauf, dass die fünf Mitarbeiter die Wohnung pünktlich um sechs Uhr verließen, bevor sie von der Arbeit kam und sie sah.

In der Anfangszeit brachte mir Tony Robbins viel darüber bei, wie ich meine Energie hochdrehen kann. Wenn man mit Tony Robbins zusammen ist, kann man nur energiegeladen sein. Er ist ein menschlicher Dynamo! Meine erste Lektion in „übergeordnet denken" habe ich von Tony gelernt. Genau diese Haltung war in den 1980er-

Jahren dafür verantwortlich, dass ich aus The Learning Annex etwas machte. Um mich sehr wohlhabend zu fühlen, trug ich unter anderem einen sehr teuren Anzug. Ich trug immer einen Anzug für 1.000 Dollar, auch wenn ich wenig Geld hatte. Anstatt mir zehn billige Anzüge zu kaufen, kaufte ich mir also einen extrem teuren Anzug, den ich bei allen wichtigen geschäftlichen Terminen trug. Ich nannte ihn „Le Suit".

Damit fühlte ich mich großartig, sehr wichtig und sehr reich. Das zog die Menschen an. Zwar sagte nie jemand offen etwas zu mir, aber alle wussten, dass ich wie ein sehr reicher Mann gekleidet war. Auf subtile Weise wirkte ich auf alle, mit denen ich mich traf, wegen dieses Anzugs ein bisschen besser. Einmal im Jahr kamen alle Außenstellenleiter zu unserer jährlichen Unternehmensversammlung nach New York. Ich ging mit allen in ein Armani-Geschäft und alle mussten sich einen Armani-Anzug für 1.000 Dollar kaufen, Männer und Frauen. Ich ließ niemanden einen Anzug für 750 Dollar kaufen. Das war zu billig. Es mussten 1.000 Dollar oder mehr sein. Das war in den 1980er-Jahren. Heute kaufen wir uns alle Anzüge für 3.000 Dollar.

Außerdem hatte ich immer 5.000 Dollar in bar in der Tasche, wenn ich zu einem wichtigen Termin mit hochrangigen Personen ging. Ich betrat das Büro oder das Restaurant in meinem Armani-Anzug für 1.000 Dollar und mit 5.000 Dollar in der Tasche. Das Geld baute sozusagen eine Feder in meinen Gang ein. Ich hatte es nicht dabei, um es auszugeben. Es ging nur um die Haltung. Ich fühlte mich sehr reich und die andere Person spürte das sofort. Sie dachte: „Der Mann ist ein Gewinner."

Ich nahm die 5.000 Dollar auch dann mit, wenn es die letzten 5.000 Dollar auf meinem Konto waren. Ich hob alles ab und nahm es zu der Besprechung mit. Jetzt nehme ich zu wichtigen Besprechungen 10.000 Dollar mit. Und bei ganz großen Terminen, zum Beispiel mit Donald Trump, habe ich 15.000 Dollar in der Tasche! Das fühlt sich gut an, und es zieht die richtigen Menschen und die richtigen Deals an. Das erinnert mich daran, dass ich reich bin.

Als ich Donald Trump kennen gelernt hatte, bekam ich eine ganz neue Vorstellung davon, was „in großen Dimensionen denken" bedeutet. Mir wurde klar, dass das, was ich als übergeordnetes Denken betrachtete, in Donald Trumps Welt sehr kleinkariert war. Mit ihm Geschäfte zu machen zwang mich, mit meinem Denken völlig über mich hinauszuwachsen. Für diesen gigantischen Sprung brauchte ich viel Mut. Aber ich bin froh, dass ich das gemacht habe, denn in den drei Jahren, seit denen ich Donald Trump kenne, ist mein Geschäft um das Zwanzigfache gewachsen.

Donald Trump hat die Einstellung, dass alles möglich ist. Er lässt sich von keinem Deal und von keiner Möglichkeit einschüchtern, egal wie groß sie ist. Es läuft auf Folgendes hinaus: Wenn ihm ein reizvolles Ziel begegnet, das er erreichen will, dann erreicht er es. Er lässt sich nie von Angst oder Fehlschlägen von etwas abhalten, das er will. Seit ich Donald kenne, bemühe ich mich bewusst, noch mehr Menschen seines Kalibers kennen zu lernen. Und ich stelle fest, dass sie alle wie er denken.

Im November 2005 versteigerte der Medienmogul Rupert Murdoch bei eBay ein einstündiges Essen mit sich, und der Erlös sollte an das Jerusalem College of Technology gehen. Mit 57.100 Dollar überbot ich alle anderen und bekam das Privileg, eine Stunde mit ihm in New York zu essen. Für die Gelegenheit, mit Rubert Murdoch das Brot zu brechen, war das ein geringer Preis. Ich nutzte die Gelegenheit, um mit ihm über die besten Expansionsmöglichkeiten für The Learning Annex zu sprechen. Er hatte die gleiche gnadenlose Mentalität wie Donald Trump. Das war es wert, Rupert Murdoch pro Minute Essen 1.000 Dollar zu bezahlen. Im Vergleich zu dem, was ich Donald Trump bezahle, ist das ein Schnäppchen.

Warren Buffett ist der zweitreichste Mann Amerikas. Ich wollte ihn als Redner für Wealth Expos einladen. Als ich hörte, dass er sein Auto im Internet verkaufte, interessierte ich mich daher sehr dafür. Falls ich das höchste Gebot abgab, würde das Geld an seine Lieblings-Wohltätigkeitsorganisation gehen – Girls, Inc. – und er würde mich mit Chauffeursmütze mit seinem Auto abholen. Das wäre eine großartige Gelegenheit, den legendären Börsenexperten kennen zu lernen und ihn um eine Stunde Unterricht in „Wie man in jedem Alter investieren kann" zu bitten.
Ich gewann die Auktion und bezahlte Warren Buffett 73.200 Dollar für seinen gebrauchten Lincoln Town Car. Dann bot ich ihm zwei Millionen Dollar für einen Vortrag auf der Expo an. Er nahm das Angebot zwar nicht an, aber das war eine außergewöhnliche Erfahrung, die mir einen kurzen Blick auf den Charakter dieses erstaunlich erfolgreichen Menschen gewährte.
Ich habe also so viel Geld ausgegeben, um Rupert Murdoch und Warren Buffett kennen zu lernen. Und was habe ich gelernt? Ich habe gelernt, dass Rupert, Warren und Donald alle nach der Einstellung leben, zu „klotzen" anstatt zu „kleckern". Übernehmen Sie diese großartige Einstellung, dann kann nichts Sie aufhalten.

KURZ UND BÜNDIG

Egal, was Sie machen, denken Sie in großen Dimensionen. Denn das ist eine der treibenden Kräfte, die alle großen Errungenschaften des modernen Lebens geschmiedet haben, von den turmhohen Wolkenkratzern über die faszinierenden wissenschaftlichen, technischen und medizinischen Entdeckungen bis hin zu den großen industriellen und militärischen Leistungen. Übergeordnet denken erzeugt liebevolle, dauerhafte Beziehungen. Nehmen Sie einfach ein großes Ziel und verwandeln Sie sich in die Person, die dieses Ziel erreichen kann. Die meisten Menschen haben Angst, in großen Dimensionen zu denken. Sie können sich nicht vorstellen, dass sie große Dinge tun, weil sie weder das Wissen, die Erfahrung noch die Erfolgsbilanz dafür haben. Aber um übergeordnet zu denken, braucht man diese Dinge gar nicht. Sie können auch ohne die äußeren Zeichen des Erfolges anfangen, so zu denken. Jeder, der damit groß rauskam, musste als Niemand anfangen. Denken Sie einfach übergeordnet, und schon heben Sie sich von der überwältigenden Mehrzahl der Menschen ab. Die Größe Ihres Denkens bestimmt, wie groß Ihr Erfolg wird. Alles andere ist zweitrangig.

ZENTRALE PUNKTE

- Alle großen Errungenschaften der Menschheit beruhen auf Denken in großen Dimensionen.
- Konzentrieren Sie sich auf die Spitze, dann gelangen Sie dort auch hin.
- Es ist leichter, Dinge im großen Stil zu machen.
- Überwinden Sie die Angst vor übergeordnetem Denken.
- Verwandeln Sie sich in die Person, die große Dinge vollbringen kann.
- Drücken Sie durch Ihre Haltung aus, dass Sie in großen Dimensionen denken.
- Machen Sie sich selbst nicht klein.
- Ziehen Sie positive Schlüsse über sich selbst.
- Reisen Sie den ganzen Weg erster Klasse.
- Legen Sie auch im privaten und gesellschaftlichen Leben eine stolze Haltung an den Tag.
- Sehen Sie sich immer als jemand Wichtigen.
- Sprechen Sie so, wie Sie denken: in großen Dimensionen.
- Umgeben Sie sich mit anderen, die denken wie Sie: Übergeordnet und mutig.
- Setzen Sie mutige Ideen sofort in die Tat um.
- Bauen Sie mit kleinen Erfolgen, die zu immer größeren Erfolgen führen, Selbstvertrauen auf.
- Nutzen Sie große Trends aus.
- Halten Sie sich im Berufs- und Geschäftsleben von negativen Menschen fern.
- Vermeiden Sie es, in negative Selbstkritik abzugleiten.
- Fangen Sie nach jedem Rückschlag so schnell wie möglich an, wieder in großen Dimensionen zu denken.

Anhang

Häufig gestellte Fragen

Das Beste aus Donalds Frage-und-Antwort-Stunden auf den Wealth Expos

Wenn Sie Mitarbeiter einstellen, auf welche Eigenschaften achten Sie da besonders?

Ich stelle am liebsten Menschen ein, die ich kenne. Deshalb befördere ich so gerne innerhalb des Unternehmens. Manchmal sehe ich auf der anderen Seite des Deals Menschen, die mich beeindrucken, weil sie wirklich extrem hart verhandeln. Die stelle ich auch ein. Menschen einzustellen, die man nicht kennt, ist gefährlich. Man setzt eine Stellenanzeige in die New York Times. *Dann kommt ein Mann ins Büro, der gut aussieht und sich gut anhört, aber er entpuppt sich als Büroleiche. Ich stelle gern Menschen ein, wenn ich die Chance habe, sie an der Front zu beobachten.*

Ich bin aus Russland hierher gekommen und ich liebe dieses Land sehr. Glauben Sie, dass sich am Immobilienmarkt etwas bessert, nachdem die Demokraten jetzt die Mehrheit im Senat und im Repräsentantenhaus haben?

Das kann man nie wissen. Immobilien hängen von Zinsen ab. Da wir jetzt so viel Geld für Kriege ausgeben, die wir nicht führen sollten, und für andere nutzlose Dinge, wird es schwer, die Zinsen niedrig zu halten. Wenn die Zinsen niedrig bleiben, läuft der Immobilienmarkt großartig. Wenn die Zinsen merklich steigen, gerät der Immobilienmarkt in Not. Das ist meiner Meinung nach ganz einfach.

Mein Partner und ich wollen zehn Millionen Dollar investieren. Wir möchten wissen, welchen Markt und welche Art von Projekt Sie im derzeitigen Klima empfehlen würden.

In New York ist jetzt im Moment Harlem ein großartiger Ort für Investitionen. Dort geht es so richtig aufwärts. Harlem ist tatsächlich eines der heißesten Immobilienpflaster. Ist ja auch logisch. Wir sitzen alle auf dieser kleinen von Wasser umgebenen Insel. Die Grundstücke sind begrenzt. Ich habe viele Freunde, bei denen es in Harlem sehr gut läuft.

Herr Trump, da Sie ja nicht für die Präsidentschaft kandidieren, wen unterstützen wir und wie fangen wir an?

Da gibt es viele gute Leute. Rudy Giuliani ist ein sehr guter Mann. Hillary Clinton ist eine sehr gute Frau. Uns gefällt vielleicht nicht, was jetzt gerade passiert, aber wir leben in einem sehr zähen Land und wir werden einen Weg finden, der aus den Problemen herausführt. Dieses Land ist sehr, sehr zäh.

Warum finden Sie es so wichtig, etwas zurückzugeben?

Ich halte das für sehr wichtig. Gerade habe ich fast 20 Hektar für die Anlage von Parks in den Counties Westchester und Putnam in New York gespendet. Ich fühle mich gut dabei. Man muss das einfach machen, weil es richtig ist. Wenn man viel Geld verdient, ist man verpflichtet, etwas davon zurückzugeben. Das gibt einem ein gutes Gefühl. Mir gibt es ein gutes Gefühl, und das kommt zurück!

Welche Leidenschaft hält Sie am Laufen?

Ich liebe einfach das, was ich tue. Ich liebe es. Das ist alles, ganz einfach. Am Ende gibt man den Löffel ab und niemanden kümmert es, aber wissen Sie, warum ich das mache? Weil es mir Spaß macht. Ich liebe es, Gebäude zu bauen, und das hält mich glücklich.

Ich versuche, in meinem Unternehmen ein Team aufzubauen. Was sind die wichtigsten Dinge, auf die Sie bei der Einstellung achten würden?

Naja, für mich ist Loyalität das Wichtigste. Loyalität kann man nicht einstellen. Ich hatte im Laufe der Jahre schon Leute, die schworen, sie seien mir gegenüber loyal, aber dann stellte sich heraus, dass sie es nicht waren. Dann hatte ich Leute, denen ich nicht so viel Vertrauen entgegenbrachte, die sich aber als äußerst loyal erwiesen. Man weiß das also nie so genau. Das, worauf ich auf längere Sicht wirklich achte, ist Loyalität.

Ich denke so, wie Sie geraten haben. Wenn die Menschen ihre finanzielle Bildung nicht verbessern, was passiert dann Ihrer Meinung nach mit Amerika, mit unserer Welt?

Nun, ohne Wissen erfolgreich zu sein ist sehr schwierig. Man braucht Wissen. Nun kann man ja auch einfach Glück haben oder einen richtig guten Job bekommen. Ich kenne viele Leute, die nicht einmal auf der Highschool waren und ungeheuer erfolgreich sind. Das ist sehr hart, und Menschen, die ohne Wissen erfolgreich werden, sind sehr selten und einzigartig. Sie sollten also versuchen, so viel Wissen wie möglich zu erwerben. Egal ob Sie nun aufs College gehen oder sich selbst mithilfe von Büchern bilden, Sie sollten auf jeden Fall versuchen, jedes Gramm Wissen zu bekommen, das Sie kriegen können. Dann haben Sie viel bessere Chancen.

Ich schaue mir immer Ihre Serie an, The Apprentice, und ich bin absolut begeistert. Ich habe bemerkt, dass Sie es immer schaffen, sehr schöne Frauen in die Sendung zu bekommen. Welche ist Ihrer Meinunng nach die schärfste?

Es gab bei The Apprentice eine Frau, die ich absolut schön fand. Ich sage nicht, wer das war. Als ich sie sah, sagte ich, dass sie ein Star werden würde. Diese Frau ist so schön, die wird ein Star! Aber wissen Sie was? Sie war keiner. Sie lief sich tot. Sie hatte nicht das gewisse innere Etwas, sich unter allen Umständen an die Spitze hochzukämpfen. Anders gesagt, sie war wohl schön, aber ohne sie beleidigen zu wollen, ihr fehlte das gewisse innere Feuer, daraus etwas richtig Großes zu machen.

Das kommt bei Männern und Frauen vor. Es gibt viele sehr gut aussehende, schöne Männer und Frauen. Sie hatten es im Leben immer leicht; wenn es dann darum geht, gegen Menschen zu konkurrieren, die sich viel mehr anstrengen mussten als sie, fehlt ihnen das Feuer im Bauch, das man für den Erfolg braucht. Ich habe schon viele wirklich schöne Menschen gesehen, die totale Nieten waren.

Käme es für Sie in Frage, je wieder eine Profisportmannschaft zu kaufen?

Käme es schon, aber ich würde lieber zuschauen, wie Bob Kraft weiterhin gewinnt. Ich mag ihn. Er ist ein großartiger Typ und er hat bei den New England Patriots Erstaunliches geleistet. Ich glaube, dass Tom Brady ein Gewinner ist.

Haben Sie schon als Teenager in großen Dimensionen gedacht, oder hat sich das erst mit der Zeit entwickelt?

Ich habe schon immer in großen Dimensionen gedacht. Ich wollte immer aus Queens heraus. Nicht dass Queens schlecht gewesen wäre; es ist prima. Doch ich wollte schon immer nach Manhattan.

Wenn Sie 25.000 Dollar hätten, wo würden Sie die investieren?

Das ist immer eine schwierige Frage, denn ich weiß ja nicht, was Sie können, okay? Ich hasse es, „an der Börse" zu sagen, denn das ist ein reines Glücksspiel. Ich würde hingehen und damit Immobilien in Gegenden kaufen, von denen ich meine, dass es dort aufwärts geht. Ich würde mir Geld leihen, die Immobilien auf Vordermann bringen und sie gewinnbringend verkaufen. Das machen Sie fünf- oder zehnmal, dann haben Sie auf einmal einen hübschen Sparstrumpf; und dann können Sie größere Deals machen.

Ich habe ein eigenes Unternehmen und mein Partner nimmt mir das Unternehmen weg.

Gehen Sie hin, beschaffen Sie sich den gerissensten, boshaftesten Anwalt, den Sie finden können, dazu noch einen guten Rechnungsprüfer, und dann machen Sie ihm das Leben zur Hölle. Gehen Sie zu zehn Anwälten und nehmen Sie den, den Sie für den besten halten und mit dem Sie am besten ins Geschäft kommen. Machen Sie den Bastard fertig. Lassen Sie sich von ihm nicht ausbeuten.

Haben Sie einen guten Golf-Tipp?

Ein guter Golftipp: Versuchen Sie es einfach, schwingen Sie den Schläger locker und leicht und tun Sie so, als wäre es nicht wichtig. Das gilt nebenbei gesagt auch für das Leben."

Ich habe kürzlich gehört, dass noch nie ein Ehevertrag für ungültig erklärt wurde, der auf Video aufgenommen wurde.

Das stimmt. Das ist wichtig, denn es kommt oft vor, dass der andere Ehepartner sagt, er sei dazu gezwungen worden oder er habe nicht gewusst, was er tat. Wenn man alles auf Video aufzeichnet, kann man beweisen, dass die Person bei der Unterzeichnung wusste, was sie tat. Der Richter kann sich die ganze Zeremonie ansehen. Man braucht einen Ehevertrag, aber es ist fürchterlich, wenn man zu jemandem, den man liebt, sagen muss: „Ich liebe dich, Schatz, ich liebe dich so sehr. Du bist mein Liebstes. Wir werden immer verheiratet sein, aber nur für den Fall, dass es nicht klappt: Unterschreib dieses beschissene Dokument."

Ich bin 16 Jahre alt und ich möchte gerne wissen, in welchem Alter Sie zum ersten Mal etwas investiert haben.

Nun, ich habe schon sehr früh angefangen zu investieren, seit ich ins College ging. Ich habe kleine Reihenhäuser in nicht besonders guten Vierteln in Philadelphia gekauft. Ich habe sie renoviert und wieder verkauft. Ich finde, das ist für den Anfang eine tolle Sache. Wenn man das ein paarmal gemacht hat, lieben einen die Banken. Bedenken Sie immer eines: Die Banken brauchen Sie mehr als Sie sie brauchen. Banken, die einem Geld für den Kauf von Immobilien leihen wollen, gibt es immer. Die Besitzer von Reihenhäusern zahlen ihre Hypothek zurück, weil sie ja nicht verkaufen können. Als Käufer stoßen Sie jetzt auf einen sehr guten Immobilienmarkt, Sie können da sehr gute Geschäfte machen. Ich kaufe sehr gerne kleine Sachen, bringe sie in Ordnung, verkaufe sie mit Gewinn und mache das wieder und immer wieder. Machen Sie das mit bestimmten Banken, erarbeiten Sie sich eine Erfolgsbilanz, und dann klappt das. Tun Sie es einfach.

Wenn Sie 50.000 Dollar hätten, würden Sie die in Wohnimmobilien oder in gewerbliche Immobilien investieren?

Heute würde ich sie in Wohnimmobilien investieren, aber dann will ich ein richtig gutes Geschäft machen und mit Hebel arbeiten, denn mit 50.000 Dollar können Sie vielleicht 500.000 Dollar aufnehmen. Ich würde damit etwas richtig Großartiges kaufen, aber ich würde hingehen und wie ein Wahnsinniger verhandeln. Übrigens würde ich auch nicht die ganzen 50.000 Dollar ausgeben.

Sie waren mit den schönsten Frauen der Welt verheiratet. Haben Sie ein Geheimnis oder eine besondere Anmache?

Das ist eine echt schwierige Frage. Richtig, sie sind alle schön. Ich verstehe mich auch gut mit allen, was nicht leicht ist. Ich habe kein Geheimnis. Die Chemie ist eine erstaunliche Sache. Wenn ich mit einer Gruppe von Menschen zusammen bin, dann würde mit manchen die Chemie stimmen, aber mit anderen wieder nicht. Ich glaube, die Hauptsache ist, dass man jemanden findet, mit dem die Chemie stimmt. Vor meiner Ehe bin ich mit sehr schönen Frauen ausgegangen, aber wenn die Chemie nicht stimmte, konnte ich machen, was ich wollte, das funktionierte einfach nicht. Man muss also jemanden finden, mit dem man gut kann, mit dem man sich anfreunden kann und mit dem die Chemie absolut stimmt. Was zum Teufel weiß ich denn? Ich bin doch zweimal geschieden!

Wie betreiben Sie ein erfolgreiches Unternehmen und sind gleichzeitig ein guter Vater?

Der Erfolg schadet häufig dem Familienleben. Aber wenn man mit jemandem verheiratet ist, der will, dass man erfolgreich ist und der auf den Erfolg stolz ist, dann ist es wahrscheinlicher, dass sowohl Beruf als auch Ehe gelingen.

Ein Freund von mir hat wirklich hart gearbeitet und hat in einer der größten Wall-Street-Firmen so richtig Karriere gemacht. Seine Frau hat immer gemeckert und sich beschwert, dass er so viel arbeitete und an den Wochenenden nicht da war. Der Mann war nicht etwa weg und betrog seine Frau. Er arbeitete einfach hart. Er liebte seine Frau, aber sie ging ihm einfach auf den Zeiger. Einmal rief ich sie an und sagte ihr: „Dein Mann steigt in dem Unternehmen so richtig auf und er leistet großartige Arbeit. Warum ermunterst du ihn nicht, anstatt dauernd über ihn herzufallen? Er macht einen super Job. Er verdient viel Geld und das kommt dir und den Kindern zugute." Sie sagte: „Aber er ist nie zu Hause. Am Wochenende ist er nie zu Hause, bla bla bla." Ich sagte: „Er ist nie zu Hause? Er ist 85 Prozent der Zeit zu Hause. Während der restlichen 15 Prozent ist er weg. Wenn du so weitermachst, verlierst du ihn, denn er hält das nicht lange aus und muss sich entscheiden."

Schließlich ist er sie losgeworden. Er hat eine Frau kennen gelernt, die ihn sehr ermutigt. Jetzt ist er der glücklichste Mensch der Welt. Er arbeitet noch mehr und hat dabei keine Schuldgefühle. Sie ist so stolz auf ihn. Das gilt für Mann und Frau. Man muss einander gegenseitig ermuntern, und wenn man das nicht tut, wird die Ehe meiner Meinung nach nie funktionieren.

Was halten Sie von den Beziehungen zwischen den Vereinigten Staaten und Kuba?

Das ist eine sehr gefährliche Frage. Im Moment sind alle Länder der Welt außer den Vereinigten Staaten in Kuba. Castro ist alt und krank. Ich habe ihn gestern im Fernsehen gesehen und mir gesagt: „Mann, ist der zäh. Der stirbt einfach nicht!" Kuba wird in den nächsten Jahren eine erstaunliche Entwicklung hinlegen. Ich glaube, es wird Zeit, dass wir ein bisschen anders über Kuba denken, denn alle anderen Länder der Welt tun das auf jeden Fall.

Ich hatte drei Zwangsvollstreckungen wegen schlechter Anlageentscheidungen. Wenn die Bank die Immobilie nach der Zwangsvollstreckung wieder in Besitz nimmt, nach welcher Zeit kann sie einen drankriegen?

Es tut mir leid. Das ist eine juristische Frage. Das ist in jedem Bundesstaat anders. Im Allgemeinen kann sie einen überhaupt nicht drankriegen, wenn man keine persönliche Haftung für die Hypothek übernommen hat. Man kann mit der Bank einen Deal aushandeln anstatt sie die Gebäude übernehmen zu lassen. In vielen Fällen kann man sich mit den Bankern zusammensetzen und eine Senkung der Zinsen oder der Tilgung aushandeln. Vielleicht verschieben sie die Tilgung auf einen späteren Zeitpunkt.

Wenn die Banken auf diesen Häusern sitzen bleiben, macht für sie eine Zwangsvollstreckung keinen Sinn. Ich würde sagen: „Hört mal her, Leute, Ihr wollt mir das Haus wegnehmen. Ich bin ein guter Kerl. Ich verdiene Geld. Ich will euch bezahlen. Ich werde das Gleiche bezahlen, was jeder andere bezahlt. Das Geld gibt euch sowieso niemand zurück." Wahrscheinlich machen sie dann einen Deal, denn sonst haben sie einen Not leidenden Kredit in den Büchern stehen. Dann müssen sie das Haus versteigern. Sie bekommen dann viel weniger Geld, als Sie dafür bezahlen würden und wahrscheinlich werden sie das Haus gar nicht so leicht los.

Schlimmer ist es für Sie, wenn Sie die Immobilie vor zwei oder drei Jahren gekauft haben, als alle Welt diese Gesamthypotheken bekam, bei denen man mehr bezahlen muss, wenn die Zinsen steigen. Ich habe die Menschen vor drei Jahren auf den The Learning Annex Expos angefleht, keine solchen Hypotheken aufzunehmen. Diese Hypotheken waren eine Katastrophe. Es ist schwer, sich nicht auf eine solche Hypothek einzulassen. Man bekommt einen sehr niedrigen Zinssatz und kann es sich leisten, ein bisschen mehr für die Immobilie zu bezahlen. Man meint, man würde immer genug verdienen, dass man auch dann noch bezahlen kann, wenn die Zinsen steigen.

Aber sehen sie, was jetzt passiert: Diese Hypotheken explodieren und die Zinsen gehen durch die Decke. Viele Menschen haben mir geschrieben und sich bedankt, dass ich ihnen vor Jahren davon abgeraten habe. Das freut mich sehr. Wenn Sie Ihr Haus verlieren, gehen Sie zu der Bank und verhandeln Sie. Ich glaube, dass Sie einen Deal abschließen können.

Wann ist Ihrer Meinung nach die heißeste Zeit für den Immobilienkauf, oder ist das überhaupt von Bedeutung?

Genau jetzt! Ich will nicht in einem heißen Markt kaufen. Ich will in einem total beschissenen Markt kaufen. Das ist die Zeit, in der man ans Kaufen denken sollte. Ich habe wirklich viel Geld verdient. Ich verstehe wirklich etwas von Immobilien, vor allem wenn ich konzentriert bin. Und das ist enorm wichtig: sich konzentrieren. Bleiben Sie konzentriert, in guten wie in schlechten Zeiten, bleiben Sie konzentriert. Werden Sie nicht übermütig. Bleiben Sie konzentriert. Jetzt ist eine großartige Zeit. Außerdem müssen Sie einen guten Ort finden. Man kann noch so klug sein, wenn man an einem Ort arbeitet, an dem in den nächsten 30 Jahren nichts passiert, dann vergeudet man seine Zeit. Ich weiß nicht, warum die Leute nicht ihre Sachen packen, in gute Orte ziehen und anfangen zu kaufen.

Wo, das ist eine sehr, sehr gute Frage. San Francisco ist ein guter Ort. Fangen Sie genau jetzt an, dort Immobilien zu Angebotspreisen zu kaufen.

Ich bin Immobilienmakler hier in Südflorida. Ich habe viele Angebote und ich will wissen, was ich meinen Verkäufern sagen soll.

Vor drei Jahren waren diese Verkäufer in einer Position der Stärke und damals haben sie gefragt: Was sage ich meinen Käufern, Herr Trump? Jetzt ist die Zeit, Immobilien zu kaufen und ein gutes Geschäft zu machen. Ich meine damit nicht, dass jemand zum Preis von einer Million Dollar anbietet und Sie sagen: „Ich nehme es." Ich meine damit, dass Sie dann eine halbe Million Dollar bieten. Jetzt ist es Zeit zu handeln.
Ich habe ein schlechtes Gewissen. Ich habe in Westchester gebaut und im Durchschnitt für zwei Millionen Dollar pro Einheit verkauft. Ein schöner Job. Das war vor drei Jahren, auf dem Höhepunkt des Marktes. Ich hatte Glück. Ich habe diese Einheiten auf dem Höhepunkt des Marktes verkauft. Jetzt stehen drei davon zum Verkauf. Ich biete dafür 1,2 Millionen. Ich will sie zurückkaufen. Dann verkaufe ich sie in zwei Jahren wieder Gewinn bringend. Das ist ein Spiel, man stirbt und keinen kümmert es. Es ist aus. Wir spielen alle Spiele, aber ich fühle mich schuldig. Die haben für zwei Millionen gekauft und ich habe ihnen 1,2 Millionen geboten. Ich werde sie nicht für 1,2 Millionen bekommen, aber ich bekomme sie für 1,5 Millionen und vermiete sie zwei Jahre lang. Jetzt ist die Zeit für solche Geschäfte.

Was finden Sie aufregender, die Jagd nach dem Deal oder der Abschluss des Deals?

Nun, Jagd und Abschluss sind das Gleiche. Die eigentliche Frage lautet Jagd oder langfristiger Besitz. Ich liebe die Jagd. Die Jagd macht immer Spaß und ist aufregend, aber man muss mit der

Jagd etwas anfangen. Wenn die Jagd vorbei ist, muss man zum geschäftlichen Teil kommen und etwas zuwege bringen. Viele Menschen, denen die Jagd gut gelingt, sind keine guten Manager, weil das andere Fähigkeiten verlangt. Großartige Manager sind gewöhnlich nicht die besten Jäger und man findet selten jemanden, der als Jäger gut ist und dann etwas daraus machen kann.

Ein guter Freund von mir hat gesagt, kluge Leute lernen aus ihren Fehlern und noch klügere Leute lernen von anderen. Ich bin hier, um von Ihnen zu lernen.

Sie können von beiden lernen. Sie werden Fehler machen, denn jeder macht Fehler. Wenn ich die erfolgreichsten Menschen in diesem Raum nehmen würde, dann würden sie mir erzählen, dass sie einige große Fehler gemacht haben. Entscheidend ist, dass man sich von Fehlern nicht unterkriegen lässt. Ich habe einen Freund, der 25 Jahre lang ungeheuer erfolgreich war. Er hat ein kleines Unternehmen gekauft, dann noch eins und noch eins. Er hat so 412 Unternehmen gekauft. Dann hat er alles auf einen Deal gesetzt, der größer war als sein Unternehmen, und der Deal ging in die Hose. Die Wall Street zockte ihn ab und ruinierte sein Unternehmen.

Sie wollen also aus Ihren Fehlern lernen, aber auch von anderen Menschen lernen. Egal wie gut Sie sind, Fehler passieren immer. Ich kenne jeden wirklich schlauen New Yorker Killer. Ich kenne alle New Yorker Dealmaker. Sie sind entweder Freund oder Feind, aber ich kenne sie alle. Ich kann Ihnen von jedem von ihnen schlechte Deals nennen. Daraus muss man lernen.

Ich bin eine junge Frau mit Unternehmergeist. Was würden Sie mir raten, auf ein College zu gehen oder im Immobiliengeschäft anzufangen?

Ich würde sagen, es geht nichts über Bildung. Man kann das auch abtun und ich kann Ihnen viele Beispiele von Menschen geben, die keine Ausbildung gebraucht haben, um im Leben voranzukommen. Wenn man jedoch einen College-Abschluss hat, dann ist das wie eine Karte, auf der steht: „Diese Person hat etwas geleistet." Das öffnet einem viele Türen.

Als Sie aufgewachsen sind, was war der beste Rat, den Ihnen Ihre Mutter und Ihr Vater gegeben haben?

Sie haben mir unterschiedliche Ratschläge gegeben. Meine Mutter war eine großartige Hausfrau. Sie sagte immer: „Sei glücklich!" Sie wollte, dass ich glücklich bin. Mein Vater verstand mich besser und sagte: „Ich will, dass du erfolgreich bist." Er war ein richtiger Getriebener. Deshalb stehe ich so unter Strom, weil ich einen Vater hatte, der mich hart rangenommen hat. Mein Vater war ein harter Mann, aber ein guter Mann. Er war ein freundlicher Mann und er sagte mir immer, ich solle etwas tun, das ich liebe. Jetzt bin ich glücklich. Am Ende habe ich also die Ratschläge beider Eltern befolgt.

Was ist Ihrer Meinung nach die Lösung für die Energiekrise?

Wir könnten aus Sonne oder Wellen Energie gewinnen. Den Wind mag ich nicht so gern, weil er nicht wirklich effizient ist. Ich baue da in Jones Beach im Staat New York eine große Anlage. Die wollen 400 Windräder an den Horizont stellen. Ich halte das für eine schreckliche Idee. Es gbt so viele Formen von Energie, dass wir innerhalb kürzester Zeit völlig unabhängig werden könnten. Ich sage Ihnen das höchst ungern, aber wenn man sich die schlauen Länder anschaut, denen es sehr gut geht, die neigen zur Kernenergie. Es gibt keinen Grund für uns, Öl für 70 oder 80 Dollar das Fass zu kaufen. Es gibt so viele verschiedene Möglichkeiten, dieses Problem zu lösen. Immobilien sind toll, Erdöl ist toll, aber Energie und alternative Energiequellen sind meiner Meinung nach auch ein großartiges Geschäft.

Das Geschäft, das Sie am meisten bereuen?

Manchen Deal bedaure ich hinterher ein bisschen, aber ich empfinde keine Reue. Man muss aus Fehlern lernen, weil wir alle Fehler machen. Ich kann die größten Dealmaker der Welt hernehmen, und die machen alle schlechte Deals. Meistens machen sie gute Deals, aber sie haben auch schlechte gemacht. Das Entscheidende bei schlechten Deals ist, dass sie einen nicht fertig machen dürfen. So ein Deal darf einen nicht ruinieren. Das ist der Schlüssel. Ich habe einige schlechte Deals gemacht, aber ich habe daraus gelernt und sie haben mich nie ruiniert.

Finden Sie, dass die Menschen ihre Hypotheken abbezahlen sollten oder dass sie das Geld nehmen und investieren sollten?

In guten Zeiten liebe ich es, massig Schulden zu machen; es gibt nichts Schlaueres, als sich in guten Zeiten bis zum Hals zu verschulden. Aber wenn schlechte Zeiten kommen, kann einen das zermalmen. Das kommt auf die Hypothek an, das kommt darauf an, ob man eine 30-jährige Zinsbindung zu einem Satz hat, mit dem man zurecht kommt, oder ob man einen variablen Zinssatz hat. Eine 30-jährige Hypothek mit Zinsbindung würde ich nicht abbezahlen. Wenn Sie einen guten Zinssatz haben, behalten Sie ihn. Wenn Sie sich ruinieren, weil die Zinsen höllisch steigen, dann sollten Sie versuchen, den Mist ganz schnell los zu werden.

Sie sind sehr erfolgreich mit der Vermarktung von Produkten wie zum Beispiel der Trump-Bekleidungslinie. Was haben Sie denn noch vor und wann bekommen wir den besten Trump-Kaffee?

Ich mache hauptsächlich in Immobilien. Ich liebe die Anzüge, ich liebe die Krawatten, ich liebe die Hemden, aber mein großes Ding sind Immobilien. Ich kaufe im Moment Gebäude auf der ganzen

Welt. Es laufen 72 verschiedene Projekte. Ich baue auf der ganzen Welt und das liebe ich am meisten. Die Marke ist im Immobiliengeschäft wichtig, denn wenn die Menschen ein Gebäude von mir kaufen, dann wissen sie, dass es ein großartiges Gebäude ist. Mir kommt es auf die Qualität an. Es muss nicht immer das höchste Gebäude sein, aber es muss das beste Gebäude sein. Qualität ist mir am wichtigsten. Wenn ich ein Gebäude baue, wissen die Menschen, dass sie eine großartige Lokalität bekommen. Ich verkaufe Gebäude vollständig, obwohl manche Menschen sie noch gar nicht gesehen haben, eben weil sie Vertrauen in meinen Markennamen haben. Also die Marke ist sehr, sehr wichtig.

Ich halte Sie für einen großartigen Bauträger und ich bewundere Sie wirklich dafür, denn Ihre Bauten zeigen einen Sinn für Schönheit, vor allem der Trump Tower. Meine Frage ist: Wie schaffen Sie so viele Projekte pünktlich nach Plan, wenn Sie so viel gleichzeitig an verschiedenen Orten machen, und wie bekommen Sie dann richtig gute Mieter her?
Nun, zu einem gewissen Grad sind wir alle Opfer des Marktes. Wenn der Markt gut ist, dann bekommt man die Mieter leichter. Ich merke immer wieder, wenn man das richtige Produkt am richtigen Ort baut und einen vernünftigen Preis macht, dann wird es auch vermietet. Dann passieren viele gute Sachen. Das war mir ganz von Anfang an vollkommen klar. Der Trump Tower ist ein Beispiel dafür. Seit ich ihn gebaut und ihn im Jahre 1982 eröffnet habe, ist er ein erfolgreiches Gebäude. Das Gebäude ist so erfolgreich, weil die Menschen es lieben.

Was in Ihrem persönlichen Werdegang hat eigentlich den brennenden Wunsch erzeugt, Geld zu verdienen?
Ich habe nicht den brennenden Wunsch, Geld zu verdienen. Ich habe den brennenden Wunsch, das zu genießen, was ich mache.

Ich verdiene viel Geld, weil mir meine Tätigkeit Spaß macht und weil ich sie gut mache. Ich habe diesen brennenden Wunsch nicht. Es geht nie um Geld. Ich liebe es, Gebäude zu bauen. Ich liebe es, mit Immobilien zu handeln. Ich liebe es, The Apprentice zu machen. Ich liebe es, die Sachen zu machen, die ich mache. Sie bringen Geld, weil ich gut darin bin.

Welchen Rat haben Sie für jemanden, der in den Bau gewerblicher Immobilien einsteigen will?

Dafür muss man sich wirklich für ein oder zwei Jahre einen Job bei einer der guten Firmen der Stadt beschaffen. Und danach entscheidet man, ob man bleibt oder es auf eigene Faust versucht. Das ist dann Ihre Entscheidung und das wird eine sehr harte Entscheidung.

Ich mache gerade einen Vertrag über eine gewerbliche Immobilie fertig; wir haben die Bedingungen besprochen und versuchen ihn jetzt abzuschließen. Wie bekommen wir den Verkäufer dazu, dass er sich an das hält, was er sagt, und das auch zu Papier bringt?

„Das ist wirklich eine gute Frage. Manchmal muss man es einfach schaffen, Abstand zu nehmen. Das heißt wohl, er will nachverhandeln, oder? Manchmal muss man in der Lage sein, sich hinzustellen und zu sagen, Sie haben mich betrogen, Sie haben mich belogen, Sie haben mir falsche Tatsachen vorgespiegelt, ich gehe. Dann kann eines von zwei Dingen passieren. Sie lassen den Deal platzen oder Sie bekommen alles, was Sie wollen. Wenn Sie nicht dafür bereit sind, tun Sie es nicht. Man muss immer in der Lage sein, Abstand zu nehmen.

Deshalb mache ich so viele Deals. Ich mag es, wenn ich von gewissen Deals jederzeit Abstand nehmen kann und nur die besten nehmen muss. Ich arbeite an zehn Deals gleichzeitig. Ein Freund von mir arbeitet seit zwei Jahren an einem Deal, und er ist immer noch nicht fertig. Für einen Deal hat er einen großen Teil seines Lebens aufgegeben. Ich sage zu ihm: „Du kannst nicht verhandeln, denn diese Leute haben dich. Du hast zu viel Kapital und Energie in diesen einen Deal gesteckt."

Was halten Sie von Green Building? Ist das nur eine Mode oder wirklich die Zukunft?

Ich baue gerade eins. Ich baue diesen großen Komplex in Jones Beach in Kooperation mit dem Staat New York. Das ist am Meer und das wird großartig. Ich habe einen Deal über ein normales Gebäude gemacht und plötzlich will der Staat, dass ich ein Green Building baue. Ich hätte dagegen angehen können, weil ich das langfristige Vermietungsrecht habe. Da ist ein neuer Beamter gekommen und der wollte ein Green Building. Das ist viel teurer. Die Technik ist noch nicht perfekt und in manchen Fällen rechtfertigt die Ersparnis die immensen Kosten nicht. Man gibt jetzt ungeheuer viel Geld aus, und es dauert 40 Jahre, bis man es wieder hereingeholt hat.

Das rechnet sich nicht einmal mit der steuerlichen Förderung. Wenn ich zum Beispiel Sonnenenergie nutze, habe ich mein Geld dank der Steuer nach zwölf Jahren wieder. Ich habe schon bessere Deals gemacht, Leute. Dieser hier ist nicht gerade der lukrativste.

Mit dem Umweltschutz wird es immer besser und so langsam wird es. Ich glaube, man könnte Autos bauen, die so gut wie kein Benzin verbrauchen, und wir könnten einige unserer Probleme beseitigen. Ich weiß nicht, warum die das nicht machen. Im Immobilienbereich lässt sich das momentan nur schwer rechtfertigen. Es dauert sehr, sehr lange, bis man das Geld wieder hereingeholt hat. Ich glaube, dass das mit der Technik besser wird.

Wie haben Sie Ihre Kinder so erfolgreich gemacht, obwohl Sie so beschäftigt sind? Wie haben Sie es verhindert, dass

Sie in schlechte Angewohnheiten verfallen? Was außer einer guten Schule raten Sie Eltern, damit ihre Kinder erfolgreich werden?

Bei meinen Kindern scheint das zu klappen. Aber das weiß man nie. Leute, das Leben ist so zerbrechlich, dass man nie genau weiß, was passiert. Es könnte sein, dass es heute gut läuft, und morgen komme ich heim und frage, wie es läuft und es gibt ein Problem. Ich war mit meinen Kindern sehr streng. Ich habe sie sehr streng erzogen. Ich habe sie nicht mit Geld überschüttet. Sie waren nicht sehr verwöhnt. Sie waren einfach von Natur aus schlau und sie waren gute Schüler. Man muss ihnen wirklich vermitteln, dass es im Leben nicht um Privatjets und große Häuser geht. Bis jetzt sind sie sehr engagiert und sehr fleißig. Wahrscheinlich habe ich für meine Kinder mehr Anerkennung verdient als für viele andere Dinge.

Anhang

Zeugnisse

Wahre Geschichten, zusammengestellt aus Emails und Briefen von Studenten, die Donalds „Nicht kleckern, klotzen“-Strategien praktizieren

Lieber Herr Trump,

mein Mann und ich waren letzte Woche auf der Real Estate Expo in Toronto. Wir wohnen in Ypsilanti, Michigan, direkt neben Ann Arbor. Momentan besitzen wir Immobilien im Wert von sieben Millionen Dollar und wir verhandeln seit vier Monaten über den Kauf eines Einkaufszentrums für acht Millionen Dollar.
Wir haben alle Ihre Bücher gelesen. Immer wenn wir verhandeln, wenn wir uns Objekte ansehen, wenn wir mit Bauunternehmen oder mit Mietern verhandeln und nicht genau wissen, was wir machen sollen, fragen wir uns immer: „Was würde Trump machen?" Diese vier Worte und das Wissen aus Ihren Büchern haben uns geholfen, unser Geschäft aufzubauen. Sie haben also ganz wesentlich zu unserem Erfolg beigetragen. Es gibt im Immobiliengeschäft so viele Menschen, die nicht nur nicht helfen, sondern die auch noch versuchen, einen zu sabotieren. Deshalb sind wir wirklich dankbar dafür, dass Sie Bücher schreiben, dass Sie Ihre Erfahrung und Ihr Wissen mit anderen teilen, denn das hat uns geholfen, unsere Träume zu verwirklichen.
Seit wir auf dem Wochenende Ihnen, Tony Robbins, George Foreman und den anderen Rednern zugehört haben, haben wir das Gefühl, dass uns nichts mehr aufhalten kann. Wir wissen nun, was wir die nächsten 25 Jahre unternehmen werden. Wie Sie wissen, ist die Wirtschaftslage in Michigan fürchterlich schlecht und wir kommen uns vor wie Kinder im Bonbonladen, denn man kann sich zwischen den vielen Deals kaum entscheiden. Wir sind am Mon-

tagnachmittag aus Toronto zurückgekommen und schauen uns schon wieder zwei gewerbliche Objekte an, die wir kaufen könnten. Danke, dass Sie in Toronto drei Stunden mit uns verbracht haben. Sie haben wirklich unser Leben verändert.

Mit freundlichen Grüßen

Karen Maurer
Eric Maurer

In großen Dimensionen denken

Ich war im April 2007 auf der The Learning Annex Wealth Expo in Philadelphia. Nach 25 Jahren in einem Unternehmen war ich es müde und wusste, dass ich etwas ändern musste. Ich habe mehrere Freunde, die es mit gewerblichen Immobilien wirklich zu etwas gebracht haben, und ich wusste, dass ich das auch machen wollte. Allerdings war mir nicht klar, wo ich anfangen sollte. Das Berufsleben saugte mir so langsam regelrecht die Lebensenergie aus.
Ich habe Donald Trump aufmerksam zugehört. Er sprach über seine ganzen Erfolge und erwähnte ein paar seiner Fehlschläge. Meine größte Angst vor der Veränderung war die Angst vor Fehlschlägen. Aber ich habe von Herrn Trump gelernt, dass man nie erfolgreich werden kann, wenn man es nicht probiert und kalkulierte Risiken eingeht. Ich habe meinen Angestelltenjob aufgegeben und bin von meinen neuen Chancen als Berater begeistert. The Learning Annex Wealth Expo und Donald Trump haben mein Leben verändert und mir den Mut gegeben, mich auf eigene Füße zu stellen. Ich kann nur sagen: „Danke."

Mit freundlichen Grüßen

Steven Martino

Danke für den Rat!

Der absolut beste Rat, den ich in meiner Immobilienlaufbahn bisher befolgt habe, war der Rat von Herrn Trump, für Grundstücke zuerst sehr wenig zu bieten. Er sagte, das brächte manchmal die Wahrheit darüber heraus, wie viel das Grundstück nach Meinung des Verkäufers wirklich wert ist. So bekäme man heraus, dass der wahre Grundstückswert deutlich unter dem liegt, was der Verkäufer verlangt (und genau darin liegt Ihr Vorteil). Ich habe nach diesem Juwel gegriffen und nutze seinen Rat so oft, wie ich kann. Kürzlich hatte ich Kunden, die für ein Haus den angebotenen Preis bezahlen wollten, weil es ihnen wirklich sehr gut gefiel. Ich überredete sie dazu, erst einmal 25 Prozent weniger als den Angebotspreis zu bieten! Sie hatten große Angst nicht den Zuschlag zu erhalten, waren aber schließlich einverstanden. Der Verkäufer war verzweifelt; er nahm zwar unser erstes Gebot nicht an, aber er ging gleich deutlich mit dem Preis herunter. Meine Kunden akzeptierten und waren total begeistert, denn sie wären auch bereit gewesen, den Angebotspreis zu bezahlen! Das ist eine phänomenale Methode, für die man zwar ein bisschen Mumm braucht, aber ohne Mumm wird man kein Donald Trump!

Hochachtungsvoll

Carl C. Anderson

Danke, Donald!

Ich war wirklich am Boden des Fasses angekommen, habe dort meinen Namen eingeritzt und bin in nicht einmal zwei Jahren stärker als je zuvor wieder aufgestiegen! Dank Donald Trump begreife ich jetzt, dass ich die Macht habe, alles zu schaffen, was ich in meinem Geist erreichen will, und dass ich alles, was ich mir im Geiste vorstellen kann, auch in der physischen Welt verwirklichen kann. Das ist das Tiefsinnige an Donald Trumps Worten: Er verlangt, man solle in großen Dimensionen denken. Doch man muss es im Geiste tausende Male getan haben, bevor man es physisch umsetzen kann. Ich bin zum Macher und echten Kapitalisten geworden und habe nun die Macht, dabei mein eigenes Universum zu schaffen. Danke!

Herzlichste Grüße

Wayne M. Aston, Gründer und Vorstandsvorsitzender von Aztec Holdings Inc., Mitgründer von Celerity Investments, Celaritas Reality, Celerity Property Management und Celerity Development Incorporated.

Trumps Motto: Nicht kleckern, klotzen!

Ich habe Herrn Trump auf der New York World Expo gesehen und gehört. Ich bin Immobilieninvestor. Von Donald Trump habe ich vor allem gelernt, dass man sich sein Motto zu eigen machen muss. Ich finde seine kompromisslose Einstellung einfach super. Ich versuche zu denken wie Herr Trump und immer nach seinem Motto zu leben: Nicht kleckern, klotzen!
Danke.

Beth Brucoli

Ein höherer Zweck

Nachdem ich Herrn Trump auf der The Learning Annex Wealth Expo kennen gelernt und ihm zugehört habe, habe ich einen höheren Zweck für mein Leben gefunden. Ich bin gelernter Ingenieur und Einwanderer aus Indien. Seit sechs Jahren investiere ich in Immobilien und Bauprojekte. Ich bin mit Immobilien im Wert von mehr als fünf Millionen Dollar zu Multimillonär geworden – und alles nur in den letzten sechs Jahren gekauft und gebaut. Jetzt fange ich mit der Erschließung von Grundstücken an. Ich habe im Ingenieursstudium gelernt, kreativ zu denken, aber Herr Trump hat meine geistige Einstellung und meinen Blick auf das Leben weiter zum Positiven verändert. Seit der Expo frage ich mich häufig, ob ich genügend in großen Dimensionen denke. Das Beste jedoch ist: Ich habe einen höheren Zweck für mein Leben gefunden.

Mit Dank und Grüßen

Steve Hemmady

Wie Donald Trump unser Leben beeinflusst hat

Hallo, ich heiße Maria Lavoie und mein Mann heißt Joel. Wir wohnen in Sudbury, in Ontario, Kanada. Ich bin 41 und Joel ist 38. Wir haben uns vor sechs Jahren kennen gelernt und 2004 geheiratet. Wir sind Lebens- und Geschäftspartner.

Als mein Mann und ich letzten März die The Learning Annex Wealth Expo in Toronto besuchten, waren wir stolz auf das, was wir mit unseren Immobilienunternehmungen bisher geschafft haben, aber wir waren immer noch zu klein. Wir fragten uns immer wieder: „Wie erzielen wir noch größere Erfolge?" Der Vortrag von Herrn Trump hat unser Leben verändert. Der beste Effekt jedoch: Wir haben gelernt, in großen Dimensionen zu denken! Außerdem lehrte uns Herr Trump auf der The Learning Annex World Expo, dass man das, was man tut, mit Leidenschaft tun muss, denn sonst hat man damit keinen Erfolg. Wir stellten fest, dass unsere Leidenschaft im Immobilienbereich das Renovieren ist. Wir lieben es, etwas vorher und nachher zu sehen! Jetzt kaufen und verkaufen wir ein Haus im Monat und haben das Ziel, zehn Häuser pro Monat zu kaufen und zu verkaufen. Wir wollen Donald Trump für seine vielfältigen Anregungen danken. Dank seines Einflusses schaffen wir uns ein großartiges Leben. Danke auch Bill Zanker, dass er die The Learning Annex Wealth Expo ins Leben gerufen hat. Das ist die faszinierendste Veranstaltung, die wir je besucht haben! Wir haben schon die Karten für nächstes Jahr und können es kaum abwarten wieder daran teilzunehmen.

Maria und Joel Lavoie

Lieber Learning Annex,

Donald Trump hat mir geholfen, die Art zu verändern, wie ich Geschäfte machen. Nachdem meine Frau und ich im vergangenen Jahr die Wealth Expo besucht hatten, sind wir nach Costa Rica zurückgekehrt und haben Trumps Rat umgesetzt, in großen Dimensionen zu denken. Wir haben eine Import-Export- und Vertriebs-Gesellschaft, und einen Schönheits- und Wellness-Salon. Wir fingen also an, übergeordnet zu denken, stellten drei zusätzliche Vertriebsleute ein und fingen an, in ganz Costa Rica zu verkaufen. Jetzt ist ein Jahr vergangen, wir haben die Vertretung für zwei neue Produktlinien, wir verkaufen sechsmal so viel wie vorher und wachsen täglich. Wir haben die Schönheitsfarm vergrößert, wir haben 32 Beschäftigte und wir haben als Sponsoren für die Wahl der Miss Costa Rica unterschrieben. Außerdem eröffnen wir ein zweites Bad mit Schönheitssalon und Herrensalon in einer neuen großen Shopping Mall, 640 Quadratmeter an der Hauptstraße einer schönen Gegend in San José. Der Name des Einkaufszentrums – MOMENTUM LINDORA – erinnert mich an Herrn Trump, weil er in seinen Büchern und Reden oft von „Momentum – Schwung" spricht. Mir war es wichtig zu berichten, wie mir Donald Trump geholfen hat, in großen Dimensionen zu denken. Und nun freue ich mich, es getan zu haben!

Danke.

Rodrigo A. Martin

Mein Motto lautet: „Mach's groß oder geh heim!" Ich habe alle Bücher von Donald Trump gelesen, und ich habe auf den Seminaren von The Learning Annex eine Menge gelernt.

Im Oktober 2004 hielt ich wegen meiner dritten Schwangerschaft Bettruhe und die Abfindung meines Mannes von einem großen Plattenlabel ging in diesem Monat zu Ende. Bis zum geplanten Geburtstermin waren es noch fünf Monate, also musste ich eine Verdienstmöglichkeit finden. Ich fing ohne Kredit und Bargeld an, in Buffalo im Staat New York über eBay Immobilien zu verkaufen. Das erste Objekt, das ich kaufte und verkaufte, war ein Einfamilienhaus für nur 6.000 Dollar, aber in jenem Jahr verkaufte ich dann noch Immobilien für mehr als eine Million Dollar. Ich fing mit diesem Geschäft auf dem Sofa an, mit meinem Laptop, einem Telefon und einem Faxgerät. Zusammen mit meinem Mann habe ich eine sehr erfolgreiche Investmentgesellschaft aufgebaut, mit Zweigstellen in fünf Städten und mit Kunden in den gesamten Vereinigten Staaten, in Kanada, in Großbritannien und in Australien. Mein Mann und ich haben das Geschäft erweitert und inzwischen bauen wir Wohnhäuser, gewerbliche und gemischte Objekte sowie maßgeschneiderte Wohnhäuser in der boomenden Stadt Charlotte in North Carolina.
Die Fähigkeit, im Jahr hunderttausende Dollar zu verdienen, haben wir der Lektüre von Trumps Büchern, seinen Vorträgen und den erschwinglichen, aber höchst informativen Seminaren von The Learning Annex zu verdanken. Wir denken nicht nur in großen Dimensionen, wir „machen" auch groß!

Danke
Nechelle und Tony Vanias, First Lady Holdings, LLC

Dank Wealth Expo und Donald Trump verdiene ich gerade meine erste Million!

Ich war im April 2006 auf The Learning Annex Wealth Expo im Los Angeles Convention Center. Ich habe von den Rednern in diesen zwei Tagen so viel gelernt! Aber was ich von Trump gelernt habe, hatte die größten Auswirkungen auf mein Leben. Ich habe schon immer an mich geglaubt und gedacht, ich könnte im Immobiliengeschäft reich werden. Aber seit ich Herrn Trump gehört habe, bin ich zuversichtlicher denn je. Ich habe viele Grundstücke durchgesehen, habe eines mit 65 Hektar ausfindig gemacht und teile es jetzt in Parzellen von 4.000 Quadratmetern auf. Ich mache mit diesem Projekt meine erste Million, aber ohne das Selbstvertrauen, das ich bekommen habe, als ich Herrn Trump zuhörte, hätte ich das nicht angehen können. Wenn ich nicht gelernt hätte, in großen Dimensionen zu denken, hätte ich einen so großen Deal nicht auf mich genommen. Wenn man seinen Geist öffnet, sind die Gelegenheiten endlos. Dank an Trump und The Learning Annex.

Shiyar Umpant

Donalds Rat ließ meine Träume wahr werden

„Wenn du einen Entschluss gefasst hast, halte dich daran, arbeite darauf hin und klotze, bis du es geschafft hast." Das habe ich von Donald Trump gelernt. Als ich seine Bücher gelesen und ihn in Boston auf der The Learning Annex Wealth Expo gehört hatte, war ich fasziniert und begeistert und wollte meine Träume in die Wirklichkeit umsetzen. Donalds Rat, zuerst mich selbst zu ändern und dann meine Haltung zu ändern, damit ich an die Spitze komme, half mir, meine Ziele, Prioritäten und Schwerpunkte neu zu überdenken. Sein Ratschlag, mir die Dynamik zu bewahren, wurde mein Leitstern. Meine Träume sind mit Donald wahr geworden und er besitzt die Fähigkeit, auch Ihre Träume wahr werden zu lassen.

Ashish Jain

The Learning Annex hat mein Leben verändert!

Mein Name ist Gary Jeanty und mein Leben hat sich nach dem Besuch von The Learning Annex Wealth Expo in Fort Lauderdale, Florida, drastisch verändert. Das war mehr als ein Erlebnis. Das war ein Durchbruch in meinem Leben, der mich in die Lage versetzte, mit meinem Geschäft neue Höhen zu erklimmen. Ich habe mein Unternehmen im Jahre 2003 gegründet und es hat sich finanziell für mich gelohnt, aber ich traute mir nicht zu, Menschen zu helfen und ihnen etwas beizubringen. Als ich nun diese reichen Pioniere über ihren tollen Erfolg sprechen hörte und als ich hörte, dass die Unternehmen vieler ihrer Studenten dank ihrer Lehren gewachsen waren, wurde mir klar, was in meinem Geschäft fehlte. Seit ich auf The Learning Annex Wealth Expo diese erstaunlichen Geschichten gehört habe, ist mein Unternehmen auf das Zehnfache gewachsen und mein Wissen über Immobilien wächst exponentiell. Ich stehe außerdem im Begriff, das Drehbuch für einen Kurzfilm darüber zu schreiben, wie wichtig es ist, sich selbst zu höheren Zielen zu motivieren. Ich glaube, dass ohne Bill Zankers Vision nichts davon passiert wäre. Bill Zanker hat mich im Hinblick auf mein Unternehmen mächtig beeinflusst. Dass Menschen wie Donald Trump, David Bach, Tony Robbins und Paula White auf der The Learning Annex Wealth Expo gesprochen haben, hat dazu geführt, dass ich in dieser Welt etwas Besonderes machen will.
Danke, William Zanker.

Gary Jeanty

Herr Trump, Sie sind abgefahren!

Als ich hörte, dass Herr Trump bei The Learning Annex Wealth Expo in Philadelphia sprechen sollte, musste ich da einfach hin. Das war die Chance, ihn von Angesicht zu sehen und zu hören, wie er dorthin gekommen ist, wo er heute steht. Also kaufte ich Karten für meine Mutter und mich und ging hin. Wow, was für ein Wochenende! Ich habe von Donald Trump so viel gelernt! Er hat Höhen und Tiefen erlebt und musste Hindernisse überwinden. Das Wochenende hat mich sehr motiviert, hinzugehen und selbst etwas zu machen. Er war und ist jemand, zu dem ich mein Leben lang aufblicken werde. Ich will hart arbeiten und den Erfolg erreichen, den Herr Trump erreicht hat. Herr Trump, Sie sind abgefahren!

Chris Offenbacker

Kein Ende abzusehen!

Donald war einer der wichtigsten Motivationsfaktoren in meinem Leben, das sich seit Mitte 2005 drastisch verändert hat. Ich bin vom Bauunternehmer zum Bauherrn/Bauträger für viele Millionenprojekte, Deals und Verträge geworden, und das alles nur, weil ich meine Einstellung, meine Konzentration und meinen Erfolgswillen verändert habe. Und es ist kein Ende abzusehen! In den letzten zwei Jahren habe ich mehr Bücher gelesen und mehr gelernt als in meinem ganzen vorherigen Leben. Mit Mentoren und Autoren wie Donald Trump, Tony Robbins, Robert Kiyosaki, Norman Vincent Peale, James Ray, Napoleon Hill und so weiter können Erfolg und Vermögen ja nur wachsen. Ich liebe es!

Mit freundlichen Grüßen

Anthony Pasquale, Präsident und Vorstandsvorsitzender
von Conquest Development, Inc.

Danke, dass ich von den Besten lernen durfte.

Ich mache leidenschaftlich gerne Geschäfte und will von den Besten lernen. Als ich Donald Trump auf The Learning Annex Wealth Expo gesehen habe, eröffnete sich mir eine ganz neue Welt. Donald und seine inspirierenden Geschichten entfachten so viel Energie und Kreativität in dem Raum! Er geht enorme Risiken ein und macht sich keine Sorgen darum, was andere Menschen von ihm halten. Dank Führungspersönlichkeiten wie Donald Trump und anderen, die ihre Geschichten und Ratschläge mitteilen, bin ich in der Lage, erfolgreich zu sein.

Mit freundlichen Grüßen

Tammy Proctor-Blauvelt

Donald Trumps Rat hat mich durch schwere Zeiten gebracht!

Hier ist die Geschichte, wie Donald Trump mich im Laufe meiner Karriere motiviert hat:

Ich bin Immobilienhändlerin und habe eine eigene Firma in Norwood, Massachusetts. Ich bin jetzt seit zehn Jahren im Geschäft und führe ein renommiertes Unternehmen. Ich habe derzeit 18 Makler und obwohl wir ein kleines Büro sind, fahren wir gute Umsätze. Wir gehören unter den 100 Büros im Südosten von Massachusetts meist zu den besten zehn Prozent.

Ich hatte schon lange beschlossen, meine eigene Firma zu eröffnen. Während ich mich darauf vorbereitete, rief mich ein örtlicher Makler an und sagte, er sei auf der Suche nach einem Partner, der die Hälfte seiner beiden Büros übernehmen würde. Ich bewertete die Situation und fand, dass das für mich eine großartige Gelegenheit wäre. Ich würde damit das gefasste Ziel eines eigenen Unternehmens erreichen, und vor allen Dingen lief dieses Unternehmen bereits. Es war etabliert und hatte einen weltbekannten Namen. Das Problem war nur, die nötigen Mittel dafür zu beschaffen. Mein Mann und ich beschlossen, dafür eine Hypothek auf unser Haus aufzunehmen. Ich zweifelte nicht an meiner Fähigkeit hart zu arbeiten und ich wusste, dass ich das dank meines Engagements für das Unternehmen und für meine Kunden schaffen konnte.

Während der nächsten anderthalb Jahre half ich beim Aufbau des Unternehmens und war stolz auf das, was ich scheinbar erreichte. Mein Partner führte über die Finanzen immer genau Buch. Alles schien gut zu sein, bis ich eines Tages vorschlug, wir könnten einen Teil unseres Gewinns dafür verwenden, die Steuern für das Quartal zu bezahlen. Ich hatte bis dahin noch nie Gewinn aus dem Unternehmen gezogen, ich hatte nur meine persönlichen Provisionen. Die Stille im Raum war erdrückend. Er sagte: „Gib mir ein paar Wochen, dann kann ich dir vielleicht ein- oder zweitausend geben." Ab diesem Punkt wusste ich, dass mir die ganze harte Arbeit und das Vertrauen, das ich investiert hatte, überhaupt nichts einbrachte. Ich brauchte sechs Monate, um die Partnerschaft aufzulösen, für die ich mein Haus aufs Spiel gesetzt hatte.

Ich beschloss, dass ich mich davon nicht aufhalten lassen wollte. Ich wusste, dass ich immer noch meine eigene Firma wollte und dass ich sie zum Erfolg führen konnte. Ich hatte weniger als gar kein Geld, ich musste die Hypothekenschulden zurückzahlen und hatte nichts, womit ich ein Unternehmen gründen konnte. Was ich aber hatte, war der Glaube meines Mannes an mich. Er nahm auf seinen Rentensparplan ein Darlehen auf, das innerhalb von zwölf Monaten zurückgezahlt werden musste. Ich wusste, dass jetzt alles auf dem Spiel stand, aber ich hielt an dem Glauben fest, dass ich es mit harter Arbeit schaffen konnte.

Im Jahre 2001 habe ich die Pforten von McNulty Realtors geöffnet und mich nicht mehr umgedreht, bis ich diese Geschichte geschrieben habe. Den Rentenkredit meines Mannes und mein Hypothekendarlehen habe ich in den ersten sechs Monaten bezahlt. Im ersten Jahr übertraf mein Unternehmen alle Ziele, die ich mir gesetzt hatte. Im Jahre 2003 wurde ich bei einer speziellen Präsentation im Weißen Haus zur „Business Person of the Year" gewählt.

Donald Trumps Ratschläge haben mir auf diesem Weg viele Male geholfen. In guten Zeiten sind seine Anleitungen leicht zu befolgen, aber ehrlich gesagt haben sie mir in den schweren Zeiten am meisten geholfen. Eines sagt er immer wieder: „Lieben Sie das, was Sie tun und machen Sie es gut." Ich habe seine Laufbahn verfolgt und die vielen Herausforderungen gesehen, denen er sich stellen und über die er sich erheben musste. Er hat mich zu Höhen motiviert, von denen ich nur träumen konnte. Ich habe letztes Jahr die Wealth Expo von The Learning Annex in Boston besucht und ich habe ihn zwar nicht persönlich kennen gelernt, aber ich hoffe,

dass ich ihm eines Tages persönlich danken kann. Er ist ein Musterbeispiel für Durchhaltevermögen.
Danke, dass Sie sich die Zeit genommen haben, meine Geschichte zu lesen.

Mit freundlichen Grüßen

Patty McNulty, McNulty Realtors

Anhang

Pflicht-lektüre

Empfohlen von The Learning Annex

Bach, David: *Automatisch Millionär. Die bombensichere Anleitung, steinreich zu werden,* Goldmann 2005.

Byrne, Rhonda: *The Secret – Das Geheimnis*, Goldmann, 2007.

Collins, Jim: *Der Weg zu den Besten*, dtv 2003.

Corbett, Michael: *Find It, Fix It, Flip It*, Penguin Group 2006.

Covey, Stephen: *Die 7 Wege zur Effektivität. Prinzipien für persönlichen und beruflichen Erfolg*, Gabal 2005.

Cramer, James J.: *Jim Cramer's Mad Money: Watch TV, Get Rich*, Simon & Schuster 1989.

Canfield, Jack und Janet Switzer: *The Success Principles: How to Get from Where You Are to Where You Want To Be*, HarperCollins 2006.

Canfield, Jack und Mark Victor Hansen: *Chicken Soup for the Entrepreneur's Soul: Advice and Inspiration on Fulfilling Dreams*, HCI Books 2006.

Dyer, Wayne: *Mit Absicht. Den eigenen Lebensplan verwirklichen*, Goldmann 2005.

Ferrazzi, Keith und Tahl Raz: *Geh nie alleine essen! und andere Geheimnisse um Networking und Erfolg*, Börsenmedien 2007.

Foreman, George: *George Foreman's Guide to Life: How to Get Up Off the Canvas When Life Knocks You Down*, Simon & Schuster 2002.

Foreman, George: *Mit Gott im Ring. Rückblick eines Box-Weltmeisters*, Gerth Medien 2008.

Kiyosaki, Robert und Sharon L. Letcher: *Rich Dad, Poor Dad*, Arkana TB 2007.

Langemeier, Loral: *The Millionaire Maker's Guide to Creating a Cash Machine for Life*, McGraw-Hill 2007.

Orman, Suze: *Women & Money: Owning the Power to Control Your Destiny*, Doubleday Spiegel & Grau 2007.

Robbins, Anthony: *Awaken the Giant Within: How to Take Control of Your Mental, Emotional, Physical & Financial Destiny*, Simon & Schuster 1992.

Robbins, Anthony: *Das Powerprinzip. Grenzenlose Energie*, Ullstein 2004.

Ross, George H.: *Trump-Style Negotiation: Powerful Strategies and Tactics for Mastering Every Deal*, Wiley Publishing, Inc. 2007.

Schragis, Steven: *10 Clowns Don't Make a Circus: And 249 Other Critical Management Success Strategies*, Adams Media Corporation 2006.

Shemin, Robert: *How Come That Idiot's Rich and I'm Not?*, Crown Publisher's 2007.

Simmons, Russell: *Do You! 12 Laws to Access the Power in You to Achieve Happiness and Success*, Penguin Group's Gotham 2007.

Tolle, Eckhart: *JETZT! Die Kraft der Gegenwart. Ein Leitfaden zum spirituellen Erwachen*, Kamphausen 2002.

Trump, Donald J. und Tony Schwartz: *So werden Sie erfolgreich*, FinanzBuch 2008.

Trump, Donald J. und Meredith McIver: *Trump 101: The Way to Success*, Wiley Publishing, Inc. 2006

Welch, Jack: *Winning. Das ist Management*, Campus 2005.

White, Paula: *You're All That!: Understand God's Design for Your Life*, Faith Words 2007.

Das ist nur ein Teil der Liste empfohlener Bücher – eine komplette Liste [englischer Bücher] finden Sie bei LearningAnnex.com.

Danksagung
von Donald J. Trump

Die Zusammenarbeit mit Bill Zanker und dem Team von The Learning Annex war ein großes Vergnügen. Meine Erfahrung als Redner für das Unternehmen war eine gute Vorbereitung dafür, zusammen mit ihnen dieses Buch so professionell und mit Begeisterung zu schreiben. Vielen Dank an Bill, Heather, Moore und die ganzen wundervollen Menschen bei The Learning Annex.

Ich möchte meiner Büromannschaft bei The Trump Organization danken, besonders meiner Chefsekretärin Rhona Graff, meiner Hausjournalistin Meredith McIver, und Kacey Kennedy in der Medienabteilung. Ich weiß Ihre harte Arbeit und Sorgfalt sehr zu würdigen!

Harper Collins hat klasse Arbeit geleistet; ich möchte der Vorstandsvorsitzenden Jane Friedman danken; dem Präsidenten von Collins Steve Ross; dem Lektor Ethan Friedman; der Senior Vice President der Verlagsgruppe und Verlagspartnerin Margot Schupf; dem Vertriebsleiter Josh Marwell; der Marketingleiterin Angie Lee; dem leitenden Direktor für Werbung Paul Olsewski; dem Direktor für Werbung Laurence Hughes; der leitenden Managerin für Online-Marketing Felicia Sullivan; und dem Art Director Richard Ljoenes. Ihre Arbeit war auf allen Ebenen hervorragend und ich freue mich, dass ich Gelegenheit hatte, mit einem derart guten Verlag zusammenzusarbeiten. Ich hatte schon viele Nummer-1-Bestseller, aber dieser hier ist der beste.

Danksagung von Bill Zanker

Welch eine Ehre, ein Buch mit meinem persönlichen Helden Donald Trump zu schreiben! Das war so aufregend! Es ist ein derartiges Vergnügen, mit Donalds Chefsekretärin Rhona Graff zusammenzuarbeiten. Seine Direktheit, sein Fleiß und seine Ehrlichkeit machen die Zusammenarbeit mit Donald leicht. Alle anderen von The Trump Organization sind einfach großartig. Wenn ich Donald im Büro besuche, bekomme ich Gänsehaut. Obwohl ich ihn schon oft besucht habe, ist es immer wieder aufregend und ich lerne jedes Mal etwas. Ich kann kaum schlafen. So sehr begeistert mich das. Danke Donald, dass du mich in dein Leben aufgenommen hast.

The Learning Annex ist ein erstaunliches Unternehmen. Aber ein Unternehmen besteht eigentlich nur aus Menschen, und ich möchte meiner Führungsmannschaft danken. Heather Moore übernahm die Verantwortung für dieses Buch, während wir anderen in anderen Teilen des Unternehmens für Magie sorgten … Samantha Del Canto, Harry Javer, Paul Gould, Michele D'Agostino, Oliver Waller, Jessie Schwartzburg, Morris Orens, Andy Hyams und Stephen Seligman. Außerdem möchte ich Steven Schragis, Theo Bartek, Amy Deneson, Terry Derkach, Emily Kozlow und John Christmas dafür danken, dass sie das tun, was sie am besten können. Für das Geschäftsaufkommen, das wir bewältigen, sind wir eine kleine Führungsmannschaft, aber hinter uns steht eine unglaubliche Organisation aus mehr als 100 höchst effektiven Mitarbeitern, die stets anpacken. Ich bewundere mein Team. Und ich teile seine Leidenschaft.

Larry Kirshbaum ist der Literaturagent für dieses Buch. Ich lernte ihn kennen, als er Präsident von Time Warner Books war. Jetzt leitet er seine eigene Agentur, LJK Literary. Ich sagte ihm, ich wollte einen Verlag, der übergeordnet denkt und der das Buch schnell herausbringen kann. Kein Problem, meinte er, und nach einer Woche war der Deal perfekt mit einem der größten und besten Verlagshäuser der Welt … Collins. Wow! Und die Menschen dort waren großartig … sie alle hatten die Einstellung: Nicht kleckern, klotzen! Dank an Steve Ross, den Präsidenten von Collins, der sofort verstand, worum es in diesem Buch geht, und vielen Dank an sein Team mit besonderer Anerkennung für Ethan.

Larry Kirshbaum … danke und willkommen als neuer Literaturagent von The Learning Annex. Ich liebe es, wenn eine große Nummer aus der Unternehmenswelt wie Du zum Unternehmer wird. Du tust genau das für uns: nicht kleckern, klotzen.

Schließlich muss ich allen Lehrern von The Learning Annex danken, die mich und meine Studenten seit fast 30 Jahren lehren und inspirieren. Kürzlich ist die Hollywood-Legende Peter Guber persönlich als mein Mentor aufgetreten und ich bin ihm für seine Hilfe sehr dankbar. Wir alle brauchen an verschiedenen Punkten unseres Lebens einen Coach, und Peter gilt als provokant und brillant. Er teilt meine Leidenschaft, von großen Geistern zu lernen. Tony Robbins hat meinem Leben bei so vielen Gelegenheiten neue Energie gegeben. Er bringt Licht und Freude in die Welt. Ich hoffe nur, er weiß, wie sehr er mir und Millionen anderen Menschen tagein tagaus hilft. Danke Tony, dafür dass du Tony bist und dass du kompromisslos deine Mission und Passion verfolgst.

Es hat noch so viele andere Lehrer gegeben, die mich zum Lachen oder Weinen brachten, mich mein Leben neu bewerten ließen, mich wieder in die Spur gebracht haben, die mich die

Richtung wechseln ließen, die die Beziehung mit meiner Frau verbessert haben, mit meinen Kindern, meinen Freunden, meinem Gott und mir selbst. Ich danke euch allen, dass Ihr uns, euren Schülern, so leidenschaftlich dient. Ich habe viele meiner Lehrer auf ihrer Mission kennen gelernt, den Menschen zu helfen, und ich kann ihnen dafür gar nicht genug Beifall zollen. Ich sehe, wie sie von einer Stadt zu anderen reisen und in anonymen Hotelzimmern schlafen, und das alles für die Chance, noch einem Schüler zu helfen. Ich liebe euch und danke euch für alles, was Ihr tut. Ihr seid für die Welt das größte Geschenk.

Larry Winget – Mach Deinen Job!

Hat auch bei Ihnen die Frustfalle zugeschnappt? Larry Winget zeigt Ihnen den Weg hinaus. Die gute (oder schlechte?) Nachricht: Ihr Erfolg, Ihre Karriere und Ihre Laune hängen nur von Ihnen ab! Larry Winget ist ehrlich, er ist unbequem und er beschert seinen Lesern ein Aha-Erlebnis nach dem anderen. Wie auch in „Halt den Mund" gibt es viel Weisheit knallhart verpackt.

264 Seiten / gebunden mit SU / Bestellnr. 37156 / Preis: 22,90 €

Monica Langley – Der Wall Street Fighter

Zu Beginn seiner Karriere wurde Sandy Weill an der Wall Street nur als Laufbursche geduldet. Dieses Buch erzählt seine Geschichte und wirft einen spannenden Blick hinter die Kulissen der internationalen Hochfinanz. Am Ende seiner beispiellosen Laufbahn hatte sich Weill zum Chef der größten und einflussreichsten Bank der Welt hochgearbeitet. Absolut lesenswert!

576 Seiten / gebunden mit SU / Bestellnr. 37012 / Preis: 24,90 €

Richard Templar – Die Regeln des Reichtums

Wie sind eigentlich die „Reichen" so reich geworden? War es nur Glück? Im Regelfall nicht. Reiche Menschen kennen und befolgen den Kodex des Geldes – „Die Regeln des Reichtums". Bestsellerautor Richard Templar stellt sie Ihnen in diesem Buch vor. In seinem unnachahmlich humorvollen Stil erläutert er die Goldenen Regeln, wie man reich wird und bleibt.

272 Seiten / broschiert / Bestellnr. 37472 / Preis: 14,90 €

Garry Kranz – So kommunizieren Sie effektiv

Im Zeitalter der schnellen Kommunikation sollten Sie Ihre Botschaft klar und gut verständlich übermitteln können. „So kommunizieren Sie effektiv" ist eine umfassende und unverzichtbare Informationsquelle für alle, die es lernen wollen. Machen Sie klar, was Sie möchten – nur dann haben Sie eine Chance, es auch zu erreichen.

192 Seiten / broschiert / Bestellnr. 37400 / Preis: 12,90 €